何谓表观遗传学？

为何基因序列不变而遗传性改变？

解读非基因遗传的表达——长寿、衰老、肿瘤！

20世纪，全世界的顶级生物学家，包括遗传学家、细胞生物学家、分子生物学家、生物化学家……几乎都是围绕着"DNA–RNA–蛋白质"这一中心法则开展研究工作。在具有里程碑意义的一天，2000年6月26日，当科学家向全球宣布完成了人类基因组测序时，大家都认为生物学、遗传学和医学等学科的研究工作，基本可以进入收官阶段。

但是，当DNA编码的基因序列被科学家破译后，仍有许多问题困扰着我们。譬如：人体内所有细胞的基因组都一样，为何会出现执行不同功能的器官？为何基因组一致的同卵双胞胎，在某些方面的基因表达却完全不同？为何儿童期甚至胚胎期受到的刺激，会导致影响人一生的后果？干细胞可分化为人体的各种组织细胞，称为医学治疗的未来，但为何只有干细胞被寄予厚望，与它的基因组完全相同的其他细胞则不行？

所有这些问题都指向一个答案，在基因组编码规则之上，还有一双看不见的调控之手，它可以使具有完全相同基因编码序列的细胞或个体表现出截然不同的性质——表观遗传。

表观遗传学有可能会颠覆我们对地球上生物结构和行为的理解。它深入浅出地描述了为什么仅用遗传密码理论不足以解释一个生物体如何进化与发育的行为，以及大自然和营养物如何共同作用以形成生物多样性的问题。本书通过纵观表观遗传学领域二十多年的研究发展，以突出最新研究成果和创新点的方式，对表观遗传学的基础知识进行了易于理解的介绍。

本书以实例为据，对现代生物学中最具革命性的表观遗传学进行了抽丝剥茧般的解读，将超微观、抽象、严谨的内容用平易近人的方式娓娓道来。本书的科学性和新颖性奠定了它在遗传学界的重要地位，它将引领现代生物学迈向更新的高度，它将颠覆人类对生命、健康、长寿、疾病的传统认知和理解，堪称生命的《时间简史》。

科学可以这样看丛书

The Epigenetics Revolution

遗传的革命

表观遗传学将改变我们对生命的理解

〔英〕内莎·凯里（Nessa Carey） 著

贾 乙　王亚菲 译

表观遗传学时代
生物学皇冠上最璀璨的明珠
生命的《时间简史》，以非基因视角解读生命

重庆出版集团 重庆出版社
果壳文化传播公司

THE EPIGENETICS REVOLUTION (ISBN: 978-0231161176) By NESSA CAREY

Copyright: © 2011 BY NESSA CAREY, 2013 BY NESSA CAREY

This edition arranged with ANDREW LOWNIE LITERARY AGENT

through BIG APPLE AGENCY, INC., LABUAN, MALAYSIA.

Simplified Chinese edition copyright: © 2015 by Chongqing Nutshell Cultural

Communication Co., Ltd.

All rights reserved.

版贸核渝字(2014)第99号

图书在版编目(CIP)数据

遗传的革命 /(英)凯里著 ; 贾乙,王亚菲译. 一重庆:重庆出版社,2016.1(2025.5重印)

(科学可以这样看丛书/冯建华主编)

书名原文:The Epigenetics Revolution

ISBN 978-7-229-10427-6

Ⅰ.遗… Ⅱ.①凯… ②贾… ③王… Ⅲ.①遗传学 Ⅳ.①P159

中国版本图书馆CIP数据核字(2015)第217039号

遗传的革命

YICHUAN DE GEMING

〔英〕内莎·凯里(Nessa Carey) 著 贾 乙 王亚菲 译

责任编辑:连 果
责任校对:何建云
封面设计:何华成

重庆出版集团
重庆出版社 出版

重庆市南岸区南滨路162号1幢 邮政编码:400061 http://www.cqph.com

重庆出版集团艺术设计有限公司制版

重庆市国丰印务有限责任公司印刷

重庆出版集团图书发行有限公司发行

全国新华书店经销

开本:710mm×1 000mm 1/16 印张:16.25 字数:234千
2016年1月第1版 2025年5月第9次印刷
ISBN 978-7-229-10427-6
定价:39.80元

如有印装质量问题,请向本集团图书发行有限公司调换:023-61520417

Advance Praise for The Epigenetics Revolution
《遗传的革命》一书的发行评语

"任何一位对我们是谁以及如何运作真正感兴趣的人都应该读读这本书。"

——彼得·福布斯(Peter Forbes)

《卫报》(*The Guardian*)

"内莎·凯里将我们带上了一段关于表观遗传机制及其与衰老和肿瘤之间关系的生动而最新的知识之旅。"

——劳伦斯·赫斯特(Laurence Hurst)

《巴斯大学杂志》(*University of Bath Focus Magazine*)

"内莎·凯里的书结合了教材般的严谨和轻松的风格……这是一个将表观遗传学展现给大众的大胆尝试。"

——乔纳森·韦茨曼(Jonathan Weitzman)

《自然》(*Nature*)

"凯里关于快速发展的表观遗传学研究的报告,可以帮助到公共政策、投资和卫生保健决策领域里的大众。"

——《书目杂志》(*Booklist*)

"该书对一个令人兴奋的新领域进行了令人振奋的探索,是生物学专业学生在职业选择时的好礼物。"

——《柯克斯书评》(*Kirkus Reviews*)

"本书对科学家在过去十年间在表观遗传学领域所取得的成就进行了颇有深意的介绍。"

——卡尔·齐默(Carl Zimmer)

《华尔街日报》(*The Wall Street Journal*)

"该书对一个迷人的新领域进行了完美的展示，该领域可能会彻底改变我们对人类健康和疾病的认识。强烈推荐。"

——《图书馆期刊》(*Library Journal*)

"对每一位想要知道现代科学有何进展的聪明人来说，这是一本必读的好书。"

——格雷厄姆·斯托尔斯 (Graham Storrs)
《纽约书籍杂志》(*New York Journal of Books*)

"她对现代生物学中一个迷人且快速发展的领域进行了极好的，而且近乎精确的描述。"

——乔纳森·霍奇金 (Jonathan Hodgkin)
《泰晤士报文学副刊》(*Times Literary Supplement*)

"通过使用日常比喻来阐述复杂概念和严格定义的图表这种引人入胜的写作方式，笔者以其机智和专业知识著就了一本优秀的图书。"

——丽塔·霍茨 (Rita Hoots)
《美国国家科学教师协会推荐》(*NSTA Recommends*)

Reader Praise for The Epigenetics Revolution
《遗传的革命》一书的读者评语

"我认为这是一本值得花时间阅读的好书。虽然,不是所有人都能轻松地从书中找到乐趣,但如果你对科学、生物学、DNA和遗传中神秘的事情感兴趣,那么这绝对是必读的图书。引人入胜、极具教育性和令人陶醉。这本书绝对是你聪明的选择。"

——莎拉(Sarah),原版读者语

我具有生物信息学硕士学位,并对表观遗传学非常感兴趣,我可以自信地说,这是我所遇到的一本最清晰的表观遗传学入门介绍。这本书的目标读者定位在大学本科层次,但它并不简单,学者们也会从本书中得到极大受益。它描述了所有的表观遗传学的高点并整合了该科学领域中的最新研究成果。任何有基本遗传学常识的人,阅读本书都不会有障碍。

——阿尼·伯格(Arnie Berg),原版读者语

这是一本令人耳目一新的博学而丰富的书!它具有深度,同时又易于理解,尤其是对没有生物学背景的人群来说。作者用精妙的文笔解释了表观遗传学和遗传学这些学科中非常复杂的内容。我强烈推荐这本书。

———德博拉·德普雷(Deborah DePreta),原版读者语

这本书介绍了一个全新且吸引人的领域……这本书介绍了表观遗传学领域的发现……该书描述了在DNA基因蓝图上为维持复杂而重要生命功能而进行的表观遗传学修饰,而且在一些例子中还有获得性遗传的情况出现……这是一本介绍推动生物学领域革命的进展的图书,那些对生命如何运作有兴趣的人一定要看看这本书。

——加文·斯科特(Gavin Scott),原版读者语

为什么人身上细胞的遗传物质完全一样，功能却千差万别？

为什么同卵双胞胎具有完全一样的基因组却表现不同？

我们能将后天获得的能力遗传给后代吗？

是否有一双超然于基因编码规则上的调控之手？

本书用文学的形式展现了教材般严谨的内容，回答了上述问题，引发了对遗传学、人类健康和疾病领域理解的革命。不想去看枯燥的生物学和遗传学教材，而又对此感兴趣的人都应该读读这本书。

——原版封面语

表观遗传学的观点有助于解释为什么生物的遗传密码尚不足以决定其发育或行为，同时展示了环境如何与自然携手产生出生物学上的多样化。内莎·凯里在对过去20年该领域关键科学发现和突破进行梳理后，为对科学和医学领域感兴趣的读者描绘了一幅充满惊喜和希望的闪耀着智慧光芒的图画。

——原版封底语

For Abi Reynolds, who reprogrammed my life
And in memory of Sean Carey, 1925 to 2011

献给
改变了我生命轨迹的阿比·雷诺兹

并纪念
肖恩·凯里（1925—2011）

"作者以自己在表观遗传学方面的多年研究为基础，用平易近人的语言和形象生动的图表对生命科学中一个全新的且不断快速发展着的领域进行了介绍。本书不仅是一本极好的科普读物，而且适合于初阶生物学、医学等专业人士扩展视野。"

——韦亚东（美国耶鲁大学医学院副研究员）

"本书深入浅出地对表观遗传学基本定义和研究进展进行了阐述。其写作风格轻松自然，科学描述精准严格，翻译准确达意。只要你对生命科学感兴趣，不论有无生物学基础，这本书都很适合你阅读。"

——孙明宽（美国约翰霍普金斯大学医学院博士后）

荐　序

自孟德尔遗传定律被重新发现，诞生了经典遗传学。之后的一个世纪，围绕着基因的本质，基因如何决定表型的核心问题，产生了以中心法则为主线的分子生物学和基因组学。但生命世界充满了奥秘，基因并不决定一切，许多现象不能用基因决定表型的遗传学理论来解释。生物体从基因型到表型之间存在着复杂和精细的调控机制，这就是表观遗传学（Epigenetics）的研究范畴。如果说，基因组 DNA 序列包含了编码生灵万物的遗传密码，那么，表观遗传就决定了在个体发育及与环境生存互动过程中，如何使用遗传密码，产生不同的基因表达谱和表现型，以更好地适应环境变化。

《遗传的革命》是英国作家内莎·凯里撰写的一本有关表观遗传学的科普著作，由贾乙和王亚菲翻译，推荐给中国读者。书中对表观遗传学的孕育、建立、发展的叙述，没有采用板着脸，严肃说教的方式，而是探索人们熟知的生物现象背后的科学问题，进行生动有趣的剖析。读者不但从中获得了新知识，也体验了阅读的乐趣，体会到科学研究的魅力。

一本好的科学读物，给予读者的不是一堆机械、生涩的科学概念，而是来自对生命世界问题的科学思考和探索，是一个承载历史而又面向未来的、能动的科学学科体系。在这方面，《遗传的革命》能帮助读者在更深的层次和更广阔的背景上理解表观遗传学。本书对从事生命科学的同志和医学学生有极大帮助。为此，我希望与大家分享这本好书。

——白云，教授，博士生导师，
中国人民解放军第三军医大学遗传学教研室主任

细品《遗传的革命》

致　谢

在过去的几年里，我有幸与一些了不起的科学家共同工作。有太多的名字需要列出，但我必须要特别致谢米歇尔·巴顿（Michelle Barton）、史蒂芬·贝克（Stephan Beck）、马克·贝德福德（Mark Bedford）、雪莱·伯杰（Shelley Berger）、阿德里安·伯德（Adrian Bird）、克里斯·博肖夫（Chris Boshoff）、莎伦·登特（Sharon Dent）、迪迪埃·德维斯（Didier Devys）、卢西亚诺·迪克罗齐（Luciano Di Croce）、安妮·弗格森史密斯（Anne Ferguson – Smith）、让 – 皮埃尔·伊萨（Jean – Pierre Issa）、彼得·琼斯（Peter Jones）、鲍勃·金士顿（Bob Kingston）、托尼·库扎莱德（Tony Kouzarides）、彼得·莱尔德（Peter Laird）、珍妮·李（Jeannie Lee）、莫阿塞德·达内施（moazed Danesh）、史提夫·麦克马洪（Steve McMahon）、沃尔夫·赖克（Wolf Reik）、拉曼·施克哈塔（Ramin Shiekhattar）、伊琳娜·斯坦切娃（Irina Stancheva）、阿奇姆·苏拉尼（Azim Surani）、拉斯洛·托拉（Laszlo Tora）、布莱恩·特纳（Bryan Turner）和帕特里克·薇兹瓦尔加（Patrick Varga – Weisz）。

同样要感谢我在细胞中心的前任同事们——乔纳森·贝斯特（Jonathan Best）、迪万南德·克里斯（Devanand Crease）、提姆·费尔（Tim Fell）、戴维·诺尔斯（David Knowles）、尼尔·佩格（Neil Pegg）、西娅·斯坦韦（Thea Stanway）和威尔·韦斯特（Will West）。

作为本书的第一作者，我要感谢我的经纪人，安得烈·劳尼（Andrew Lownie），他承担了我和这本书的风险。

我还要感谢 ICON 出版社可爱的成员们，尤其是西蒙·弗林（Simon Flynn）、纳吉玛·芬利（Najma Finlay）、安得烈·弗洛（Andrew Furlow）、尼克·哈礼德（Nick Halliday）和哈利·斯科布（Harry Scoble）。他们对我在出版方面的无知表现出的无穷耐心非常具有英雄气概。

　　我得到了家人和朋友的大力支持，我希望他们会原谅我没有提及他们所有人的名字。但为了我得到的放松和休闲、我要感谢埃利诺·弗劳尔第（Eleanor Flowerday）、威廉·弗劳尔第（Willem Flowerday）、亚历克斯·吉布斯（Alex Gibbs）、埃拉·吉布斯（Ella Gibbs）、杰西卡·夏尔·奥图尔（Jessica Shayle O'Toole）、莉莉·萨顿（Lili Sutton）和卢克·萨顿（Luke Sutton）。

　　为了我总是抗拒诱惑而面对她的眼睛所说的"我不能见朋友、不能洗碗、不能外出度周末，我正在写我的书呢"这些话，我得感谢我亲爱的伙伴阿比·雷诺兹（Abi Reynolds）。我保证现在会去参加交谊舞课程了。

前　言

遗传命革 DNA

有时候，当我们阅读生物学书籍时，会不由自主地认为"生物学"这三个字能够解释一切。例如，当 2000 年 6 月 26 日研究者宣布人类基因组测序全部完成时，人们做出的反应如下。

> "我们今天正在学习上帝创造生命所用的语言。"
>
> ——美国总统，比尔·克林顿（Bill Clinton）

> "我们如今有希望达成医学方面任何曾有过的期望。"
>
> ——英国科学部长，塞恩斯伯里勋爵（Lord Sainsbury）

> "我认为成功绘制人类基因组图谱甚至比实现人类登月更伟大。这不仅是我们这个时代的杰出成就，更是人类历史上浓墨重彩的一笔。"
>
> ——迈克尔·德克斯特（Michael Dexter），
> 威康信托基金会（The Wellcome Trust）

听着以上和其他类似的话语，你会有一种感觉，那就是在 2000 年 6 月以后，研究者应该可以放松一下了，因为关系到人类健康和疾病的大部分问题应该都可以简单地从基因图谱中得到答案。毕竟，我们已经掌握了人类的蓝图。我们现在所需要做的就是好好地理解这本说明书，然后再加上一些细节而已。

1

不幸的是，这些语句的论断都为时过早了。事实远没有那么简单。

我们一般把DNA（脱氧核糖核酸）作为一套模板进行理解，就像是工厂里生产汽车部件的模具一样。在工厂里，金属或塑料被上千次注入同一个模具里，于是，只要没有故障发生，会产出上千个一模一样的汽车部件。

但DNA并不是这样的。与其说它是模具，倒不如说像一个剧本。举个例子，想想《罗密欧与朱丽叶》（*Romeo and Juliet*）吧，1936年乔治·丘克（George Cukor）导演了莱斯利·霍华德（Leslie Howard）和诺玛·希勒（Norma Shearer）主演的该剧的电影版。60年后，巴兹·鲁曼（Baz Luhrmann）则拍摄了由莱昂纳多·迪卡普里奥（Leonardo DiCaprio）和克莱尔·丹尼斯（Claire Danes）主演的另一部电影。这两版电影都是采用的莎士比亚（Shakespeare）的剧本，但两者看起来截然不同。相同的起点，不同的结果。

而这正是细胞阅读DNA中基因编码时所发生的事情。完全相同的剧本产出了不同的产物。这个事实对人类健康有着广泛的影响，如同我们稍后看到的案例研究一样。在这些案例中，请牢牢记住一点，这些人的DNA蓝图没有发生任何变化。他们的DNA并没有变化（突变），他们生命历程的改变是源于环境的影响。

奥黛丽·赫本是20世纪最伟大的电影明星之一。时尚、优雅并拥有一副可爱的精致到几乎脆弱的骨架，她在《蒂凡尼的早餐》（*Breakfast at Tiffany's*）中塑造的霍莉·戈莱特丽（Holly Golightly）的形象让她深入人心，甚至那些从来没有看过这部电影的人都有所耳闻。可令人吃惊的是，这个完美的美女却是由一个可怕的困境创造出来的。奥黛丽·赫本是第二次世界大战中荷兰饥饿冬天（Dutch Hunger Winter）事件的幸存者。该事件在她十六岁的时候结束，但其后遗症，包括身体的不健康状态，在她的余生一直困扰着她。

荷兰饥饿冬天，从1944年11月一直持续到1945年春天。这段时间西欧出现了严寒，使经过4年战争摧残的人民更加难以生活。而处于西方的荷兰因为正处于德国控制下而处境更糟。德国实行的粮食封锁导致荷兰人民口粮的严重不足。人们每天摄入的热量仅能达到每日正常需求量的30%。人们靠吃草和郁金香球茎充饥，并烧掉了能找到的每样家具来取暖，在绝望中苦苦求生。截至1945年5月恢复食品供应时，已有超过

20 000人丧生。

而这段可怕的匮乏时期也创造了一个了不起的科学研究案例。荷兰幸存者的定义很明确，就是群体内所有人都在完全相同的时间里遭遇过一段时期营养不良的人群。因为荷兰拥有优秀的医疗基础设施和医疗记录保存能力，流行病学家得以据此对饥荒造成的长期影响进行跟踪调查。而他们的研究结果是完全出乎意料的。

其中他们研究的第一个问题就是那个可怕的饥荒对当时已经在子宫内发育的儿童的出生体重的影响。结果显示，如果母亲在孕期一直营养良好，而仅仅在最后的几个月营养不良的话，她的孩子在出生时很可能体重偏低。而另一方面，如果母亲只在怀孕的头三个月营养不良（因为胎儿刚好出现在这个恐怖事件快结束时），但随后孕妇被精心喂养，那么她的宝宝很可能拥有一个正常体重。胎儿"追赶上"了正常的体重。

这一切似乎理所应当，并没什么稀奇，因为我们都知道胎儿大部分的体重是在怀孕最后几个月获得的。当流行病学家跟踪研究了这些群体的婴儿几十年后，他们有了令人惊讶的发现。那些出生就瘦小的婴儿一直保持着他们的瘦弱，其群体的肥胖率比一般人群显著降低。经过了40年或者更多的岁月后，这些人已经能够随意获取食物，但他们的身体却从没有跨越过原来营养不良的范畴。为什么会这样？这些早期的生活经历是如何持续影响这些人达几十年的？为什么即使生活环境恢复正常，这些人仍不能够回归正常呢？

还有更令人吃惊的，那些母亲在怀孕早期经历饥荒后出生的孩子的肥胖率居然高于正常人群。而最近的报告还表明，这些孩子的其他健康问题发生率也较高，包括某些心理方面。尽管这些人出生时看起来似乎是完全健康的，但在母亲的子宫中肯定发生过什么，而这，影响了他们以后几十年的生活。而且值得注意的并不是这个影响存在的事实，而是这个影响发生的时间。试想一下，一件发生在胎儿发育头三个月的事情（而当时的胎儿还非常小），居然会影响一个人的余生，这真是不可想象。

更离谱的是，其中一些效应似乎延续到了这个群体的子代，也就是那些母亲在怀孕期前三个月遭遇营养不良后生出的女儿的下一代。所以，那件怀孕中发生的事情甚至影响了他们孩子的孩子。这就提出了一个让人百思不得其解的问题，这些影响是如何传递给后代的呢？

让我们先听听另一故事。精神分裂症是一种可怕的心理疾病，如果不及时治疗，可以完全摧毁罹患的人。患者会出现一系列症状，包括妄想、幻觉和难以集中精神。患有精神分裂症的人可能会变得无法区分"现实世界"和自己的幻觉构建的妄想世界。他们会失去正常的认知、情感和社会反应。很多人认为患有精神分裂症的人可能是暴力和危险的，但这绝对是可怕的误解。其实对于大多数患者来说事实并不是人们认为的那样，因为患这种疾病的人最容易伤害的其实是他们自己。患有精神分裂症的人自杀的概率比正常人要高 50 倍。

可悲的是，精神分裂症并不罕见。它在大多数国家和文化中的发病率一般在 0.5% 到 1% 之间，也就是说，目前可能有超过 5 000 万的人正在经受这种疾病的摧残。科学家们很早就知道这种病有很强的遗传倾向。我们知道这一点是因为如果一对同卵双胞胎中的一个患有精神分裂症，那么他们的双胞胎有 50% 的可能性也患该病。这个比例可比一般人群中的 1% 的风险高多了。

同卵双胞胎有着完全一致的基因组。而且他们还共享一样的子宫，通常情况下成长的环境也相似。所以我们对于同卵双胞胎中的一个得了精神分裂症而另外一个患病概率也非常高的事实并不惊讶。事实上，我们反而想知道为什么另一个的患病概率不是 100% 呢？为什么看起来完全相同的人居然会变得如此不同？一个人得了毁灭性的精神疾病，但他的同卵双胞胎是否也患病呢？掷个硬币吧——正面得病，背面不得病。环境的改变似乎不是决定因素，即使它是，这些环境因素又如何将两个具有完全一样的基因组的人变得如此不同呢？

下面是第三个案例。一个不到 3 岁的小孩经常被父母忽视和虐待。于是国家进行了干预并将其带离亲生父母，安置给寄养或领养父母。这些新的监护人非常地爱和珍惜这个孩子，并尽一切所能给他创造一个安全而充满感情的家。这孩子跟新的父母一起度过了整个童年和青春期，并长大成人。

也许这个人随后的发展都很顺利。他长大后成为一个快乐的、稳定的、跟那些在童年时期没受过虐待的正常同龄人没有区别的人。但现实往往是残酷的。事实上，那些早年遭受虐待或忽视的儿童长大成年后的精神健康问题比一般人群要高很多。这些孩子长大后经常会出现抑郁、自残、吸毒和自杀行为。

再一次，我们不得不问我们自己为什么。为什么要抹去幼儿时期受到的忽视或者虐待的影响会这么难？为什么那些发生在生命早期的阴影在数十年后仍具有显著的影响？在一些案例中，这些成年人完全没有再回忆过当年的创伤性事件，但他们在余生中依然遭受着精神和情感上的折磨。

这三个案例研究从表面上看截然不同。第一个是关于营养的问题，尤其是胎儿的营养。第二个是关于同卵双胞胎出现不同表现的问题。第三个则是关于儿童期虐待导致的长期心理损伤。

但在非常基础的生物学水平上，三者是有联系的。这些都是表观遗传学的实例。表观遗传学是生物学领域具有革命性的新学科。两个基因型完全相同的个体表现出的一些可以被我们衡量的不同表现型，就是表观遗传学。当很久以前发生的环境变化在长时间后仍对个体产生显著的生物学后续作用时，我们看到的就是表观遗传学效应。

我们身边每天都可以看到表观遗传学的现象。就像上面描述的案例一样，多年来科学家们已经确定了很多表观遗传学的例子。当科学家们谈论表观遗传学时，他们指的是所有那些单纯用遗传密码不能解释的现象——肯定还有其他什么东西在起作用。

下面是表观遗传学的一种科学描述，基因完全相同的个体间出现截然不同的表现的情况。当然，这种基因脚本和最终产出之间的不匹配不会无缘无故地发生，一定有什么机制在起作用。这些表观遗传学效应，肯定是源自某种物理变化基础的，而这些变化就发生在构成我们身体细胞的多得无法计数的分子中。这就引出了我们了解表观遗传学的另一种方法——分子描述。在这个模型中，表观遗传学可以定义为一种对我们遗传物质的修饰，它能够改变基因开启或关闭的方式，但并不对基因序列本身进行改变。

尽管对"表观遗传学"的定义让人有点糊涂，但这其实仅仅是对同样一件事物在两个层次上的阐述。这有点像我们通过放大镜来看一张旧报纸上的图片时，会看到这些照片实际上是一个个色素点构成的。如果我们没有通过放大观察这些图片，我们可能永远都不会知道这些每天都不一样的报纸上的照片是怎么构成的。另一方面，如果我们仅用放大镜来观察而不是退后一点来个总体观，我们则只能看到这些色素点而根本看不到那些绚丽的图片。

当我们第一次意识到表观遗传学的非凡杰作时，生物学的革命就已经开始了。我们不仅仅能看到那张报纸上的图片，我们还能分析那些色素点并进行新的创造。重要的是，这意味着我们终于开始揭示先天和后天之间曾经缺失的联系：我们的环境如何与我们交互并改变我们，有时直到永远。

表观遗传学中的"表观"（epi）一词源自希腊语，是在……之上、除去……还的意思。我们细胞中的 DNA 并不是那么纯洁又纯正的分子。DNA 的特定区域可以结合一些小化学基团。我们的 DNA 同时也被特定的蛋白包裹着。这些蛋白自身也被一些小化学基团所覆盖。但这些分子的存在并没有改变基因的编码序列。这些 DNA 上或者蛋白质上的小分子的添加或移除改变的是邻近基因的表达情况。这些基因表达的变化会改变细胞的功能及其自身的性质。有时候，这些化学分子的添加或移除发生在发育的关键时期，那么这些变化会陪着我们度过余生，哪怕活到 100 多岁。

毫无疑问 DNA 蓝图是起点，是一个非常重要而绝对必须的起点。但它并不能充分解释那些时而精彩、时而可怕的生命的复杂性。如果 DNA 序列能决定一切，那同卵双胞胎在任何方面都应是绝对相同的。营养不良的母亲孕育的婴儿在出生后获得同样营养的情况下应该跟其他正常宝宝一样长胖。而且正如将会在第一章讨论到的一样，我们的身体应该是一个大无定形的水滴样的存在，因为我们体内所有的细胞都应该是一样的。

生物学中大部分的领域都被表观生物学机制影响着，而我们思想的革命将一步步蔓延到星球上其他的生命中。这本书中还要举出的一些其他例子包括：为什么我们不能仅仅利用两个精子或两个卵子来生产下一代，而必须是一样一个。是什么使克隆成为可能？为什么克隆这么难？为什么有些植物必须经历一段时间寒冷后才能开花？既然蜂王和工蜂的基因完全相同，为什么它们具有完全不同的外形和功能？为什么所有的玳瑁猫都是雌性？为什么人类拥有上万亿个细胞组成的数百个复杂器官，而微观蠕虫仅仅包含大约一千个细胞，且几乎没有器官，但我们和蠕虫的基因数量却是相同的？

学术界和商业领域的科学家们也都意识到了表观遗传学在人类健康领域，包括对精神分裂症、类风湿关节炎、癌症及慢性疼痛等疾病治疗的巨大潜力。目前已经有两类药物能通过对表观遗传过程的成功干扰而达到治疗某些癌症的目的。制药公司们目前正在进行着花费高达数亿美元的研发竞赛，以开发用于治疗那些严重困扰发达国家的疾病的表观遗传学药物。表观遗传学治疗是药物研发的新领域。

在生物学上，达尔文（Darwin）和孟德尔（Mendel）将19世纪定义为进化论和遗传学的时代；沃森（Waston）和克里克（Crick）则把20世纪定义为DNA，以及对遗传和进化之间交互功能探索的时代。但在21世纪，表观遗传学作为一个崭新的科学学科，将带领我们瓦解很多作为教条的理念，并将其重建在一个更多样化、更复杂、更美观时尚的水平上。

表观遗传学的世界非常迷人。它充满了显著的精妙和复杂性，在第3章和第4章我们将深入探讨当发生表观遗传修饰时，我们的基因究竟发生了什么变化。但是，如同许多生物学上真正具有革命意义的概念一样，表观遗传学的基本概念相当简单，以至于当我们指出它们的时候似乎都没必要进行解释。第1章就是这样的一个最重要的例子，它是遗传学赖以起家的研究。

革遗
命传 **关于命名的注释**

基因和蛋白质的名字都按照国际惯例进行书写。

基因名称和标记用斜体。由基因编码的蛋白质都写成正常格式。

人类基因和蛋白质的标记都用大写。对于其他物种，如小鼠，标记通常只将第一个字母大写。

下表是一个例子。

表0.1　《遗传的革命》基因与蛋白质的书写规定

	人类	其他物种，如小鼠
基因名	*SO DAMNED COMPLICATED*	*So Dammed Complicated*
基因标记	*SDC*	*Sdc*
蛋白质名	SO DAMNED COMPLICATED	So Dammed Complicated
蛋白质标记	SDC	Sdc

跟所有的规则一样，系统里面总会有些例外。同样，在这本书里面我们也会碰到一些。

目录

第1章 丑陋的蟾蜍和优雅的男人

"如同一只丑陋、恶毒的蟾蜍，却在头上顶着一颗珍贵的宝石。"

——威廉·莎士比亚（William Shakespeare），
《皆大欢喜》（*As You Like It*）

人体是由 50 万亿到 70 万亿个细胞组成的。没错，就是 50 000 000 000 000 个细胞。数目不是那么精确，但也是可以理解的。想象一下，如果我们能够把组成一个人的细胞全部打散并仔细数一下它们，就按每秒数一个细胞计算，那我们最少要数上 150 万年，而且这还没算上任何休息时间。这些细胞组成了各种各样的组织，这些组织各具特色而全然不同。除非出现了极大的错误，肾脏不会从我们头上长出来而我们的眼球里也不会出现牙齿。这一切看似平常——但是为什么会这样？这一切太神奇了，你应该记得我们身体里每一个细胞都是从一个起始细胞分化衍生而来。这个起始的单细胞被称为合子（zygote）。当一个精子和一个卵子相遇并融合就成为了合子。而后合子分裂成两个细胞；这两个细胞又再次分裂并不断进行下去，并最终完成了一个奇迹般的作品，就是人类的身体。这些细胞在不断分裂中开始出现差别，并形成了具有不同特异性的细胞类型。这过程称为分化（differentiation）。它在多细胞生命体的形成中至关重要。

如果我们通过显微镜来观察细菌的话，我们会发现一种细菌中所有的细胞都长得一样。用同样的方法来观察人类的细胞——比如，来自小肠的吸收食物的细胞和来自大脑的神经元细胞——会发现它们差别甚大，以至于我们甚至不认为它们来自于同一个星球。但那又如何？好的，这个"如何"就是这些细胞实际上都是通过完全一样的基因组长成的。而确实是完

1

全一样——这是毫无疑问的，因为它们全部来自同一个细胞，那就是合子。所以，这些来自于同一个细胞，拥有同一套蓝图的细胞们最终竟变得截然不同。

对此有一种解释是，细胞们利用不同的方式使用了相同的信息，而这种解释毫无疑问是正确的。但这种解释并没有什么实质性的作用。1960 年有一部改编自 H. G. 威尔斯（H. G. Wells）同名小说的电影《时间机器》（*The Time Machine*），罗德·泰勒（Rod Taylor）演的主角是一名进行时间旅行的科学家。电影里面有个场景，他向他的同事（全部为男性）展示一台时间旅行机并讲解这台机器是如何工作的。我们的英雄是这样对该机器穿越时间的机制进行解释的：

> 在他面前是控制机器运动的推杆。向前推是去向未来。向后拉则回到过去。推动的幅度越大，机器穿越时间的速度就越快。

每个人都点头表示明白了。可问题是这根本就不算是一个解释，这只是描述。同样，说细胞利用不同的方式使用相同信息的这种解释当然是事实——可问题是这并没告诉我们任何事情，这只是用不同的方式重复了一遍我们已经知道的事实。

更重要的事情应该是细胞们如何通过不同的方式使用这些相同信息的。也许，再重要一些的是细胞如何记得应该使用什么信息并坚持做下去的。我们骨髓里面的细胞在不断制造血细胞，而肝脏里面的细胞则坚持不懈地制造肝细胞。这是为什么呢？

有一种很吸引人的解释，是细胞通过重新安排它们的遗传物质而获得特异性，很可能是通过丢弃它们不需要的基因而达到。肝脏是一个重要而又极其复杂的器官。英国肝脏基金会（British Liver Trust1）网站指出，肝脏具有至少 500 种功能，包括处理经过肠道消化了的食物，中和毒素和产生在我们体内执行各种任务的酶。但有一件事肝脏从来不做，那就是为全身运输氧气。这项工作是由我们那塞满了血红蛋白的红细胞完成的。血红蛋白在富氧的组织，比如肺中，结合氧气，然后当红细胞抵达需要这个化学物质的组织，比如我们的脚趾尖的小血管时，就释放氧气。肝脏永远都不会执行该功能，所以，可能它真的只是处理掉了它从不会使用的血红蛋白的基因。

　　这是一个非常合理的猜想——细胞可以简单地丢掉它们不打算使用的遗传物质。当它们分化时，细胞可以抛弃数百个不再需要的基因。当然，也有可能不是那么剧烈的变化——也许细胞只是关闭掉它们不打算使用的基因。也许这种做法十分有效以至于这些基因再也没有办法重见天日，也就是这些基因被不可逆地失活了。而检验这些合理假说——基因是丢失了，还是不可逆失活了——的关键实验涉及到一只丑陋的蟾蜍和一个优雅的男人。

遗传 革命　调回生物钟

　　这项工作源于几十年前约翰·格登（John Gurdon）在英国牛津大学和剑桥大学先后开展的实验。现在，教授，约翰·格登爵士，仍然工作在剑桥大学一座以他名字命名的现代化建筑的实验室里。他是一个勤勉、不事张扬的人，40 年来他坚持着进行开创性工作，不断地在其发现的领域内发表着研究成果。

　　约翰·格登在剑桥是家喻户晓的人物。现在他 70 多岁，长得高高瘦瘦，一头金发整齐地向后梳着。看起来很像美国旧电影里标准的英国绅士，所以也很适合去伊顿公学读书。这里有一个有趣的小故事，约翰·格登仍然珍藏着在那所学校时他的生物老师给他的评价报告："我相信格登很想成为科学家。但就目前看来，这是很可笑的事。"这位老师的意见是基于这个学生对死记硬背条条框框的反感。但是，正如我们将要看到的，对于一个像约翰·格登这样杰出的科学家而言，想象力比记忆力要重要得多。

　　1937 年匈牙利生物化学家阿尔伯特·圣捷尔吉（Albert Szent-Gyorgyi）获得了诺贝尔生理学或医学奖，他的成就包括发现维生素 C。虽然在不同的翻译中略有不同，但是他对"发现"的定义大家都一致认同："见别人已见，但想他人未想。"这可能是有史以来对真正伟大科学家的工作的最好说明。而约翰·格登就是一个伟大的科学家，他很有可能会跟随着圣捷尔吉的脚步获得诺贝尔奖。2009 年，他与别人共获了拉斯克奖（Lasker Prize），跟金球奖往往是奥斯卡奖的风向标一样，这个奖项也被认为是诺贝尔奖的前哨①。约翰·格登的工作是如此美妙，当你第一次听到对它的描述时，你会觉得任何人都可以做得到。他所提出的问题以及他解答问题的方法，都具有极其美妙到优雅的科学特质，以至于他们完全具有不言自明的能力。

约翰·格登使用的是未受精的蟾蜍卵。我们基本都曾经见过那些受了精并构建了一个完整的新细胞核的蛙卵，一步步从果冻状的东西变成蝌蚪，最后成为青蛙的过程。约翰·格登的工作对象与之有点类似，只是这些卵并没有接触过精子。

他选用蟾蜍卵做实验是有原因的。两栖动物的卵一般大而透明，另外可以从体外轻松获得。这些特点使它们的卵在技术上很容易处理，所以在发育生物学的研究中很受欢迎。而人的卵子则不同，很难获得、非常脆弱、不透明而且尺寸小，必须借助显微镜才能看清楚。

约翰·格登使用约翰·马尔科维奇（John Malkovich）定义的丑帅动物之一，非洲爪蟾（正式的拉丁名是 Xenopus laevis）来研究发育和分化的过程中，细胞里到底发生了什么。他想看看，成年蟾蜍的组织细胞是否还拥有全部的遗传物质，还是它为了成为特定的细胞而已经丢弃或者永久性灭活了某些基因。他的做法是从成年蟾蜍的细胞中取出细胞核，并将其注入一个被移走了细胞核的未受精的卵子中。这种技术被称为体细胞核移植（somatic cell nuclear transfer，SCNT），可以不断重复。"somatic"来自希腊语中身体的意思。

做完体细胞核移植后，约翰·格登把这些卵在适宜的环境中培养（就像婴儿在保育箱中一样），等着看这些卵子能否长成小蝌蚪。

这项实验被用来验证以下假说："当细胞变得更特异（分化）时，他们永久性的丢失/失活了一些遗传物质。"这个实验有两种可能的结果：

有可能：

这个假说是正确的，那么"成年"的细胞核就会失去创建一个新个体所需的原始蓝图中的一部分。在这种情况下，成年的细胞核无法取代卵子细胞核的功能，所以永远无法发育出一只具有多种不同器官

① 译者注：正如作者预测的那样，在本书出版的第二年，也就是 2012 年，约翰·格登获得了诺贝尔生理学或医学奖。

和组织的健康蟾蜍。

或者：

　　这个假说不正确，被成年细胞核替代了自己细胞核的卵子发育出了一只正常的蟾蜍。

　　其实在格登之前，就有其他研究人员已经开始从事类似的研究——布里格斯（Briggs）和金（King），两位科学家使用了另一种两栖动物模型，豹蛙（Rnan pipiens）。1952 年，他们将一个来自于发育早期细胞的细胞核移植到没有细胞核的卵子中，并得到了一只青蛙。这说明在技术上，对无细胞核的卵子进行细胞核移植是可行的。但布里格斯和金随后发表了第二篇文章，该文章显示他们利用同一系统移植的发育更久的细胞核并没有获得新个体。这两篇文章中细胞核来源的差异似乎很小——仅仅是一天的差别，就导致没有小蛙出现。这个结果支持了上面的假说，即在细胞分化中会出现某些基因的永久性失活。约翰·格登并没有被这个结果干扰。相反，他花了十几年的时间来研究这个问题。

　　实验的设计是很艰难的。想象一下，我们现在正在看阿加莎·克里斯蒂（Agatha Christie）的侦探小说。当我们看完了前三本小说的时候，我们提出了这样一个假说："阿加莎·克里斯蒂的小说里的凶手都是医生。"我们又看了三本，发现里面的凶手确实都是医生。那么我们能证明这个假说了吗？不能。也许你觉得我们再多读一两本就能确认了。但如果还有绝版的和没买到的呢？不管我们看多少，我们都不能保证已经把所有的书都看完了。但是要证明假说错误（证伪，disproving）就很愉快了。我们所要做的就是在《大侦探波洛》（Poirot）或者《马普尔小姐》（Miss Marple）中找到一个例子，证明医生是好人而凶手是牧师就可以直接推翻这个假说了。而这就是最好的科学实验的设计方式——证伪，而不是去证实。

　　而这也正是约翰·格登工作的精彩所在。他所要进行的实验在当时的条件下是非常具有挑战性的。如果他不能利用成年蟾蜍的细胞核获得一个新个体的话，很有可能是实验技术的问题。不管他把这个得不到新蟾蜍的实验重复多少次，都无法证实上面那个假说。但是，只要他能够利用体细胞核代替卵子细胞核得到活着的蟾蜍，他就可以推翻这个假说。他可以理直气壮地宣称当细胞分化时，它们的遗传物质并没有被不可逆地丢失或改变。这个方法的美妙之处就是只要有一只蟾蜍，就可以推翻整个理论——而且他确实做到了。

约翰·格登非常大方地承认了合作在其科学研究中的重要性，以及从不同实验室和大学获得的帮助。他很幸运地在一个建设良好的实验室进行工作，那里有一套产生紫外线的新仪器。通过这台仪器，他可以在尽量不伤害卵子的情况下将原有细胞核杀灭，并且"软化"细胞以利于注射供体的细胞核。这间实验室的其他研究者已经利用这个系统进行过一些无关的研究，建立了一个具有易见表征的突变蟾蜍系。如绝大多数突变一样，这些蟾蜍的突变发生在细胞核，而不是细胞质里。细胞质是细胞内黏稠的液体，里面包裹着细胞核。所以，约翰·格登采用了一个品系的蟾蜍卵作为受体，而选择另一个突变系的体细胞核作为供体。这样，他就可以证明产生的新个体是源于供体细胞核，而不是由于受体卵中的细胞核没被清除干净。

约翰·格登从20世纪50年代末开始，花了大约15年的时间，来证明源于已分化细胞的细胞核在适宜的条件下，比如在非合子中，能够形成一个完整的动物。同时，使用分化得越成熟的细胞，该实验成功率就越低，但是这也正是去将一个假说证伪的好处——我们可能在实验开始的时候要使用很多的蟾蜍卵，但是我们并不需要每一个蟾蜍卵都能得到蟾蜍。只要一个医生不是杀手就可以推翻假说，还记得吗？

所以，约翰·格登给我们展示了尽管不同类型的细胞中有些什么东西，我们先不管到底是什么东西，能够开启或关闭特异的基因，但是遗传物质不会被永久地丢失或失活，因为只要我们把它放到一个适宜的环境，比如"空的"合子中，它就会完全忘了自己是从分化成熟的特异细胞中来的。它会回到胚胎中的细胞核状态并再次具有发育的能力。

表观遗传学就是细胞中的那些"什么东西"。表观遗传系统控制着DNA中基因的使用方式，形成数百种不同的细胞分化方向，并在细胞中一代代遗传下去。表观修饰是基于遗传编码基础上的非常重要的一环，将数十年地控制着细胞的归属。但在特定环境下，这层表观修饰会被移除而暴露出原始的DNA序列。这就是当约翰·格登把完全分化的细胞核放到空的合子中后，所发生的事情。

当约翰·格登得到他的小蟾蜍的时候知道这个过程吗？不。而这会对他取得的辉煌成就产生影响吗？当然不会。达尔文在创立进化论的时候根本就不知道什么是基因。孟德尔在奥地利的修道院花园里种着豌豆，发展他关于遗传因子代代相传的理论时，还对 DNA 一无所知呢。这并不是问题。他们看到了别人没见过的东西，突然，我们有了一个观察世界的新途径。

遗传革命传 沃丁顿表观遗传学

说来也怪，当约翰·格登还在从事他的研究时就已经出现了一个表观遗传学的概念框架。你去参加任何一个带有"表观遗传学"字眼的会议时，一定会有演讲者提到一个叫做"沃丁顿表观遗传学"（Waddington's epigenetic landscape）① 的东西，如图 1.1 所示。

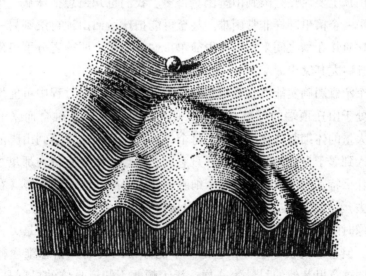

图 1.1　康拉德·沃丁顿创作的展示表观遗传学的示意图。球的不同位置代表了细胞的不同命运。

---

① 译者注：有时也被译为沃丁顿表观遗传学景观，实际上就是表观遗传学概念的另一种形式。

康拉德·沃丁顿（Conrad Waddington）是一个非常有影响力的英国博物学家。他 1903 年出生于印度，但被送回英国进行学习。他曾就读于剑桥大学，但他的大部分职业生涯在爱丁堡大学度过。他的学术兴趣范围从发育生物学，到视觉艺术，到心理学，而这些领域之间的相互交叉在他领衔的新的思维方法中是显而易见的。

沃丁顿是在 1957 年为阐明发育生物学的概念而提出这个表观遗传学概念的隐喻的。这个示意图立刻引起了相当多的讨论。正如你看到的，在小山顶上有一个球。当球向山下滚动时，它可以滚到山底任意一个凹槽中。这张图直观地给我们展示了很多东西，因为我们小时候都曾经把球滚下山坡、楼梯或者其他什么地方。

当我们看着沃丁顿的示意图时会马上意识到什么？我们会发现一旦球滚到山脚下，就会一直待在那里，除非我们能做点什么。我们深知想把球滚回到山顶上要比让它滚到山脚困难得多。我们也知道想把球从一个槽里移动到另一个槽里同样非常困难。甚至可能把球运回山顶再滚到另一个槽里，都比直接在槽之间来回转移更简单。这点在两个凹槽还分别隶属于不同的山丘时尤其突出。

这个示意图确实能够直观地帮助我们理解细胞发育过程中可能发生的事情。处于山丘顶端的球就是合子，那个由精子和卵子融合而来的单细胞。当大量的体细胞分化出来时，每个细胞就像从山顶滚落到山脚的球一样，进入到属于自己的凹槽里。一旦它到达终点，就一直待在那里了。除非有些什么特别的事情发生，这个细胞不会转变成其他细胞类型（在槽间跳来跳去）。当然它也不会没事回到山顶去再滚到另一个凹槽里。

就像时间旅行者那样，沃丁顿的假想图一开始看起来就像是另一种描述一样。但它不仅仅是这样，它是一个能够帮助我们开拓思维途径的模型。如同这章里其他的科学家一样，沃丁顿并不知道具体的机制是什么，但这没有关系。他给了我们一个有效的思考问题的途径。

约翰·格登的实验表明有时候，如果足够给力，他可以把细胞从非常低的山底的一个凹槽中，运回到山顶上去。在那里，这个细胞又重新获得了成为任何其他细胞的能力。而每一只约翰·格登和他的团队得到的小蟾蜍都教会了我们两件很重要的事。第一件事是克隆——通过来自成年的细胞再造一个动物个体——是可能的，因为这正是他所得到的。第二件事情就是它教会我们克隆是很难的，因为他不得不做数百次体细胞核移植才能获得他想要的一只新蟾蜍。

　　这就是为什么 1996 年当基思·坎贝尔（Keith Campbell）和伊恩·威尔莫特（Ian Wilmut）在罗斯林研究所繁育出第一只克隆哺乳动物多利羊时会引起这么大的轰动了。跟约翰·格登一样，他们使用的是体细胞核移植技术。在多利的实验中，科学家们将来自成年母羊的一个乳腺细胞核移植到一个羊的失去了细胞核的未受精的卵子中。然后，他们将该细胞种植到受体母羊的子宫里。克隆的先锋们如果不是如此痴迷执着就不会获得该成就。坎贝尔和威尔莫特一共转移了近 300 个细胞核才得到那一只标志性的动物，这只动物现在在爱丁堡的苏格兰皇家博物馆前的玻璃柜中展出。但即使在今天，当从赛马到获奖的牛，甚至宠物狗和猫等多种动物都已被成功克隆时，这个过程的效率仍然很低。当被关节炎困扰的多利羊步履蹒跚地走进历史的页面中时，有两个问题仍然困扰着人们。首先是为什么克隆动物的效率如此之低？其次是为什么克隆得到动物往往没有"自然"获得的后代健康？这两个问题的答案就存在于表观遗传学中，其分子机制的解释将在后面进行阐述。但在此之前我们要乘坐 H. G. 威尔斯的时间旅行器，从在剑桥的约翰·格登那里转移到大约 30 年后的一个日本实验室里，在那里，一群同样痴迷的科学家发现了一种克隆动物成年细胞的全新方式。

第 2 章　我们如何学会把球推上山

"聪明的傻瓜经常把事情搞得又大又复杂……而相反的工作则需要一点天分和巨大的勇气。"

——阿尔伯特·爱因斯坦（Albert Einstein）

让我们来到约翰·格登开始工作后的 40 年的时间点，也就是多利羊出现的 10 年后。现在已经有了很多关于成功克隆哺乳动物的报道，这也许会让我们产生一种感觉，就是现在的克隆应该很容易做了。而事实上，通过细胞核移植技术进行克隆依然需要大量的时间和精力，而克隆过程仍非常昂贵。大部分的问题根源来自需要手工完成体细胞核向卵子的移植。跟约翰·格登的工作目标两栖动物不同，哺乳动物一次不能产生那么多的卵细胞。哺乳动物的卵子也必须很小心地从体内取出，这跟取蟾蜍卵完全是两码事。另外，哺乳动物的卵细胞需要严格的培养环境以保证其健康和存活。研究者需要手工从里面移走细胞核并注入供体的细胞核（不能有一点差错），而后非常小心地培养着，直到把它种植到另一个雌性子宫中。这项工作是难以置信的紧张和细致，导致我们每次只能做一个细胞。

许多年来，科学家们都梦想着在一个理想的世界里进行克隆。他们希望能够真正获得易获得的供体细胞。比如皮肤细胞就是很好的来源。而后他们可以在实验室内处理这些细胞，加一些特殊的基因或者蛋白质，也许是化学物质。这些处理可以导致供体细胞的细胞核发生变化。与处理皮肤细胞的细胞核不同，他们会用其他的方式处理新受精的卵细胞核。而这个处理会产生跟成体细胞核移植技术一样的结果。这种假想方案的妙处在于，我们可以绕过大多数不得不在显微操作水平上进行的、高水平的、耗时耗力的步骤。这将使得该技术平易近人，而且可以同时批量操作细胞，

11

而不是仅仅一次一个地做。

是的，我们仍然需要给新细胞找个母体，但请记住这个需要的前提是我们要产生一个完整的新个体。有时候，我们确实需要完整的新个体，比如当我们克隆一头获奖的公牛或者种马时。但是，要知道正常人都不会想去创造一个完整的克隆人出来。事实上克隆人类在绝大多数国家都是明文禁止的行为。其实我们如果想要使克隆造福人类的话，并不需要走那么远。我们真正需要的，仅仅是具有分化成多种细胞能力的细胞而已。这些细胞就是我们所说的干细胞，它们处于沃丁顿假想图里接近山顶的位置。我们需要这些细胞的原因是那些在发达国家困扰人们的主要疾病。

在富裕地区，威胁人类健康的主要是一些慢性疾病。它们花很长时间发展，同时花很长时间来杀死我们。拿心脏病来说，一个人如果发生过心肌梗死后就不可能完全恢复到健康状态了。在发病期间一些心肌细胞会因为缺氧而死亡。我们也许觉得这不是什么问题，难道心脏不能产生一些新细胞来替代它们吗？毕竟，我们献血以后，骨髓能迅速补充血细胞。类似的，肝脏在受到了创伤以后也可以修复自己。但心脏与之不同。心肌细胞被称为"终末细胞"——它们处于沃丁顿示意图的山脚最低处而且坚定地待在它自己的槽里。与骨髓细胞或干细胞不同，心脏里面不存在能够再生新的心肌细胞的低分化细胞（心脏干细胞）库。所以，心肌梗死后的长期问题就是我们的身体不能提供新的心肌细胞进行修补。我们的身体能做的就是用结缔组织来取代原有的心肌细胞，这样一来我们的心脏就不可能跟原来一样跳动了。

类似的事件在其他疾病中也可见到——1 型糖尿病中我们失去的分泌胰岛素的细胞，阿尔茨海默病中我们失去的脑细胞以及骨关节病中我们失去的软骨生成细胞等——这样的例子不胜枚举。要是能用我们自己的新生细胞进行替代该有多好呀。这样我们就不需要受免疫排斥，或者供体过少导致的器官移植困难的困扰了。使用干细胞，我们可以进行治疗性克隆：创建与个体基因型完全一样的细胞群，并用于治疗。

40 年来，我们一直知道这是可行的。约翰·格登以及后面其他科学家的工作都证明成体细胞具有所有细胞的蓝图，而我们需要做的就是找到合适的途径把它们激发出来。约翰·格登把蟾蜍的成体细胞核取出来放进蟾蜍的卵细胞中，从而把这些细胞核从山脚推到了山顶。这些成体细胞核于是被重新编程。基思·坎贝尔和伊恩·威尔莫特在绵羊身上做了同样的事。这两项工作重要的共同之处在于，只有把成体细胞核移植到未受精的卵细胞后才能将其重新编程。所以，卵细胞就至关重要。我们不能通过把成体细胞核移植到其他不是卵细胞的细胞中而完成克隆。

为什么不能？

这里我们需要一点细胞生物学的知识。细胞核里有绝大部分对我们进行编码的 DNA 或者遗传物质，也就是我们的蓝图。但还有很少一部分的 DNA 并不存在于细胞核里，而存在于一种很小的细胞器——线粒体中，但我们并不需要担心这些。我们在学校第一次学到细胞的时候，我们所学的似乎显示细胞核是最有力的部分，而其他部分，例如细胞质只是一口袋没什么用的液体。这其实是荒谬的，细胞质其实就是卵子魔力的所在，因为蟾蜍和多利的实验都告诉了我们，卵子的细胞质有至关重要的作用。卵子细胞质里面有个东西，或者有些东西，能够激活被研究者注射到卵子里面的成体细胞核进行重新编程。正是这些未知的因子把细胞核从沃丁顿的山脚下推回到了山顶上。

没有人知道卵子的细胞质到底如何把成体细胞核变回到像合子细胞核一样的。事实上，无论我们面临的问题有多么复杂和难以控制，总会有一个假设。通常，科学上的大问题都会由一系列更小的、更易于掌握的小问题组成。所以，大量的实验室就各自进行着这些小问题的研究，尽管这些小问题也极具挑战。

遗传 革命 无限的潜能

请回忆一下在沃丁顿示意图中山顶上的那个球。在细胞名词里我们叫它合子，它具有全能性，也就是说，它具有分化成体内所有细胞的能力，包括胎盘。当然，合子并没有稍后由它产生的、无数科学家为之疯狂的、著名的胚胎干细胞（ES 细胞）那么有名。合子分裂数次后就形成了叫做胚泡的一团细胞。尽管胚泡里面的细胞数不超过 150 个，但它已是具有两个不同分区的早期胚胎了。包括将来发育成胎盘和其他胚外组织的位于外围的滋养层，以及内细胞群（ICM）。

图 2.1 展示了胚泡的形态。这张图是 2 维的，但实际上胚泡是一个 3 维结构，所以真实的景象大概相当于一个乒乓球里面包含着一个高尔

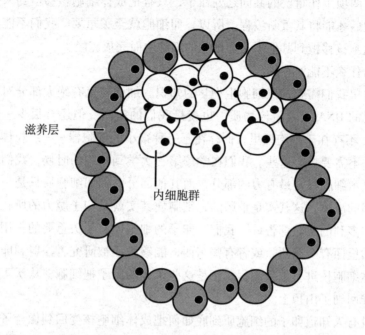

滋养层 ————

内细胞群

图2.1　哺乳动物胚泡的二维图。滋养层的细胞将会分化成胎
　　　　盘。在正常的发育中，内细胞群（ICM）的细胞会变
　　　　成胚胎组织。在实验室条件下，ICM 的细胞可以作为
　　　　多能胚胎干（ES）细胞在培养基中生长。

夫球。

　　内细胞群（ICM）里的细胞可以在实验室利用培养基进行培养。培养
它们需要繁杂的手段，特殊的条件和极其小心的操作，但是这一切都是值
得的，因为作为回报，它们给我们提供了无限分裂的能力并始终维持着亲
本细胞的一切特性。这些 ES 细胞，如同它们的名字所说的一样，能够形
成胚胎和成熟个体具有的所有细胞。因为不能形成胎盘，所以它们不叫全
能而叫多能。

　　这些 ES 细胞对于研究什么能够维持细胞的多能性有重要意义。多年
来，许多顶尖的科学家，包括剑桥的阿齐姆·苏拉尼（Azim Surani）、爱
丁堡的奥斯汀·史密斯（Austin Smith）、波士顿的鲁道夫·詹尼士
（Rudolph Jaenisch）和东京的山中伸弥（Shinya Yamanaka）都倾注了大量
的时间来确定胚胎干细胞上有哪些基因和蛋白质是处于开启状态的。他们

尤其注意那些能使 ES 保持多能状态的基因。这些基因尤为重要，是因为当你培养 ES 细胞时，稍有不慎，它们就会分化成其他细胞类型。例如，仅改变一点培养条件就能让一培养皿的 ES 细胞变成心肌细胞而且这变化是显而易见的：这些细胞一起节律性跳动。而再来些轻微的条件改变，例如改变化学物质在培养液中微妙的平衡，就可以让 ES 细胞远离前往心肌细胞的道路，而向着我们大脑中的神经元细胞发展。

科学家们鉴定出了大量保持 ES 细胞多能性的必要基因。他们得到的这些基因的功能并不是相同的。一些对于保持自我更新很重要，就是使一个 ES 细胞变成两个 ES 细胞，而其他的则对阻止分化很重要。

所以，在 21 世纪前叶，科学家们就找到了在培养瓶里保持 ES 多能性的办法并且了解了很多它们的生物学特性。他们也知道了如何通过改变培养条件而让 ES 细胞分化成多种细胞类型，比如肝细胞、心脏细胞和神经元等。但这些是否对我们前面提到过的梦想有帮助呢？这些实验室能利用这些信息找到把这些细胞重新推回到沃丁顿的山顶上的办法吗？是否可以把一个完全分化的细胞通过实验室处理变成像 ES 细胞一样的多能细胞呢？虽然科学家们有充足的理由相信这在理论上是可行的，但是要做到这一点还有很长的路要走。不过，对于有兴趣利用干细胞来治疗人类疾病的科学家来讲，这确实是一个美妙诱人的前景。

到 2005 年为止，人们就找到了超过 20 个胚胎干细胞的貌似关键基因。只是我们并不清楚这些基因是如何协同工作的，而且，关于胚胎干细胞的生物学特性我们仍然了解得不够多。据推断，想利用成熟细胞重新获得具有类似 ES 细胞那种多能性的细胞，将是难以想象的困难。

乐观者的胜利

有时候，科学的重大突破就发生在那些忽视困难的人身上。在这个案例中，决定挑战所有人都认为不可能的乐观者就是前面提到的山中伸弥，和博士后高桥和敏（Kazutoshi Takahashi）。

山中教授是干细胞和多能性领域中最年轻的名人之一。他 20 世纪 60 年代早期出生在日本大阪，在日本和美国顶尖研究机构担任学术职务。他最初学习临床医学并成为了一名整形外科医生。这门学科的专家通常被其他外科医生贬低成"拿锤子和凿子的"。虽然这并不公平,但整形外科手术确实跟优雅的分子生物学和干细胞科学有一定距离。

也许跟其他干细胞领域的研究人员相比,山中教授对于在实验室中从分化后的细胞创建多能细胞有更强的渴望。他的工作伴随着 24 个被确定了在 ES 细胞中有重要作用的基因列表而展开。这些基因被称为"多能性基因",要保持 ES 细胞的多能性,这些基因就必须处于开启状态。如果你通过实验手段关闭这些基因,ES 细胞就会开始分化,就像那些在培养皿里跳动的心肌细胞一样,永远也变不回 ES 细胞去。事实上,这就是哺乳动物发育过程中的一部分历程,他们关闭掉这些多能性基因,进而分化成各类成熟细胞。

山中伸弥决定验证一下这些基因的不同组合是否能够让分化后的细胞回到更原始一点的阶段上。这看起来有很长的路要走,而且当出现阴性结果的时候会很困扰,比如要是细胞没有"回头"的话,他无法知道到底是因为实验条件的问题还是因为细胞本身就不能被逆转。这对于山中这种已经有一定地位的科学家而言是一种冒险,而对高桥这种正在科学阶梯上攀爬的新手来说简直就是赌博。

当面临着损害个人形象的情书被曝光的危险时,威灵顿公爵著名的回应是,"发表它并下地狱吧!"("Publish and be damned!")科学家们有一个几乎相同的口头禅,但有一个关键的词不同。对我们来说,是"发表它,要不就下地狱吧!"("Publish or be damned!")——如果你不发表论文,你就不能获得科研经费,也不能在大学找到工作。而如果你多年的努力结果归结为"我试过,我试过,但没有奏效"的话,你几乎不可能在一份好杂志上发表你的文章。所以,选择这么一个很难得到阳性结果的实验进行攻关确实是一个巨大的飞跃,而我们也尤其佩服高桥的勇气。

山中和高桥选择好了 24 个基因并决定在 MEF 细胞——小鼠胚胎成纤维细胞上实验它们。成纤维细胞是组成结缔组织的主要细胞并在所有类型器官中都可以找到,包括皮肤。它们非常易于提取及培养,所以是极好的实验素材。因为知道 MEF 细胞来自胚胎,所以存在能够在适当条件下回归原始细胞类型的希望。

记得约翰·戈登是如何使用不同遗传特点的供体和受体蟾蜍系,以保证产生的是新蟾蜍吗?山中做了类似的事情。他使用的小鼠细胞被添加了特殊的基因。这个基因的名字叫做新霉素抵抗(neo^R)基因,而这个基因的作用则恰如名字所说的。新霉素是一种能够杀死哺乳动物细胞的抗生素。但是，如果细胞遗传并表达了 neo^R 基因，它们就可以存活。当山中建立他所需要的小鼠模型时，他利用特殊的方法把 neo^R 基因加入其中。也就是说 neo^R 基因只有在细胞获得了多能性的时候才会表达。存活的细胞应该就类似于 ES 细胞。所以，如果他能成功的把成纤维细胞变回到未分化的 ES 细胞阶段的话，这些细胞就能在致死剂量的新霉素中继续保持生长。如果实验不成功，细胞就会死光。

山中教授和高桥博士把他们想检测的 24 个基因插入到一种特殊设计的，叫做载体的分子中。它们就像是特洛伊木马一样，把高浓度的"外来"DNA 运进了成纤维细胞中。一旦进入细胞，这些基因就被激活而开始产生相应的蛋白质。导入这些载体可以借助化学或者电脉冲的方法，而且一次可以将其导入大量的细胞中（山中不再需要繁杂的显微注射了）。当山中伸弥把所有的 24 个基因都在细胞中激活后，有些细胞在新霉素中存活了。尽管活下来的细胞只是一小部分，但这无疑是令人鼓舞的结果。活着，意味着这些细胞把它们的 neo^R 基因激活了。而这就说明它们具备了 ES 细胞的特征。但如果仅用一个基因则没有细胞能活下来。于是，山中伸弥和高桥和敏将余下的 23 个基因通过不同组合加给了细胞。通过结果总结，他们确定了 10 个在保持新霉素抗性中具有决定性作用的基因。而后，利用这 10 种基因的不同组合实验，最终确定了能够使成纤维细胞获得新霉素抗性的最低基因数量。

这个有魔力的数字就是 4。当成纤维细胞中加入了 $Oct4$、$Sox2$、$Klf4$ 和 $c-Myc$ 基因后，不同寻常的事情发生了。这些细胞在新霉素中存活了，说明他们打开了 neo^R 基因并变得像 ES 细胞一样。不仅仅如此，就连成纤维细胞的形状都变得像 ES 细胞一样。在不同的实验系统中，这些研究者能够把获得的这些重新编程的细胞变成三种构成组织的主要细胞类型——内胚层、中胚层和外胚层。普通的 ES 细胞能做到这一点，而成纤维细胞永远不可能。山中伸弥随后利用成年小鼠的成纤维细胞，而不是一开始采用的胚胎成纤维细胞，重复了这个实验，并得到了同样的结果。这说明他的方法并不依赖于特殊的胚胎细胞，而是能够在完全分化且成熟器官中的细胞上成功实现。

山中把这些细胞叫做"诱导的多能性干细胞"，或者简称为生物学领域的人们都熟悉的 iPS 细胞（诱导多能干细胞）。考虑到这个名词不过出现了 5 年就已被科学界普遍认可，也说明了这是一项多么重大的突破。

想想看，哺乳动物细胞有大约 20 000 个基因，而只要 4 个基因就可以把它变成完全不同的具有多能性的细胞，这是多么不可思议呀。仅靠这 4 个基因，山中教授就把球从沃丁顿的山底推上了山顶。

毫不奇怪，山中伸弥和高桥和敏在最权威的《细胞》杂志上发表了他们的研究成果。有些奇怪的是人们的反应，2006 年的人都知道这是件了不起的事，但他们更知道只有这是真实的才了不起。相当数量的科学家并不相信这个结果。他们不止一次怀疑山中教授和高桥博士在言论，也许得到的是假阳性结果。他们认为这两个人的实验可能哪里出错了，因为确实，事情不应该那么简单。这种感觉就像是一个人寻找圣杯（Holy Grail）时，发现它就在自己冰箱里豌豆的旁边一样。

其实想验证山中的工作是否真实很简单，只要有人去重复试验看能否得到相同的结果就行了。在不搞科研的人看来有点奇怪的是，居然没有哪个实验室愿意去重复这个实验。这项实验花了山中伸弥和高桥和敏两年的时间进行，可谓费时、费力而且技术要求极高。所以没有哪个实验室愿意放弃现在正在进行的研究来改行做别人的实验。另外，资助研究者的基金也不可能拿出专项的经费来资助一个重复性的实验。尤其是如果出现阴性结果会造成的负担很重。所以，一个建设良好、组织严密的拥有一个自信领袖的实验室绝不可能"浪费时间"去重复别人的工作。

波士顿怀特黑德研究所的鲁道夫·耶尼施（Rudolf Jaenisch）在基因工程动物领域是绝对的重量级人物。他出生在德国，但在美国已经生活了 30 多年。他那花白而卷曲的头发以及令人印象深刻的小胡子使他很容易在会议上被认出来。他决定在自己的实验室中对山中伸弥的部分工作进行重复，以确定其结果是否可信。而且，鲁道夫·耶尼施在记录中写道，"这几年我做过了很多高风险项目，但我相信，如果你有一个令人兴奋的想法，你就必须顶着失败的风险去进行实验。"

在 2007 年 4 月科罗拉多举行的学术会议上，耶尼施教授站出来宣布他重复了山中的实验。而且它们是可行的。山中是对的。你可以仅通过 4 个基因就将分化后的细胞变成 iPS 细胞。这在听众中立刻引起了巨大反响。会场气氛就像是旧电影里陪审团宣布判决的那一刻一样热烈，许多人都开始打电话。

鲁道夫·耶尼施坦诚地说，他之所以重复这些实验是因为他认为山中不可能是正确的。整个领域马上就陷入了疯狂状态。首先，那些干细胞领域的大型实验室开始使用、修饰和改进山中的技术，以获得更高的成功率。十几年内，即使以前从来没有养过一个干细胞的实验室都在繁殖不同组织和供体来源的 iPS 细胞。几乎每周都有关于 iPS 细胞的报道发表。这项技术甚至发展到，不需要经过 iPS 细胞阶段，而直接用人的成纤维细胞转变为人的神经元细胞的水平。这相当于把沃丁顿的球推回半山腰就转到了另外一个槽里。

不知道山中伸弥是否会感到沮丧，因为在美国实验室证明他的结论正确之前根本没人理睬他的实验。他跟约翰·戈登分享了 2009 年的拉斯克奖，所以也许他并不在意。他现在已经声名鹊起了。

遗传革命 "钱"途无限

如果我们仅阅读科学文献，就会觉得这个故事是如此简单并鼓舞人心。但事实上还有另外一方面的故事，那就是关于专利，而这个故事一般情况下，在同行评审期刊论文后的一段时间内都不会浮出水面。而一旦在这一领域的专利申请开始出现，就上演了一个复杂的故事。之所以要一段时间后才开始上演，是因为专利在提交申请给专利局后的第 1 年到第 18 个月都处于保密阶段。这段成为宽限期的时间为了保护发明人的利益，因为他们可以利用这段时间进行秘密的工作而不必公开他们正在做什么。而问题是，山中和耶尼施两个人都申请了这个控制细胞命运的专利。而且这两个专利申请已被批准了，看起来只有让法庭来决定到底谁能得到真正的专利保护了。而奇怪的事情是，尽管山中第一个发表了论文，但耶尼施申请专利却比他要早。

这是如何发生的呢？原因在于申请专利可以相当的投机。专利申请人不必证明他们宣称的每一项结果。而且他们还可以使用宽限期来完善一些证据，并进一步支持他们最初的主张。在美国的法律记录里，2005 年 12 月 13 日是山中伸弥申请专利的日期，并涵盖了以下的工作：如何获取体细胞并用 4 个基因 *Oct*4、*Sox*2、*Klf*4 和 *c – Myc* 把它变成多能性细胞。鲁道夫·耶尼施的专利最早出现在 2003 年 11 月 26 日。它包含了许多技术方面的问题并对在体细胞中表达多能性基因进行了保护。其中的一个基因就是

Oct4。Oct4 基因在维持多能状态中的作用当时已被大家熟知，这也是山中在他的重新编程实验中选用它的原因之一。围绕这些专利的法律争论尘嚣日上。

但为什么这些充斥着高级科学家的实验室会这么重视专利呢？从理论上讲，专利持有者可以在研究中采用一些独家的手段。但，在学术界里，从来没有哪个人会试图阻止另一个实验室的科学家进行什么实验。而专利真正的意义在于，可以保护原始发明者通过自己的创造而得到的经济利益，而不是那些仿造者。

生物学领域最有价值的专利就是那些能被用于治疗人类疾病，或者帮助研究者研发新治疗手段的专利。而这也正是山中和耶尼施针锋相对的原因。法庭有可能会裁决，所有制作 iPS 细胞的人都要向最早拥有这个点子的人或者机构付费。如果有公司进行 iPS 细胞的销售，则必须向专利的拥有者支付一笔专利使用费，而这笔钱的数额将相当可观。所以我们要了解一下为什么这些细胞会具有如此大的经济价值。

仅以一种疾病为例，1 型糖尿病。这种疾病一般从童年开始发病，原因是胰腺里面的特定细胞（准确的名字是胰岛 β 细胞）被某些尚不清楚的因素破坏。而患者一旦失去这些细胞就无法再生，同时也就再也无法自行产生胰岛素。没有胰岛素，血糖水平就无法得到控制从而产生一系列损害。在我们能够从猪胰腺里提取胰岛素并用于治疗之前，大量罹患这种疾病的儿童和年轻人只能坐等死亡。即使是现在，我们可以获得种属差异很小的胰岛素（一般是人工合成的人源性胰岛素），仍然还有很多问题。为维持血糖稳定，患者不得不一天多次测量血糖水平并据此调整胰岛素用量和食物摄取量。这样坚持很多年是相当不容易的，尤其是对于未成年人。有多少未成年人会在意他们 40 岁以后才会出现症状的疾病而坚持做如此麻烦的治疗呢？长期糖尿病患者很容易出现种类繁多的并发症，包括失明，可能会引起截肢的血液循环障碍以及肾脏疾病等。

如果，能够不每天注射胰岛素，而让这些糖尿病患者重新获得自己的 β 细胞该有多好。这样患者就可以再一次自己产生胰岛素了。这样机体自己的稳态调节系统能够控制血糖水平而防止一系列并发症的发生。可问题是，我们体内没有哪种细胞能够产生 β 细胞（他们位于沃丁顿示意图的最低端），所以我们可能只有进行胰腺移植，或者找一些人源性 ES 细胞分化成 β 细胞后植入患者体内。

　　这样做有两个大问题。首先是供体（不管是胰腺还是 ES 细胞）的短缺问题，患者数量太大导致根本找不到足够的供体。而且，就算有了足够的供体，还有一个问题就是外来的组织绝不会跟自己的组织完全一致。患者的免疫系统会识别到这些入侵者并努力排斥他们。接受移植的人可能会获得产生胰岛素的能力，但与此同时，他必须终生使用免疫抑制剂。这样做很得不偿失，因为这些药的可怕的副作用并不比糖尿病轻。

　　iPS 细胞的出现提供了一条新的治疗途径。我们的患者，假设他的名字叫弗雷迪（Freddy），身上刮一小块皮肤。在体外对这些细胞进行培养，使之长得足够多（这其实很简单）。使用山中的 4 个基因造出大量的 iPS 细胞后，在实验室里将它们分化成 β 细胞并送回到患者体内。因为弗雷迪接受的就是弗雷迪的细胞，所以不会有任何免疫排斥反应。近来，这项技术已在小鼠模型上成功实现。

　　当然，这没有我们说的那么容易。还有很多技术壁垒需要突破，比如在山中的 4 个因子中至少有一个，$c-Myc$ 能诱发肿瘤。但在那篇关键论文发表在《细胞》后几年的时间内，后续的研究已经将这项技术向临床应用推进了很多。现在能像得到小鼠的 iPS 细胞那么容易的获得人类 iPS 细胞，而且 $c-Myc$ 也不再是必须的基因了。现在的技术也能避开其他一些让人担心的问题来制造这些细胞。例如，最初制造 iPS 细胞的培养基中必须一些来自动物的成分。人们担心这些动物成分会不会将一些恐怖的动物疾病传染给人类。但研究者已经使用全合成的组织来替代这些动物成分。iPS 细胞制备领域的发展正越来越美好。但是我们现在仍然还有一段路要走。

　　还有一个关于商业化的问题就是，我们还不知道审批部门需要哪些支持数据来审核 iPS 用于人体的安全性。目前看来，iPS 用于治疗的执照将涉及到两个医疗领域的审批部门。这是因为我们要给与患者经过基因修饰（基因治疗领域）的细胞（细胞治疗领域）。监管部门目前对此特别谨慎，在 20 世纪 80—90 年代，人们对基因治疗的热情高涨，可并没有取得预期效果，有些甚至还带来了诱发致命肿瘤的严重后果。在 iPS 细胞能造福人类之前一定会有巨大的昂贵的监管壁垒需要通过。也许我们认为没有谁会对这个风险巨大的项目进行投资。而事实上，有人这么做，那是因为如果研究者能够得到许可，那么回报将是巨大的。

　　来做个简单的计算。据保守估计，在美国，每个糖尿病患者每个月要花 500 美元在购买胰岛素和血糖监测器械上。那么一年就是 6 000 美元，而这个患者如果要活 40 年的话，他的一生就要花费 240 000 美元。当然，还要加上缓解糖尿病并发症所需要的治疗费用，因为即使血糖水平控制得很好的患者也会产生并发症。那么，我们可以认为一名糖尿病患者的一生至少要为这个疾病花费 100 万美元。而仅仅在美国就有 100 万的 1 型糖尿病患者。这就意味着，美国财政仅仅为 1 型糖尿病，每 4 年就至少需要 10 亿美元。所以，即使 iPS 进入临床的代价很昂贵，只要这笔钱比目前消耗更少，就具有经济利益。

这还仅仅是糖尿病。iPS 细胞能治疗的疾病还有很多。简单举几个例子，比如血友病等凝血障碍疾病、帕金森氏病、骨关节炎和黄斑变性引起的失明等。另外，随着科技的发展创造出一些能够植入体内的人造框架，我们可以把 iPS 细胞置于其中，并用于替代在心脏病中被损坏的血管、被肿瘤摧毁的组织等。

美国国防部正在提供基金资助 iPS 细胞的研究。因为军事行动需要大量的血液提供给伤员。红细胞跟我们体内其他细胞不一样。它们没有细胞核，这意味着它们没法自我增殖。所以，使用 iPS 细胞制造红细胞是一种相对安全的临床使用方案，反正这些细胞在体内的存活时间不过几周。我们也不用担心像接受肾脏移植会出现的那种免疫排斥反应，因为免疫系统对红细胞的识别与众不同。不同的人具有可兼容的红细胞——这就是著名的 ABO 血型，再加上另外一点复杂的东西。通过计算，我们只要建立一个 40 种不同类别血型的 iPS 细胞库，就可以满足所有的需要。因为 iPS 细胞能在适宜条件下不停地增殖，我们就拥有一个永不枯竭的细胞库。目前已经有通过刺激造血干细胞使之分化为红细胞的成熟办法。本质上，我们可以建立一个巨大的不同类型红细胞库，这样我们可以随时为那些战场上或者车祸中的伤员提供需要的血液。

iPS 细胞无疑是生物学领域少有的，不仅仅是改变一个领域，而且近乎重建一个领域的事件。山中伸弥毫无疑问会和约翰·戈登在不久的将来分享诺贝尔奖[①]，而这项工作的价值是无法估量的。

当一个精子和一个卵子融合后，两个细胞核就被卵子的细胞质重新编程了。尤其是精子的细胞核，它迅速地失去了大部分的分子记忆而变成了空白的画布。这就是约翰·格登、伊恩·维尔穆特和基思·坎贝尔把成熟

---

① 山中伸弥和约翰·格登分享了 2012 年诺贝尔生理学或医学奖。

细胞核注入卵子细胞之中制造克隆的过程中发生的重新编程现象。

当卵子跟精子融合后，这个重新编程过程就高效地进行着并在 36 小时内完成。山中伸弥制造 iPS 细胞的实验中，能够重新编程的细胞只有很小的一部分，即使在最好的结果里也不到 1%。而让这些 iPS 细胞获得重新编程要养几周的时间。尽管后续的工作提高了成功的比例而且需要的时间也有所缩短，但仍与自然生殖效率无法相比。为什么呢？

答案就在表观遗传学。不同的细胞在分子水平上以特定的方式进行了表观遗传学修饰。例如，为什么皮肤成纤维细胞始终保持着自己的特性而没有成为心肌细胞。当已分化的细胞被重新编程为多功能细胞时——不管是体细胞核移植还是山中的 4 个基因因子的使用——分化特异性的表观遗传标记必须被移除，这样才能使细胞核变得像个新受精的合子细胞。

卵子的细胞质在移除表观标记方面具有极高的效率，就像个巨大的分子橡皮一样。这就是当卵子和精子形成合子融合后它所干的事情。靠人工重新编程获得 iPS 细胞就像是看着一个 6 岁的孩子做家庭作业一样——他们总是用橡皮擦去拼写错误单词中的字母，然后因为擦得太大力了就把纸撕了一个洞。尽管我们已经开始能够掌握该过程中的一些内容，但是想在实验室里重现自然发生的过程还有很长的路要走。

到这里，我们已经在现象层面讨论了表观遗传学。现在应该进入分子层面了，这是我们说过的和没说过的显著事件的背后决定者。

第 3 章　我们以前所了解的生命

"诗人能宽容一切，除了拼写错误。"

——奥斯卡·王尔德（Oscar Wilde），

《诗人的孩子们》（*The Children of the Poets*）

　　如果我们想理解表观遗传学，我们还是先需要一点遗传学和基因的知识。地球上所有生命个体的基本编码，从细菌到大象，从日本蓼草到人类，都是 DNA（脱氧核糖核酸，Deoxyribo nucleic acid）。DNA 这个词在现今社会的使用已远远超过了它本来的意义。当社会评论家说到某个社团或者公司的 DNA 时，他往往指的是隐藏在组织后面的真正的核心价值。甚至还有一款香水以它命名。20 世纪中叶的标志性科学图片是原子弹的蘑菇云，而在后叶就应该是 DNA 的双螺旋结构图。

　　跟人类其他活动一样，科学研究也很容易冲动和赶时髦。曾有一段时期，正统的观点认为我们的 DNA 蓝图能够解决一切问题。但是本书的第 1 章和第 2 章已证明了这是错误的，因为即使完全相同的基因剧本也会产生不同的表象。于是，这个领域里又可能会出现一种相反的极端思想，就是过于强硬的表观遗传学家几乎抹杀了 DNA 编码的重要性。而真理，当然，介于两者之间。

　　在前言里，我们把 DNA 比作剧本。在剧院里，即使是完美的导演和杰出的演员也无法通过一个糟糕的剧本展示出好作品。另一方面，我们当然也见过糟蹋好剧本的戏剧。即使剧本再完美，如果诠释得不好的话，最终的产出也是可怕的。类似地，遗传学和表观遗传学通过紧密合作，创造着包括我们和我们周围一切生命的奇迹。

　　DNA 是我们细胞的基本信息源，它们的基础蓝图。DNA 本身并不能提供我们存活所需要的成千上万的活性。这些工作是由蛋白质完成的。是蛋白质，它将氧气通过血液系统进行运输，它将薯片和汉堡包变成糖和其他我们能从肠道吸收的营养物质并提供给大脑作为能量，它将收缩我们的肌肉让我们能翻看这本书。但是，DNA 是携带所有蛋白质编码的载体。

如果 DNA 是编码，那么它就必须有能够被读取的标志。就像语言一样。而 DNA 也确是如此。也许当我们知道人类是如此复杂，而 DNA 只是一种由 4 个字母组成的语言时会觉得奇怪。这些字母就是碱基，而它们的全称是腺嘌呤、胞嘧啶、鸟嘌呤和胸腺嘧啶。他们被简称为 A、C、G 和 T。这里请重点记一下 C，胞嘧啶，因为它是表观遗传学里最重要的碱基。

有一种简单理解 DNA 的方法就是把它看做一条拉链。这比喻并不完全恰当，但对初学者很有帮助。当然，拉链最明显的特征就是由两条面对面的链条构成。DNA 也是这样。4 种碱基就是拉链的齿。每个链条上的碱基可以通过化学作用与对面的碱基连接，并保持拉链闭合。两个面对面连接的碱基称为一个碱基对。拉链的齿所在的那个布条就是 DNA 的主链。一般有两个面对面的主链，就像拉链的两边一样，所以 DNA 被称为双链。拉链两侧基本上都扭曲并形成螺旋形结构——著名的双螺旋结构。图 3.1 就是DNA 双螺旋结构示意图。

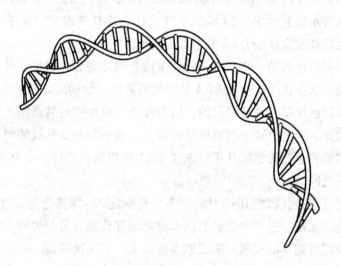

图 3.1　DNA 的示意图。两条主链结构相互缠绕并形成双螺旋。
螺旋被分子中央碱基间的化学键所固定。

但是，比喻只能带我们走这么远了，因为，DNA 拉链上的齿并非完全相同。如果一个齿是腺嘌呤（A）碱基，那它只能和对面的胸腺嘧啶（T）碱基连接。类似的，这条链上的鸟嘌呤（G）碱基只能和对面胞嘧啶（C）连接。这就是碱基配对法则。如果一个 A 试图去和对面链上的 C 连接，就会使整个 DNA 乱套，就像是拉链上的齿咬合错位了一样。

保持纯洁

碱基配对法则在 DNA 功能里至关重要。在发育过程中，即使是在成年生命中，许多细胞仍在分裂。例如，这样我们的组织才能比婴儿时长得更大。它们也会去替代那些自然死去的细胞。常见的例子就是由骨髓细胞产生的白细胞，这些新生细胞替代那些在同微生物斗争中死去的白细胞。大部分细胞在分裂前就复制了全部的 DNA，而后再平均分成两个子代细胞。DNA 的复制是非常必要的，没有它，子代细胞就会失去 DNA，在绝大多数情况下没有 DNA 的细胞是毫无用处的，就像一台没安软件的计算机一样。

细胞分裂前的 DNA 复制过程就显示了碱基配对原则的重要性。成百上千的科学家花费毕生心血研究 DNA 是如何进行忠实复制的。要点如下，两条 DNA 相互分离，而后大量的相关蛋白质（如复制复合体）参与到复制工作中。

图 3.2 概要地展示了这个过程。复制复合体沿着一条 DNA 链进行移动，并制造出其对应链。这个复合体识别一个特定的碱基——如 C 碱基后——就在对面对应链的相应位置放一个 G。这就是为什么碱基配对法则如此重要了。因为 C 永远与 G 配对，而 A 永远对应 T，这样细胞可以利用已有的 DNA 作为模板做出一条新的链来。每个子代细胞都有完美拷贝的 DNA，其中一条链来自于原始的 DNA 分子而另一链则是新合成的。

即使在自然界，这个进化了数十亿年的系统中，也不能完全保证复制过程中一点都不出错。有可能在本应加入 C 的地方插进去一个 T。当发生这种错误的时候，就有另外一套能够识别这类错误的蛋白质迅速将其纠正，把错误的碱基移除而把正确的放进去。这就是 DNA 修复机制，而它能够顺利工作的原因之一就是当出现碱基错配的时候，它可以识别出 DNA "拉链"上的不妥。

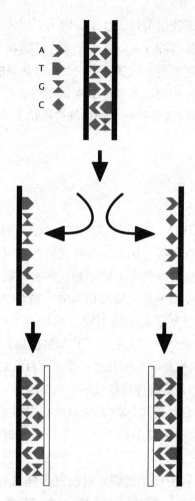

图 3.2　DNA 复制的第一步是分开双螺旋的两条链。每条独立主链上的碱基都作为制造新链的模板。这样能保证两条新的双链 DNA 分子有着跟母本分子绝对相同的碱基顺序。每个新的 DNA 双螺旋有一条来自母本分子（黑色部分）原始主链和一条新合成的主链（白色部分）。

　　细胞花费了大量的能量来保持 DNA 的拷贝能够保守地复制原始模板。我们回过头来以剧本作为 DNA 的例子。看看下面这句经典的台词：

　　"哦，罗密欧，罗密欧！为何你偏是罗密欧？"
　　（*O Romeo, Romeo! wherefore art thou Romeo?*）

　　要是我们加进去一个额外的字母，那么不管舞台上的表演有多精湛，这句话也不可能像是诗人写出的：

　　　　"哦，罗密欧，罗密欧！为何你屁是罗密欧？"
　　　　(*O Romeo，Romeo！wherefore fart thou Romeo？*)

　　这个简单的例子说明了剧本必须忠实复制的原因。对于我们的 DNA 来说也是一样的——一个简单的字母变化（突变）就会导致灾难性的后果。事实就是如此残酷，当卵子或精子发生了突变，那么由其产生的生命个体里所有的细胞都将永远负担着这个突变。有些突变是致命的。包括使一个不到 10 岁的孩子拥有一个衰老得像 70 岁的身体，或者让一个女性因为在 40 岁以前就注定患上难治性的乳腺癌等。感谢上帝，跟大多数折磨我们的临床疾病相比，这类基因突变导致的疾病发病率很低。

　　从第 1 章提到的合子开始，随着时间不停地过去，人的身体里会有大约 50 000 000 000 000 个具有完全一致的 DNA 的细胞。当我们知道每次从一个细胞分裂成两个子代细胞需要复制多少个 DNA 的时候，也许会有些吃惊。每个细胞里有 60 亿个碱基对（一半来自父亲，一半来自母亲）。这 60 亿个碱基对的顺序被称为基因组。所以，身体里面每个细胞都是复制这 60 亿个碱基的产品。使用我们在第 1 章用过的计数方法，如果我们不间断地每秒数一个碱基，把细胞基因组里面包括的 60 亿个碱基数完的时间大概需要 190 年。所以，想想我们从一个合子变成一个出生的婴儿只需要 9 个月的时间，我们就能意识到细胞复制 DNA 的速度有多快。

　　我们从父母那里分别得来的 30 亿个碱基对并不是一字排开的 DNA。它们被分配到一些小包裹中，这是染色体。我们将在第 9 章深入讨论。

读取剧本

　　让我们回到一个更基础的问题上，那就是这 60 亿个 DNA 碱基对是如何工作的，也就是剧本是怎样被读出来的。仅仅靠 4 个字母（A、C、G 和 T）的编码是怎样创造出我们细胞里成千上万个不同的蛋白质的？答案出奇的优雅，那就是分子生物学中的模块化模式，或者，为了帮助理解，我们可以把它想成乐高玩具。

乐高有一句著名的广告语"每天都是一个新玩具"，这样的形容相当准确。一大盒子乐高玩具里面装着数量有限的一些不同大小、形状和颜色的积木。你可以用它们去创造出从鸭子到房屋，从飞机到河马的所有模型。蛋白质跟它类似，蛋白质中的"积木"是相当小的分子，叫氨基酸，在蛋白质的乐高玩具中一共有 20 种标准氨基酸作为积木。但是这 20 种标准氨基酸通过不同的排列顺序和长度的组合，能够创建出一个令人难以置信的数量庞大的蛋白质群。

但是还有一个问题，即使氨基酸的数量只有 20 种，那这 20 种氨基酸又是如何被 DNA 中的 4 个碱基编码的呢？解决方案就是细胞"阅读"DNA 的方式是通过每次包括 3 个碱基的阅读框实现的。每个包括 3 个碱基的阅读框被称为密码子，可以是 AAA，或者 GCG 或 A、C、G 和 T 的其他组合。从这 4 个碱基能够产生 64 种不同的组合方式，对于编码 20 个氨基酸来说已经绰绰有余了。例如，由 AAA 和 AAG 编码的氨基酸叫做赖氨酸。有些密码子是不编码氨基酸的。它们出现在蛋白质编码的末端，其作用是告诉细胞内的机器应该停止工作了。这些称为终止密码子。

那么我们染色体内的 DNA 究竟是如何作为脚本生成蛋白质的呢？它需要通过一个中介，一个叫做信使 RNA（mRNA）的分子。mRNA 与 DNA 很像，但还是有一些明显的细节不同。它的主链与 DNA 稍有不同（所以叫RNA，因为它由核糖核酸（Ribonucleic acid），而不是脱氧核糖核酸构成）；它是单链结构（只有一条主链）；它的 T 被结构近似但是稍有区别的 U 取代（我们这里不讨论这种取代的原因）。当特定的 DNA 准备被"阅读"以产生蛋白质时，一个巨大的蛋白质复合体将 DNA 上适当位置的双链打开，并生成 mRNA 拷贝。这个复合体利用碱基配对原则制作出完美的 mRNA 拷贝。随后 mRNA 分子被作为临时模板在细胞内一个特殊的结构中生产出蛋白质。这个特殊的结构通过阅读"三字密码"而将相应的氨基酸拼接起来形成蛋白质长链。实际的情况当然复杂得多，但是基本上就是如此。

用日常生活的事情来做比喻应该会更好理解一些。把 DNA 变成 mRNA 再变成蛋白质的过程有点像将数码照片打印出来的步骤。假设我们用数码相机拍了一张世界上最美的照片。我们希望其他人也能欣赏到这张照片，但我们不希望他们对原始图片进行任何改动。那么，相机里的原始图片就是 DNA 蓝图。我们把它拷贝成另外一种格式，一种不能修改的格式——比如 PDF 格式——而后我们就把成千上万的 PDF 文件拷贝发给那些想要这张照片的人。这些 PDF 文档就是 mRNA。如果人们愿意，他可以利用 PDF 打印出纸质照片，想要多少都行，那纸质照片就是蛋白质。所以，世界上每个人都可以打印这张照片，但是原始文件只有一个。

为什么搞这么复杂？干吗不采用一些直接一点的办法？既然进化选择了这种方式，那就一定有很多理由。其中之一就是，防止对脚本，那个原始文档的损害。当 DNA 解开双螺旋的时候，就处于易受到损伤的状态，而细胞在进化中会尽量避免其发生。DNA 编码蛋白质的这种间接方式能够将 DNA 开放且脆弱的时间期限最小化。还有一个原因就是，这样可以对特定蛋白质的表达量有很好的控制，并留有浮动的空间。

以乙醇脱氢酶（ADH）为例。这个酶是一种在肝脏产生并能对抗酒精的蛋白质。如果我们喝了大量的酒精，我们肝脏的细胞就会升高 ADH 的产量。如果我们一段时间不喝酒，肝脏细胞就会降低其合成。这就是经常喝酒的人比不常喝酒、经常几杯红酒就喝醉了的人，更能耐受酒精的原因之一。越是经常饮酒，肝脏里面的 ADH 表达量就越高（是有上限的）。肝脏细胞并不是通过提高 ADH 基因拷贝来增加其表达的。它们的办法是通过更有效的阅读 ADH 基因，就是产生更多的 mRNA 拷贝或者更有效地利用 mRNA 拷贝模板来合成蛋白质。

我们将会谈到，表观遗传学就是细胞用来控制特定蛋白质合成数量的办法之一，尤其是在控制从原始模板拷贝多少 mRNA 出来这方面。

上面几段都是在讲基因怎样编码蛋白质的。那有多少基因在我们的细胞里呢？这个看似简单的问题却出奇的没有一个公认的答案。原因是科学家们对基因的定义还没有达成共识。这个定义曾经很直接——基因就是编码蛋白质的一段 DNA。我们现在知道这个定义过于简单了。然而，可以肯定的是所有蛋白质都由基因编码，但不是所有的基因都编码蛋白质。在我们的 DNA 中大概有 20 000 到 24 000 个编码蛋白质的基因，远低于 10 年前科学家们认为的 100 000 个。

人类细胞中大部分的基因具有类似结构。在前端有一个叫启动子的区域，它能够结合将 DNA 拷贝成 mRNA 的蛋白质复合物。这个蛋白质复合物沿着基因运转，制造出一个长的 mRNA 链，直到其在基因的尾部脱落。

革遗 编辑剧本
命传

假设这个基因有 3 000 个碱基对，这是最常见的长度。那么 mRNA 也就有 3 000 个碱基。每个氨基酸是由包括 3 个碱基的阅读框来决定，所以我们可以预测这条 mRNA 将会编码一个长度为 1 000 个氨基酸的蛋白质。但是，很可能出乎预料，我们会发现得到的蛋白质往往比我们想象的要短。

我们看着基因的序列，其实就像是一个长长的由 A、C、G 和 T 组成的链条。但如果我们能用适当的软件来分析，就会发现这里面有两种不同的序列。一种就是我们所说的外显子（exon，能被表达的序列），它能够编码蛋白质的产出。另一种就是内含子（intron，不能被表达的序列），它不对编码蛋白质有任何作用。相反，它包含了很多让转录蛋白质"停止"的密码。

当 mRNA 首次从 DNA 拷贝出来后，它包含了所有的外显子和内含子。一旦这条长 RNA 分子形成，另一个多亚基蛋白质复合体就来了。它把所有的内含子序列移走并把外显子连接起来，从而创建了一条能够连续定义氨基酸的 mRNA。这个编辑的过程叫做剪接。

这看起来又很复杂了，但是，同样，进化采用这个方式一定是有原因的。原因是，这样细胞可以通过相对少量的基因数量来创造更多种类的蛋白质。图 3.3 展示了这个机制。

原始的 mRNA 保留了所有的外显子和内含子。而后，剪接过程移除了所有的内含子。但是，在剪接过程中，一些外显子也有可能被移除。一些外显子则被保留在最终的 mRNA 中，其他的就被跳过了。通过这种方法可以创造出多种多样的功能类似的，或者截然不同的蛋白质。细胞能够根据特定时间的需要或者接受的不同信号来表达出不同的蛋白质。如果我们将基因定义为编码蛋白质的东西，这就意味着只有 20 000 种左右的基因来编码远超过这个数字的蛋白质。

我们讨论基因组时总把它描述成二维结构，就像铁轨一样。剑桥大学芭芭拉罕研究所（Babraham Institute）的彼得·弗雷泽（Peter Fraser）实验室发表了一项特殊的研究成果，显示事实可能不是这样的。他研究的对

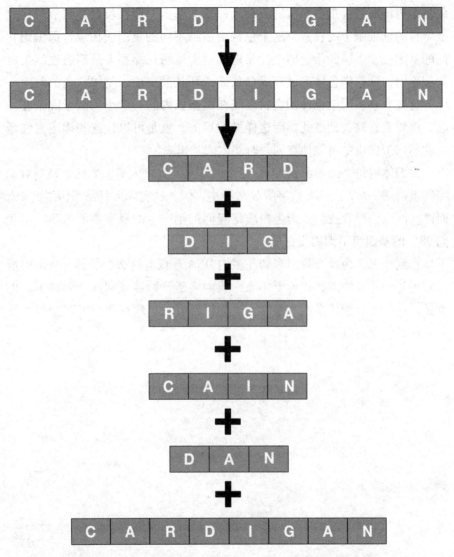

图 3.3 DNA 分子在示意图的最上面一行。能决定氨基酸的外显子用暗色
方框表示。不参与氨基酸选择的内含子用白色方框表示。当 DNA
被拷贝成第一个箭头所指的最初的 RNA 时，这条 RNA 包含了外
显子和内含子。细胞机器随之移除一些或者所有的内含子（这个
过程叫剪接）。最终的信使 RNA 分子因此可以从同一条基因上编
码出多种不同的蛋白质，就像示意图中那些不同的单词一样。本
示意图为简单起见，所有的内含子和外显子都画成了一样大小，
而实际上它们长度的差异会相当大。

象是编码构成血红蛋白必需的一种蛋白质的基因，血红蛋白是将氧气运载至全身的红细胞中的色素。这个色素由多种不同的蛋白质构成，而编码它们的基因位于不同的染色体上。弗雷泽博士证明在那些大量制造血红蛋白的细胞内，这些染色体区域变成盘状或者环状的突出，就像章鱼的触手一样。这些来自不同染色体的盘状区域在细胞核内的一个小范围里混杂在一起，挥舞着直到找到彼此。而这样做的目的，就是可以让这些构成血红蛋白的不同蛋白质尽可能地在同一时间内表达出来。

我们体内每个细胞都携带 60 亿个碱基对。其中大概 1.2 亿个碱基对能编码蛋白质。1.2 亿这个数字听起来不小，但，这实际上只是基因组的 2% 而已。所以，尽管我们认为蛋白质是我们细胞产生的最重要的东西，但我们 98% 的基因组不编码蛋白质。

直到今天，为什么我们有如此多的 DNA 却仅有这么少的部分来编码蛋白质还是个深度的谜题。近十年来，我们终于开始涉及到这个领域了，也就是，这与表观遗传学调节基因表达的机制有关。现在我们可以把目光转向表观遗传学的分子生物学了。

第4章　我们现在所了解的生命

"对科学来说，探索新的思考途径比知道诸多新的事实更为重要。"

——威廉·布拉格爵士（Sir William Bragg）

目前为止，本书还主要侧重于描述结果，就是那些能够表明表观遗传学存在的事件。但所有生物学现象一定有其物质基础，而这，就是本章要讨论的问题。我们之前描述的表观遗传学现象都是由基因表达的多态性导致的。例如，视网膜细胞就跟膀胱细胞表达完全不同的基因种类。但是，这些不同类型的细胞是怎样开启或关闭不同基因群的呢？

作为特定细胞类型的视网膜细胞和膀胱细胞一样，都各自在沃丁顿示意图中处于底端的凹槽里。约翰·戈登和山中伸弥的研究向我们展示了不论是什么原因导致这些细胞留在各自的凹槽中，细胞的 DNA 蓝图都没有改变。它保持完整无缺和原封不动。所以导致基因群开启或关闭的机制一定另有其人，而这个调节机制可以保持相当长的时间。我们这样肯定是因为一些细胞，比如我们脑中的神经元细胞，是很长寿的。一个 85 岁老人的神经元细胞大概也有 85 岁的年纪。它们在生命个体很早期的时候形成，而后就随着我们一起度过余生。

但，也有不同的其他细胞。我们皮肤细胞的表层，表皮，每 5 周就会被皮肤组织深层的持续分化的干细胞替换一遍。这些干细胞只产生新的皮肤细胞，而不会产生肌肉细胞。所以，这个系统中保持特定基因群开启或关闭的机制在细胞每次分裂过程中，都从母代细胞传递给了子代细胞。

这就形成了一个悖论。自 20 世纪 40 年代中期起，科学家就从奥斯瓦尔德·埃弗里（Oswald Avery）和他的同事的研究中得知 DNA 是细胞中的

35

遗传物质。如果 DNA 在同一个人的不同类型的细胞中是一致的，那么基因令人难以置信的精确表达又是如何通过分裂传给下一代的呢？

我们那个关于演员读剧本的比喻在这里又能派上用场了。巴兹·鲁曼拿给莱昂纳多·迪卡普里奥的那个莎士比亚的《罗密欧与朱丽叶》剧本里，导演已经注明了许多信息，比如朝向、摄像头的安置和其他大量技术信息。不论莱昂纳多把这个剧本复印多少次，巴兹·鲁曼的附加信息都存在于这个剧本里。克莱尔·丹尼斯有自己的《罗密欧与朱丽叶》剧本。但她剧本里面的注释跟与她的拍档不同，但是仍然可以原样复印。这就是表观遗传学如何调控基因的表达——不同的细胞具有完全相同的 DNA 蓝图（原作者的剧本），但携带着不同的分子修饰（拍摄剧本），并且可以在母代细胞的分裂中传递给子代细胞。

这些对 DNA 的修饰完全不会干扰到我们基因蓝图里面 A、C、G 和 T 的顺序。当基因被开启并拷贝成 mRNA 时，这些 mRNA 具有完全一致的序列，这是由碱基配对原则决定的，而这与基因上是否有表观遗传学修饰无关。类似地，当 DNA 为细胞分裂而复制的时候，同样的 A、C、G、T 序列会被复制。

既然表观遗传修饰对我们的基因编码没有任何影响，那它是干吗的呢？简单地说，它们能改变一个基因表达多少，或者是否进行表达。表观遗传修饰在细胞分裂中也能被传承，所以这就是母代细胞表达什么基因这个特征被能够传递给子代细胞的机制。这说明了为什么皮肤干细胞仅仅产生更多的皮肤细胞，而不是其他类型的细胞。

给 DNA 上粘颗葡萄

最先被鉴定出来的表观遗传修饰是 DNA 甲基化。甲基化的意思是给一个化学分子上加一个甲基，这里的化学分子就是指 DNA。甲基是非常小的基团。它仅仅是一个碳原子连了三个氢原子。化学家用"分子量"来描述原子或者分子的大小，因为每个原子的重量不一样。一个碱基对的分子量大概是 600Da（Da 是道尔顿的简称，是分子重量的计量单位）。一个甲基的分子量只有 15Da。加上一个甲基对碱基对来说重量只改变了 2.5%。就像在一个网球上粘一颗葡萄一样。

图 4.1 展示了 DNA 甲基化的化学结构示意图。

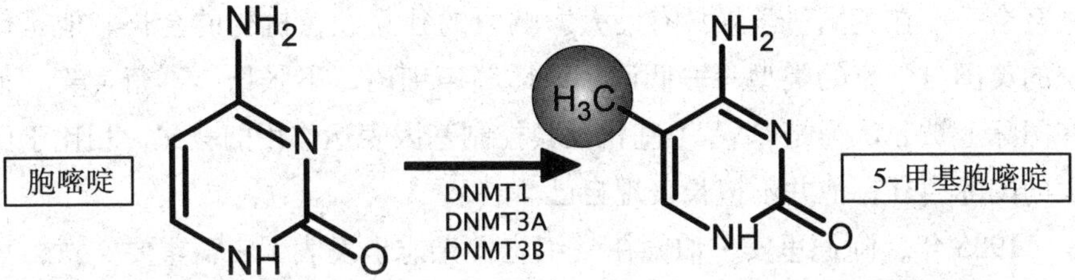

图 4.1　DNA 碱基胞嘧啶的化学结构图及其表观遗传修饰形式
　　　　5-甲基胞嘧啶示意图。C：碳；H：氢；N：氮；O：氧。
　　　　为简单化，一些碳原子没有被用 C 标注出来，两条线的
　　　　交叉处即为碳原子。

图中的碱基是 C（胞嘧啶）。它是 4 个 DNA 碱基里唯一可以被甲基化而变成 5-甲基胞嘧啶的。这里的"5"指的是甲基在环形中所处的位置，而不是有 5 个甲基被加上去了；一般都是只加一个。甲基化反应在我们大部分器官的细胞中发生，由以下三种酶中的一个进行催化：DNMT1、DNMT3A 或者 DNMT3B。DNMT 源自英文 DNA 甲基转移酶的缩写（<u>DNA</u> <u>M</u>ethyl<u>T</u>ransferase）。DNMT 们就是一类表观遗传修饰的"书写者"——产生表观遗传编码的酶。大多数情况下，这些酶只在 G 前面的 C 上添加甲基。这个 C 后面紧跟着 G 的结构叫做 CpG。

这个 CpG 的甲基化就是一种表观遗传修饰，也就是表观遗传学标记。这个化学结构被粘在 DNA 上的同时又不改变基因的序列。对于 C 来说，这是修饰，而不是改变。也许你会觉得这种修饰过于渺小，并惊讶于本书后面在提到表观遗传学时会一遍一遍不停地提到它。这是因为 DNA 的甲基化在调控基因表达方面太重要了，它影响了我们细胞、组织和整个身体的功能。

在 20 世纪 80 年代早期，实验证实如果你把 DNA 注射到哺乳动物细胞中，供体 DNA 的甲基化程度会影响到转录为 mRNA 的水平。供体 DNA 甲基化程度越高，转录水平越低。换句话说，高水平的 DNA 甲基化与基因关闭相关。然而，这个现象在正常细胞中是否一致还不清楚。

揭示甲基化在哺乳动物细胞的重要性的关键工作由阿德里安·伯德

（Adrian Bird）率先完成，他将大部分的科学生涯花在了位于爱丁堡的康拉德·沃丁顿曾待过的实验室里。伯德教授是英国皇家学会会员和威康信托基金会——在英国科学界具有巨大影响力的独立经营机构的会长。他是传统的英国科学家的类型——低调、说话轻声细语、不张扬、不苟言笑。他在国际上被公认为是 DNA 甲基化及其控制基因表达作用的教父，相比于巨大的国际声誉，他并不擅长表现自己。

1985 年，阿德里安·伯德在《细胞》杂志上发表了一篇重要文章，显示大部分的 CpG 序列并不是在 DNA 中随机分布的。而是集中在相应基因上游的部位，启动子区域。启动子是基因组的延伸部分，也是 DNA 转录复合体结合并开始将 DNA 拷贝成 RNA 的起始部位。富含 CpG 序列的区域被称为 CpG 岛。

大概 60% 编码蛋白质的基因的启动子处于 CpG 岛内。当这些基因被激活时，CpG 岛的甲基化程度很低。CpG 岛在那些被关闭的基因中呈现高甲基化状态。不同的细胞类型表达不同的基因，所以显然在不同细胞类型中 CpG 岛甲基化有不同的特点。

其实长时间以来都有一个关于这种联系的意义的争论。就是古老的谁是因、谁是果的争论。一派认为 DNA 甲基化基本上是一个后续修饰——在某种不明的机制将基因抑制后，DNA 才被甲基化修饰。在这个模型中，DNA 甲基化仅是在基因被抑制后的下游产物。对应的一派则认为 CpG 岛先被甲基化，而后这个甲基化关闭了相应的基因。这个模型中，表观遗传修饰实际上导致了基因表达的变化。尽管现在仍有不同的竞争实验室在争论，但这个领域大部分科学家基于阿德里安·伯德发表文章以来四分之一世纪的研究成果同意第二种模型，认为甲基化是"因"。即在大多数情况下，CpG 岛的甲基化在关闭基因前发生。

阿德里安·伯德继续研究着 DNA 甲基化如何关闭一个基因。他发现当 DNA 被甲基化后，它与一个叫做 MeCP2（甲基 CpG 结合蛋白 2，Methyl CpG binding Protein 2）的蛋白质相结合。而这种蛋白质并不结合非甲基化的 CpG 序列，但我们回顾一下图 4.1 并想想甲基化和非甲基化的胞嘧啶结构差异有多么小的时候，我们会发现这相当不可思议。把甲基加到 DNA 上的酶被称为表观遗传编码的"书写者"。MeCP2 并不对 DNA 的修饰有任何贡献。它的作用是让细胞能够诠释被修饰的 DNA 区域。MeCP2 就是表观遗传编码的"阅读者"。

一旦 MeCP2 与一个基因启动子上的 5-甲基胞嘧啶结合，它会做很多事情。它会结合很多其他蛋白质来帮助关闭基因。它还能防止转录复合体结合到启动子上，从而阻止 mRNA 信使分子的生成。那些启动子被高度甲基化的基因经与 MeCP2 结合会导致染色体该区域几乎终生关闭。该 DNA 会难以置信地紧密缠绕而让转录机制无法靠近碱基对来生成 mRNA 拷贝。

这是为什么 DNA 甲基化如此重要的原因之一。记得那些老人脑中 85 岁大的神经元细胞吗？八十多年来，DNA 甲基化始终保持着基因组某些区域难以置信的紧密缠绕，以保持神经元细胞相应基因的沉默。这就是我们大脑细胞不产生血红蛋白或者消化酶的原因。

但是其他的情况下是怎样的呢？例如，皮肤干细胞为什么能频繁地分裂生成皮肤细胞，而不会生成骨细胞？在这种情况里，DNA 甲基化的特征被从母代细胞传递至子代细胞。当 DNA 双螺旋的两条链被分开时，每一个碱基都利用碱基配对原则进行复制，正如我们在第 3 章看到的那样。图 4.2 显示了当 CpG 中甲基化的胞嘧啶被复制时会发生什么。

DNMT1 能够识别是否有 CpG 序列的甲基化仅存在于一条链中。当 DNMT1 发现了这种不平衡，它会把"失去"的甲基化加到新合成的链上。如此，子代细胞就会拥有跟母代细胞一样的甲基化特征了。作为结果，它们会抑制与母代细胞相同的基因，这样皮肤细胞就永远是皮肤细胞了。

革命遗传 YouTube 上的奇迹小鼠

表观遗传学有一种倾向，就是总在突然科学家完全无法预料的地方出现。最有趣的例子之一就是与 MeCP2，那个可读取 DNA 甲基化标记的蛋白质相关的。几年前，有一个现已名誉扫地的理论，就是 MMR 疫苗[①]能引起自闭症的理论得到了大众媒体的大事宣传。一个非常受人尊敬的英国大报深度报道了一个小女孩的悲伤故事。作为一个孩子，她很早就遇到了人生的挑战。在她一岁生日前接受 MMR 接种后没多久，她就开始迅速出现问题，并失去了大部分她已获得的技能。在当时记者写报道之前，这个小女孩已经大约四岁，被描述为得了作者所见过的最严重的自闭症。她没有

―――――――――

① 译者注：MMR 疫苗是指麻疹、腮腺炎和风疹联合疫苗。

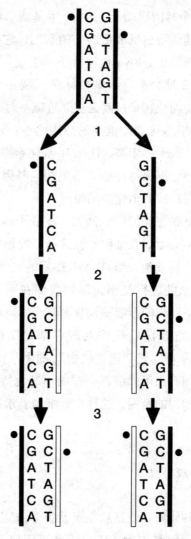

图 4.2 该示意图显示了在 DNA 复制过程中，DNA 甲基化特征如何被保持的。甲基基团用黑色圆形表示。在步骤一母本 DNA 双螺旋被分开和步骤二将 DNA 复制后，DNA 甲基转移酶 1（DNMT1）会"检查"新生成的双链。DNMT1 能识别那些在一条链上存在甲基化修饰的胞嘧啶而对应链上的胞嘧啶没有出现甲基的情况。DNMT1 能将一个甲基基团添加到新合成的链上（步骤三）。这仅仅出现在 C 和 G 紧邻的 CpG 序列中。这个过程确保了 DNA 甲基化特征能够在 DNA 复制和细胞分裂中被保留下来。

语言功能，似乎有很严重的学习困难，行为非常有限且重复，只保留了极少数的有意识的手部动作（例如她不再伸手拿食物）。这个令人难以置信的重度残疾无疑是她和她家人的一个悲剧。

但是，如果是有点神经遗传学背景的读者阅读这篇文章时，会马上注意到两件事。第一件事是女孩患有这样严重的自闭症很不寻常——虽然并非闻所未闻，但相当罕见。因为这种疾患多见于男孩。第二件事情是，这种病变从发生发展的时间点到症状类型其实听起来跟一种罕见的遗传性疾病，瑞特综合征（Rett syndrome）非常相似。而巧合的是，瑞特综合征还包括大多数类型的自闭症患儿出现明显症状的时间点，通常是在婴儿接种MMR 疫苗的时间。

但是这跟表观遗传学有什么关系？在 1999 年，马里兰州霍华德·休斯医学研究所的著名神经遗传学家胡达·佐戈比（Huda Zoghbi）领导的团队证实，大多数瑞特综合征是由 *MeCP2*，编码甲基化 DNA 阅读者的基因突变造成的。患有这种疾病的儿童因为 *MeCP2* 基因的突变导致不能生成有活性的 MeCP2 蛋白质。尽管他们的细胞里面具有完美的甲基化 DNA 序列，但再也无法正确地对这些信息进行读取。

这个由 MeCP2 基因的突变导致的严重儿童临床综合征告诉我们，对表观遗传编码的读取也是非常重要的。但还不止这些。患病女婴并不是所有组织都受累，所以，也许这个特殊的表观遗传学通路在某些组织中比其他组织更重要。因为患儿出现了严重的智力低下，所以我们可以推断出正常表达的 MeCP2 蛋白质在大脑中有相当重要作用。而鉴于这些孩子的其他组织，如肝脏或肾脏似乎并未受到任何影响，或许 MeCP2 的活性在这些组织中并不如在脑中那么重要。这可能是因为在这些器官中，DNA 甲基化本身就不是很关键，或者也许这些组织中除了 MeCP2 外，还有其他蛋白质具有读取表观遗传密码的能力。

长期以来，科学家、医生和患儿家长都热切希望能通过对该病不断深入探索而帮助他们找到更好的治疗办法。这是个巨大的挑战，因为我们想要干预的是在整个发育过程中都存在的基因突变导致的对大脑功能的影响。

瑞特综合征中最让人头疼的问题之一，也是最普遍的症状就是严重的大脑发育迟滞。没人知道是否有可能逆转已经形成的如此严重的神经发育问题导致的智力低下，但是一般来说，大家都认为没那么乐观。阿德里安·伯德仍然是我们故事的主人公。2007 年，他在《科学》杂志上发表了一篇论文，他和他的同事们证明瑞特综合征在小鼠的疾病模型上可以逆转。

阿德里安·伯德和同事们建立了一个 *Mecp2* 基因失活的小鼠种系。他们使用了鲁道夫·詹尼士首创的技术方案。这些小鼠成年后出现了严重的神经系统症状，它们几乎没有任何正常小鼠的活动能力。如果你把一个正常的小鼠放在一个大的白色盒子中间，它会立即开始探索周围的环境。它会在沿着盒子的边框周围不断进行移动，就像一个正常的家鼠沿着墙边的踢脚线乱窜一样，而且会经常站立起来以获得更好的视野。但是 *Mecp2* 基因突变的小鼠却很少做这些事情——把它放在一个大白盒子的中间，它就傻傻地待在那里。

而阿德里安·伯德建立这个种系小鼠的时候，他同时让它们携带了一个正常拷贝的 *Mecp2* 基因。只是，这个正常的拷贝被沉默了——即是说在小鼠体内被没有开启。这个实验最聪明的地方就在于，当研究者给予实验小鼠一种无毒的化学药品后，这个正常的 Mecp2 基因会被激活。这样，这些小鼠会在没有 MeCP2 蛋白质表达的情况下出生和成长，而在研究者选定的时间点上，Mecp2 基因就会被开启。

开启 *Mecp2* 基因后的结果令人难以置信。之前呆坐在白色盒子中间的小鼠马上开始进行正常小鼠该做的探索行动。你可以在 YouTube 上看到这段视频，同时还有阿德里安·伯德的采访，他承认从来没期望会出现这么梦幻般的实验结果。

这个实验如此重要的原因就是，它给了我们一个希望，一个也许可以找到治疗复杂神经系统疾病的新途径的希望。在这篇《科学》论文发表以前，一般公认的是，复杂的神经系统疾病一旦发生就不可能被逆转。这个推定对于那些在发育期，不管是子宫里还是在出生早期，出现的问题尤为肯定。因为这段时间乃是哺乳动物大脑与身体其余诸多部分建立连接的关键时期。可是根据 *Mecp2* 基因突变小鼠的研究结果，在瑞特综合征中，说不定大脑全部正常神经功能所需要的物质基础仍然在细胞中存在——它们只是需要被适当地激活。如果推断到人类（其实仅就大脑而言，我们跟小鼠的差异没有那么大），这为我们带来了希望的曙光，我们也许可以开始研发新的疗法来扭转如智力低下之类的复杂神经系统疾病患。我们当然不能照搬在小鼠身上做过的事情，因为这个方法只能在实验动物身上使用而不是在人类上。但是，还是值得去尝试开发某种具有类似效果的适合药物。

DNA 甲基化显然十分重要。阅读 DNA 甲基化能力的缺失会导致复杂而严重的神经系统失调，从而使患瑞特综合征的儿童在一生中都被严重的残障困扰。另外，DNA 甲基化在维持不同细胞进行正确的基因表达特征中发挥重要作用，不管是我们那长寿的几十岁的神经元细胞，还是那些由干细胞不断产生的子代细胞，比如皮肤细胞。

但是，我们还有一个概念性的问题。神经元细胞与皮肤细胞完全不同。如果这两种不同类型的细胞都使用 DNA 甲基化来关闭并保持关闭某些特定的基因，那它们必须在不同类型的基因上使用甲基化。否则它们将在相同的水平上表达完全相同的基因，从而导致变成一样的细胞类型，而不是神经元和皮肤细胞。

解决两种不同类型的细胞如何能使用相同的机制来创建不同结果的关键问题在于，DNA 甲基化如何靶向不同类型细胞基因组中的不同区域。这就将我们带入分子表观遗传学的第二大区域。蛋白质。

遗传 革命 DNA 有个朋友

DNA 经常被描述成好像个光杆司令一样，即除了脱氧核糖核酸以外没有任何其他分子。当我们想想 DNA 双螺旋的时候，基本上看起来就像一条非常长的双轨火车道。这也正是我们前几章把 DNA 描述成的样子。但事实上它一点都不像，当科学家充分意识到这点的时候，许多表观遗传学上的重大突破就出现了。

DNA 与蛋白质密切相关，特别是被称为组蛋白的蛋白质。目前表观遗传学和基因调控关注的重点是四个特定的组蛋白：H2A、H2B、H3 和 H4。这些组蛋白具有"球形"的结构，因为它们自身折叠成紧凑的球形。然而，每个蛋白都有伸出球形的松散折叠的氨基酸链，这就是所谓的组蛋白尾。两组这四种组蛋白聚集在一起，形成一个被称为组蛋白八聚体的紧凑结构（因为它是由 8 个组蛋白构成的）。

我们可以想象这个 8 聚体就像 8 个乒乓球一样相互黏合在一起，形成两层结构。DNA 则像棉花糖周围围绕的甘草一样紧紧缠绕在这个蛋白上，形成被称为核小体的结构。一个核小体上的 DNA 线圈包含 147 个碱基对。图 4.3 非常简略地对核小体的形象进行了展示，白色的链条是 DNA 而灰色的触手是组蛋白尾。

我们去读任何关于组蛋白的文章，哪怕仅仅是 15 年前的，他们都会把组蛋白说成是"打包的蛋白质"，然后就没了。没有错，DNA 是被它们打包了。细胞核一般的直径只有 10 微米——就是 1 毫米的百分之一，而如果 DNA 仅仅是松散的折叠，它的长度会达到 2 米长。所以，DNA 紧密地缠绕着核小体并且相互紧紧地堆积在一起。

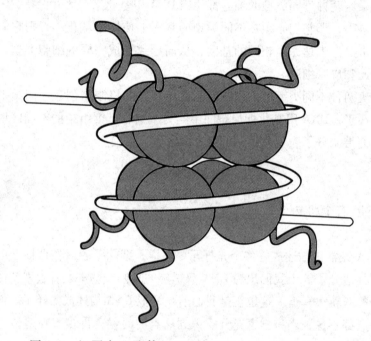

图 4.3　组蛋白八聚体（H2A、H2B、H3 和 H4 各两个分子）紧贴在一起，同时 DNA 缠绕在周围，形成了染色质的基本单位：核小体。

我们染色体的某些特定区域几乎始终保持着这种极端的结构。这些区域看起来是不编码任何基因的。相反，它们是一些结构性的区域，比如位于染色体末端的区域，或者那些细胞完成 DNA 复制后在染色体分离中有重要作用的区域。

DNA 中被严重甲基化的区域也呈这种紧密折叠结构，而且甲基化在形成这种形态中有重要作用。这也是在一些长寿细胞，如神经元细胞能够在几十年间都关闭某些基因的机制之一。

但是，那些没有紧密缠绕的区域又是怎么回事呢？是不是这些基因被开启或者具有被开启的潜力呢？这里就是组蛋白发挥作用的地方了。这些组蛋白们可不仅仅是用来缠绕 DNA 的分子轱辘。如果 DNA 甲基化像是《罗密欧与朱丽叶》上面的半永久的标注的话，组蛋白上的修饰则像是临时的批注。它们就像是铅笔做的标记，能挺过几次影印，但以后就会不见踪影。它们更短暂，就像便利贴一样，只是暂时使用。

该领域相当多的突破都来自于纽约洛克菲勒大学的大卫·阿利斯（David Allis）教授实验室。他注重仪表，胡子刮得干干净净，看起来要比他实际的 60 岁年纪小很多，而且在他的学术圈里很受欢迎。就像很多表观遗传学家一样，他的工作开始于发育生物学。跟前辈阿德里安·伯德和约翰·戈登一样，大卫·阿利斯并不看重自己在这方面的声望。在 1996 年的论文中，他和同事证实了细胞中的组蛋白被进行了化学修饰，而这个修饰增加了靠近特定修饰核小体的基因的表达。

大卫·阿利斯确定的组蛋白修饰被称为乙酰化。就是一个被称为乙酰基的化学基团，在这里被加到了一个组蛋白尾部结构中的氨基酸，赖氨酸上。图 4.4 展示了赖氨酸和乙酰基赖氨酸的结构，我们可以看到，修饰基团相对也很小。像 DNA 甲基化一样，赖氨酸乙酰化是一个调节基因表达的表观遗传学机制，而不会改变基因的基本序列。

所以，回到 1996 年，当时的看法相当简单。DNA 甲基化关闭基因而组蛋白乙酰化开启基因。但是，基因的表达可不是那么简单的"开"和"关"的调控。基因很少处于全开或者全关的状态；它们更像是传统收音机上面的音量调节。所以，也许如果还有其他组蛋白的修饰也是可以接受的。事实上，以大卫·阿利斯的工作为起点，超过 50 种针对组蛋白的修饰被他和其他诸多实验室鉴定出来。这些修饰都能改变基因的表达，但作用并不一致。有些组蛋白的修饰升高基因的表达，有些则降低。这些修饰的特征被认为是一种组蛋白编码。而表观遗传学面临的问题就是这个编码真是太难读了。

让我们把核小体想象成装了一棵大圣诞树的卡车。树上到处伸出的枝丫就是组蛋白尾，而且它们能被表观遗传修饰来装饰。我们拿出一些紫色的装饰品，在不同的树枝上随意挂几个。我们还可以在枝条上挂上一两个

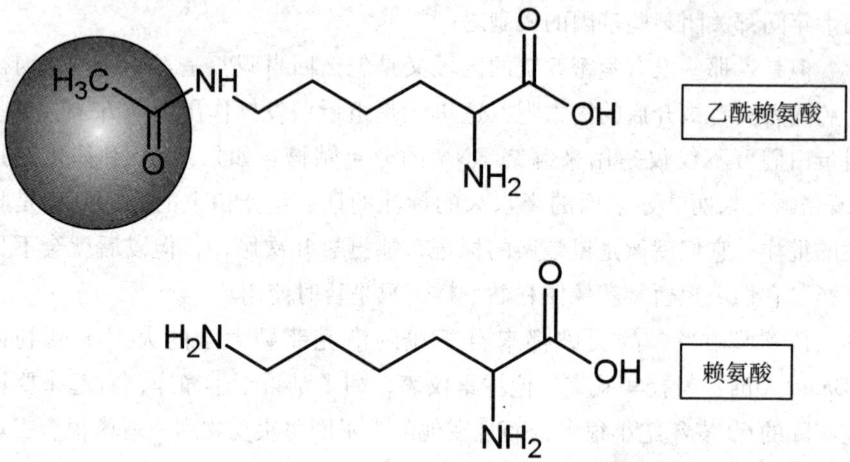

图4.4　赖氨酸和它的表观遗传学修饰形式，乙酰化赖氨酸的化学结构
　　　　图。C：碳；H：氢；N：氮；O：氧。为简单化，一些碳原子没
　　　　有被用C标注出来，两条线的交叉处即为碳原子。

绿色的冰棱型的装饰品，哪怕可能有些枝条上已经有紫色装饰品了。然后，我们拿起红色的星星，现在有人告诉我们不能把它们挂到有紫色装饰品的树枝上。同样，金色的雪花和绿色的冰棱不能同时出现在同一根树枝上。就这样继续下去，还有更多的规矩和模式。最终，我们把手头所有的装饰品都挂了上去，并把灯泡绕到了树上。每个灯泡代表一个基因。假设我们通过某一个神奇的程序，能根据每个灯泡周围的装饰物的精确组合来控制其亮度。而最可能的结果就是，我们真的很难预测大部分灯泡的亮度，因为圣诞装饰品的图案太复杂了。

　　这就是目前那些想了解所有不同的组蛋白修饰组合如何影响基因表达的科学家们所面对的。在许多情况下，我们可以清楚的知道单个修饰会有什么作用，但面对复杂的组合，我们还是无法做到准确预测。

　　目前科学家为了解决读码的问题已经付出了巨大的努力，世界各地的实验室正在或合作或竞争地利用最快速和最复杂的技术进行攻关。这么做的原因是，尽管我们现在并不能准确地读出这个编码，但我们有足够的证据说明它是极其重要的。

造个更好的捕鼠器

很多关键的表观遗传学证据都来自发育生物学，同样，诸多伟大的表观遗传学家也在这个领域产生。如前所述，单细胞合子分裂，而后很快子代细胞们开始行使各自的功能。第一个典型事件就是早期胚胎分成了内细胞群（ICM）和滋养层。ICM 细胞就开始定向地分化形成不同的细胞类型。这些滚下沃丁顿表观遗传学山坡的细胞在很大程度上是一个自生存系统。

在这个阶段最关键的问题是如何把握住一波接一波的基因表达和表观遗传修饰变化。对此，有个有用的比喻就是捕鼠器的游戏，这个游戏最早出现在 1960 年前后并一直卖到现在。玩家需要在游戏中建造一个异常复杂的捕鼠器。这个陷阱通过一端释放一个球的简单动作来激活。这个球会向下穿过和经过所有类型的陷阱，比如一个滑盖、一个靴子、一系列的飞行和一个从跳板上跳下的人等。只要这些部件被正确地放在一起，整个荒谬的级联系统就会运转并最终把玩具老鼠捕获。但如果有一个部件稍稍偏离定位，这个疯狂的序列就会停顿，而同时陷阱则无法起作用。

胚胎的发育就像是这个捕鼠器游戏。合子被预先装载好某些蛋白，大部分来自卵子胞浆。这些卵子来源的蛋白移动到细胞核里面并结合上靶基因，我们称之为靴子（boots）（为了纪念捕鼠器游戏），并调节它们的表达。它们也会吸引一些特定的表观遗传酶到靴子基因那里。这些表观遗传酶也许是卵子细胞质"捐献"的，而后它们对核小体上的 DNA 和组蛋白进行了长效的修饰，同样也影响了这些靴子基因的开启或关闭。这些靴子蛋白结合到潜水员（divers）基因上，并将其开启。某些潜水员基因可能自己编码了表观遗传酶，而这些酶则会激活滑盖（slides）家族的基因，以此类推。于是，遗传和表观遗传的蛋白共同努力进行着无缝衔接的顺序工作，就像捕鼠器游戏中把球释放出来后开始的那样。有时候一个细胞会把一个关键因子表达得或多或少一点，但都是在一个阈值里面保持着平衡。如果把 20 个捕鼠器游戏连接在一起，那么就有可能会导致细胞发育途径的巨大差异。任何部件组装的轻微的差距，或者球滚动时间的细微的差别都可能只触发一个陷阱，而没有触发其他的。

我们比喻中的名字都是假想的，但我们可以把他们换成真实的名称。

在胚胎发育最早期阶段的关键蛋白质之一就是 Oct4。Oct4 蛋白质能与一些关键基因结合，还可以吸引一种特定的表观遗传酶。这个酶能修饰染色质并改变基因的表达。Oct4 和那个表观遗传酶都在早期胚胎发育中具有决定性作用。如果缺失任何一方，合子甚至都无法发育到 ICM 阶段。

早期胚胎基因表达的模式会对它们自己进行反馈。当特定的蛋白表达出来后，它们可以和 Oct4 启动子进行结合并关闭该基因。在正常情况下，体细胞不会表达 Oct4 蛋白。因为这对于它们来说是很危险的，具体是因为 Oct4 能够打破已分化细胞的正常基因表达模式而使它们变得更像干细胞。

这就是当年山中伸弥使用 Oct4 作为重新编程因子时所发生的事情。利用人工的方式在已分化细胞中大量表达 Oct4 后，他可以"欺骗"这些细胞具有像早期发育细胞一样行为。就连表观遗传修饰都被重置了——可见这个基因的能力有多强。

正常的发育过程已经展示了表观遗传修饰在控制细胞命运方面的意义的重要证据。那些出错的发育例证则能告诉我们表观遗传到底有多么重要。

例如，在 2010 年《自然·遗传》杂志上的一篇文章鉴定出了导致一种罕见疾病，歌舞伎综合征（Kabuki syndrome）的突变。歌舞伎综合征是一种复杂的发育失调，具有包括智力低下、身材矮小、面部畸形和腭裂等多种症状。这篇文章显示歌舞伎综合征是有一种叫做 MLL2 的基因突变引起的。MLL2 蛋白是一种表观遗传书写者，它可以将甲基基团加到 H3 组蛋白第 4 位赖氨酸上。罹患此突变的患者不能正确书写自己的表观遗传编码，于是就导致了症状的出现。

而那些移除表观遗传修饰的酶，表观遗传修饰的"橡皮"，出现突变也会导致人类的疾病，一种叫做 PHF8 的基因表达的蛋白能够移除 H3 组蛋白第 20 位赖氨酸上的甲基，它的突变会导致腭裂和身材矮小的一种综合征。在这些例子中，患者的细胞里添加的表观遗传修饰没有问题，只是不能正确地移除它们。

有趣的是尽管 MLL2 和 PHF8 具有不同的作用机制，但是这些基因突变导致的临床表现却很相似。它们都有身材矮小和腭裂的症状。这些综合征都被认为是发育过程中反映出来的问题。表观遗传学途径在生命全程都很重要，但看起来好像在发育期尤为重要。

除了这些组蛋白的书写者和橡皮外，还有超过 100 种作为组蛋白表观遗传编码阅读者的蛋白质。这些阅读者吸引其他蛋白组成一个复合物来开启或关闭基因的表达。这和 MeCP2 帮助关闭被甲基化的 DNA 基因表达的作用类似。

组蛋白修饰在很重要的方面与 DNA 甲基化有差异。DNA 甲基化是一种很稳定的表观遗传修饰。一旦某个区域的 DNA 被甲基化后，它在大多数情况下就会更倾向于一直保持这种甲基化状态。这是表观遗传修饰的重要作用之一，它让神经元保持作为神经元，而且不会让我们的眼球里出现牙齿。尽管细胞里 DNA 的甲基化能够被移除，但这仅出现在非常特殊的环境下，且罕有发生。

大部分组蛋白的修饰具有更好的可塑性。一种修饰可以被置于某个基因的组蛋白上，还可以被移除，然后再放回去。细胞核受到任何外界刺激，作为反应都会发生这些修饰。这些刺激包括的范围很广。在一些细胞类型中，对激素的反应可能会导致组蛋白的编码。这些包括了我们肌肉细胞的胰岛素信号，或者月经周期导致的乳腺细胞对雌激素的反应等。在大脑中，组蛋白编码可能由成瘾性药物导致，比如可卡因。而在肠道的内壁细胞中，表观遗传修饰的模式改变则依赖于肠道细菌所产生的脂肪酸的数量。这些组蛋白编码的变化是通过后天（环境）与先天（基因）的交互以创建地球上高级生命复杂性的重要途径之一。

组蛋白的修饰也允许细胞去"尝试"不同的基因表达模式，尤其在发育期。当抑制性的组蛋白修饰出现在某个基因附近时，这个基因会被暂时性的失活。如果这些基因的失活对细胞有益，这些组蛋白的修饰会持续很长时间直至导致 DNA 的甲基化。这种组蛋白修饰会吸引阅读者蛋白及其他蛋白在染色体上形成一个复合体。在某些情况下，这个复合体会包括 DNMT3A 或者 DNMT3B 这两种具有在 CpG DNA 上进行甲基化能力的酶。在这种情况下，DNMT3A 或者 DNMT3B 能够穿过定位于组蛋白的复合体将 DNA 进行甲基化。如果这里发生了足够多的 DNA 甲基化，这个基因的表达就会被关闭。在极端情况下，整个的染色体区域会变成高度紧密状态并在多次细胞分裂后仍保持失活，或者在神经元这种不分裂细胞中一直失活几十年。

为什么生物要进化出组蛋白修饰这么复杂的方式来调节基因的表达呢？这跟 DNA 甲基化修饰导致的全或无的调控方式相比复杂太多了。原因之一就是也许因为这种复杂性才能允许对基因表达进行微调。正因如此，细胞和生物可以为了适应外界环境而更好地对基因表达进行调节，就像要适应后天环境或者病毒的感染等。但是，正如我们下一章将会看到的，事实上，这种微调将会导致一些非常奇怪的后果。

第5章 为何同卵双胞胎会不完全一样

"生命中有两件事情（two things）是我们从未准备好的：双胞胎（twins）。"

——乔希·比林斯（Josh Billings）

同卵双胞胎在几千年的人类文化中一直具有迷人的魅力，这种魅力依然持续到至今。仅仅以西欧文学为例，我们可以在公元前200年普劳图斯（Plautus）的作品中看到同卵双胞胎门内马斯（Menaechmus）和索希克勒斯（Sosicles）；这个故事在1590年前后又被莎士比亚在《错中错》（*Comedy of Errors*）中进行了展示；还有刘易斯·卡罗尔1871年的作品《走到镜子里》（*Through the Looking-Glass*）和《艾丽斯找到什么》（*What Alice Found*）里面的那对双胞胎小胖子；还包括 J.K.罗琳的哈利波特小说系列里面被说得最多的韦斯莱双胞胎。两个看起来彼此完全一样的人总会使人产生一种天生的好奇感。

但比同卵双胞胎那出奇的相似更令我们感兴趣的事情是，他们会有哪些不同。这在艺术作品中也被反复使用，从吉恩·安胡尔（Jean Anhouil）《环绕月亮的指环》（*Ring around the Moon*）中的弗雷德里克（Frederic）和雨果（Hugo）到大卫·柯南伯格（David Cronenberg）《孽扣》（*Dead Ringers*）中的贝弗利（Beverley）和埃利奥特·曼特尔（Elliott Mantle）。作为极致，你甚至可以举出杰基尔博士（Dr Jekyll）和他的密友海德先生（Mr Hyde），这对终极"邪恶双胞胎"作为例子。同卵双胞胎之间的差异显然激起了艺术工作者的创造性和想象力，而同时，也迷住了科学界。

对于同卵双胞胎的科学定义是单合子（monozygotic，MZ）双胞胎。他们从相同的单个合子衍生出来，而这个合子是由一个精子和一个卵子融合

51

而成的。MZ 双胞胎的内细胞群在早期分裂时被分成了两份，就像被切成了两半的甜甜圈一样，从而产生了两个胚胎。而这些胚胎的基因是完全相同的。

这种内细胞群的分开导致形成两个胚胎的事件一般认为是随机发生的。因为在不同人种中，出现 MZ 双胞胎的机率完全相同，而且他们也没有家族性。我们本以为 MZ 双胞胎很罕见，但事实上并非如此。大概 250 个足月妊娠中会有 1 对 MZ 出生，而今天现在大概有 1 000 万对同卵双胞胎生活在地球上。

MZ 双胞胎特别具有魅力，因为他们可以帮助我们了解遗传在何等程度上决定生命的活动，比如特定疾病的发生等。他们能够让我们用数学的方式来探索我们的基因序列（基因型）和我们是什么样（表型）之间的联系，包括身高、健康、雀斑或其他任何我们想测量方面。这种研究的方式就是计算双胞胎都出现同一种疾病的比率。该项技术的术语，这是一致率（concordance rate）。

例如，软骨发育不全，短肢性侏儒症的一种比较常见形式，在 MZ 双胞胎中会以相同的方式出现。如果双胞胎中的一个患有软骨发育不全，那么另外一个一定也会罹患。这个病就被成为 100% 的一致性。这并不奇怪，因为软骨发育不全是由特定的基因突变引起的。不管该突变是存在于卵子还是精子中，在融合为合子后，所有形成内细胞群并最终分裂两个胚胎的细胞中必将携带该突变。

然而，事实上很少有疾病显示出 100% 的一致性，因为大部分的疾病都不是由一个关键基因中决定性的突变引起的。这就产生了一个问题，就是如何确定基因是否在某种疾病中起作用，以及到底起多大作用？这就是双胞胎研究难能可贵之处了。如果我们研究大样本量的 MZ 双胞胎，我们就可以确定特定条件下他们一致或不一致的百分比。如果双胞胎中的一个患有一种疾病，那它的另一半也会倾向于罹患吗？

图 5.1 展示了神经分裂症一致性。它显示我们与患者的血缘关系越近，我们就越容易患病。这幅图最重要的部分是最下面的两条线，那是来自双胞胎的数据。异卵双生子拥有相同的发育环境（子宫），但是基因并不比普通姐弟更接近，因为他们是从不同的两个受精卵发育而来的。两种不同的双胞胎之间的比较是非常重要的，因为一对双胞胎（不管是同卵还是异卵）的生活环境都基本上相差不大。如果精神分裂症主要是由环境因素引

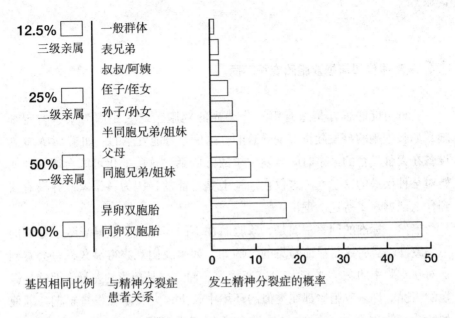

图 5.1　精神分裂症的一致率。两个人血缘关系越近，其中一个人患病
　　　　后，另一半患病的概率就越大。然而，即使基因完全一致的同
　　　　卵双胞胎，精神分裂症的一致率也没有达到 100%。数据来自
　　　　《卫生总署精神健康调查报告》。

起的话，我们应该会看到同卵和异卵双胞胎之间的一致率很相近才对。但
相反，我们看到的结果是异卵双胞胎中一个人患病后，另一个患病的概率
是 17%。但是在 MZ 双胞胎中这个概率达到了 50%。这是接近 3 倍的危险
概率差异，这个事实告诉我们在精神分裂症中遗传因素占主导地位。

　　研究表明在其他许多人类疾病中，遗传因素也占有重要地位。比如多
发性硬化症、双相型情感障碍、系统性红斑狼疮和哮喘等。这对于理解遗
传易感性在复杂疾病中的重要性非常有用。

　　但在很多时候，另一方面的问题更有趣。如果 MZ 双胞胎都得同一种
疾病并没什么值得注意的。值得注意的是 MZ 双胞胎有不同的表现，例如，
一个得了偏执型精神分裂症，而另一个则完全正常，这会成为一个有趣的
科学问题。为什么两个基因型完全一样的个体，在许多情况下生长的环境
也基本一致，会出现截然相反的表现呢？类似地，为什么 MZ 双胞胎都得 1
型糖尿病的情况很罕见呢？除了遗传密码，还有什么在管理着我们的

健康？

表观遗传如何把双胞胎变得不同

一种可能的解释是患有精神分裂症的双胞胎之一是因为某些特定细胞，如脑细胞的自发随机突变导致的。这倒是可能发生的，如果DNA复制设备在大脑发育的某个时间点发生了故障的话。这些变化可能会增加他或她对某种疾病的易感性。这仅在理论上是可能的，因为科学家们并没有找到什么证据来支持这一理论。

当然，标准的回答一般是，双胞胎在不同环境中的差异导致了他们的不一致性。有时这是显而易见的。例如，如果我们观察得够久，总会看到一对双胞胎中的一个被47路公交车撞死，而这就是环境的差异。但这是极端的情况。许多双胞胎都在类似的环境中长大，尤其是在发育早期。即使如此，当然也可能有一些很难被察觉的细微环境差异存在于他们的生活中。

但是，如果我们认为环境是在疾病发展中的其他重要因素，这导致了另一个问题。就是环境如何做到这一点的呢？要知道，环境的刺激——我们的食物成分、香烟烟雾里的化学物质、阳光下的紫外线、来自汽车的废气或我们每天都要接触的数以千计的分子和辐射源——肯定会对我们的基因产生影响而导致表达的变化。

绝大多数的非感染性疾病需要很长的时间来发展，如果没有治愈的话就会成为困扰患者多年的问题。环境中的刺激理论上可以一直作用在不正常细胞的基因上，并导致疾病。但看起来并不是这样，尤其是大多数慢性疾病可能与多种刺激和多种基因交互作用而引起。很难想象，所有的这么多种刺激都会在一段时间内同时存在。替代的说法就是，有一种机制使疾病相关细胞始终保持着非正常状态，即不适当的基因表达状态。

既然没有任何证据说明体细胞突变跟这些疾病有关，表观遗传学就应该是这个机制强有力的竞争者了。它可以允许双胞胎之一的基因出现失调，直至诱发疾病。我们对这方面的研究目前也刚刚起步，但是已经收集了一些证据来支持这个观点。

最直接的实验之一就是去分析MZ双胞胎老了以后其染色质的修饰模

式是否有不同。在这个简单的实验中，我们甚至不需要在其患病的情况下进行分析。我们就是检验一个简单的假说——随着年龄的增长，同卵双胞胎的表观遗传特征会变得不同。如果这个假说成立，就可以支持关于 MZ 双胞胎在表观遗传学水平会出现不一致的想法。这反过来能增强我们进一步探索表观遗传学在疾病发生中作用的信心。

2005 年，马内尔·埃斯特列尔（Manel Esteller）教授领导了一个大型协作项目，而后马德里的西班牙国立癌症中心发表的一篇论文研究了这个问题。他们提出了一些有趣的发现。他们检测了婴儿的 MZ 双胞胎染色体，结果无法发现两个双胞胎之间的组蛋白乙酰化或者 DNA 甲基化的水平有显著差异。但当他们的研究对象变成老年的 MZ 双胞胎，比如五十多岁，就会发现有很多 DNA 甲基化和组蛋白乙酰化水平的差异。而这在分居独立生活的双胞胎中更是确定无疑的。

这个研究结果提供了一个模型，就是同卵双胞胎在出生的时候并没有表观遗传学差异，而随着年龄的增长就会出现。年长而又分开独立生活的 MZ 双胞胎就是那些生活环境具有巨大差异的实验对象。这些双胞胎中具有最明显表观遗传学差异的研究结果证明了关于表观遗传组学（基因组上表观遗传特征的总称）是对环境差异的反应。

吃早餐的小孩子往往在学校的表现看起来比那些不吃早餐的孩子要好一些。这并不能说明一碗玉米片能够改善学习的能力。这可能仅仅是因为那些愿意花时间给孩子准备早餐的家长通常也会对孩子的学习倾注更多的心血，比如每天按时接送和帮助他们的功课。埃斯特列尔教授的数据也是类似的。它们显示了年龄和表观遗传差异之间具有相关性，但并没有证明年龄就是导致表观遗传组变化的原因。不过至少，这个假说还没有被推翻。

2010 年墨尔本皇家儿童医院杰弗里·克雷格（Jeffrey Craig）博士领导的研究小组也研究了同卵和异卵双胞胎的 DNA 甲基化情况。他们的研究集中在基因组里一些具有相关性的较小区域，所以比马内尔·埃斯特列尔的早期论文获得了更多的细节。针对新生的双胞胎，他们发现异卵双胞胎的 DNA 甲基化特征之间的差异相当显著。这并不令人意外，因为异卵双胞胎的基因本来就不是完全相同的，我们当然相信基因组不同的人会有不同的表观遗传基因组。有趣的是，他们还发现即使是 MZ 双胞胎间也存在不同的 DNA 甲基化特征，这表明同卵双胞胎在子宫中开始发育时，就已经开始在表观遗传学上出现了分歧。结合这两篇文章，以及一些其他研究提供的信息，我们可以得出一个结论，就是即使基因完全相同的个体出生时的表观遗传学也是不同的，而这些表观遗传差异会随着年龄的增长和接触不同的环境变得更加显著。

小鼠的和男人/女人的

这些数据可以支持表观遗传变化至少是 MZ 双胞胎具有不完全相同表型的部分原因，但仍有很多问题存在。这是因为人类其实是一个相当令人绝望的实验对象。如果我们想要评估表观遗传因素在基因完全相同却具有不同表型的个体中的作用，我们一般要做到以下几点：

1. 分析数百个具有相同基因的个体，而不仅仅是其中的两个；
2. 用完全可控的方式操控他们的环境；
3. 将胚胎或婴儿在母亲中互换，以探讨早期培育的作用；
4. 在许多不同的时间点上提取体内所有不同组织的样本；
5. 控制交配对象；
6. 研究基因一致个体的四到五代的后代。

不用多说，这在人类中是不可行的。

这也是为什么实验动物在表观遗传学研究中如此重要的原因。它们可以让科学家通过尽可能的控制环境因素来解决复杂的问题。我们可以通过从这些动物得来的数据推断人类情况。

也许并不那么符合，但我们可以通过它们解决相当多的基础生物学问题。多种比较实验证明，不同生物中有很多系统在漫长的岁月中保持了一定的一致性。例如，酵母和人类的表观遗传机制之间的相同之处要多于不同之处，尽管两者在十亿年前才有共同的祖先。所以，很显然表观遗传进程是一项基本的过程，使用模型系统至少能够只是给我们一个理解人类情况的方向。

在我们这一章探讨的具体问题上——为什么基因完全相同的同卵双胞胎似乎往往表型并不完全一致——我们选用的是一直都很有用的哺乳动

物，小鼠。小鼠和人类的进化历程分开了仅仅 7 500 万年。小鼠体内基因的 99% 也可在人类中检测到，尽管这些基因在两者间不是那么完全一致。

　　科学家们已经建立了一些小鼠种系，并保证一个种系内它们的基因是完全一致的。这些对于探索个体间非遗传因素导致的表型不同的机制来说非常有意义。相对于人类中仅仅两个基因完全一致的研究对象，它们可以提供数百，甚至几千个研究对象。要做到这点的办法甚至会让古埃及托勒密王朝都脸红。科学家让一对小鼠同胞兄妹进行交配。而后又让下一代的兄妹进行交配，不断重复。当这种兄妹交配达到 20 代以上时，所有的基因差异被从基因组中剔除。种系内所有相同性别的小鼠的基因都是完全一致的。进一步细化，科学家们还能利用这些基因完全一致的小鼠制作出仅有一个 DNA 变化的种系。他们能利用这种基因工程去创造那些除了感兴趣的基因不同以外，其他基因全部一致的小鼠。

遗传革命　一只有不同颜色的小鼠

　　在基因完全一致的基础上，探索表观遗传变化导致表型差异的研究中最有用的就是 *agouti* 小鼠。正常小鼠的毛发具有带状的颜色。毛发的前端是黑色的，中间是黄色，而后黑色的根部。一种叫做 *agouti* 的基因在形成毛发中间的黄色部分中是必不可少的，并且在正常小鼠中处于周期性开启状态。

　　有一种 *agouti* 基因的突变（简称 *a*）会导致这个基因保持关闭。具有 *a*，*agouti* 基因突变型的小鼠的毛发会变成完全黑色。还有一种特殊的突变小鼠系成为 A^{vy} 小鼠，就是 *agouti* 表现黄色（*agouti viable yellow*）的简写。在 A^{vy} 小鼠中，*agouti* 基因始终处于开启状态，所以它的毛发通体都是黄色的。小鼠有两个 *agouti* 基因，一个来自父本，一个来自母本。A^{vy} 基因相对于 *a* 属于显性基因，也就是说，如果同时具有两种基因的话，A^{vy} 基因将会"压过" *a* 从而使小鼠的毛发显示为通体黄色。这被总结在图 5.2 中。

　　科学家们创建了一个种系的小鼠，它每个细胞里都同时具有 A^{vy} 拷贝和 *a* 拷贝。对其的命名是 A^{vy}/a。因为 A^{vy} 相对于 *a* 属于显性，你可以推断出小鼠的毛发应该都是黄色的。因为所有这个种系里的小鼠都具有完全一致的基因，它们看起来都应该是一模一样的。但它们不是，有的是发尖呈黄

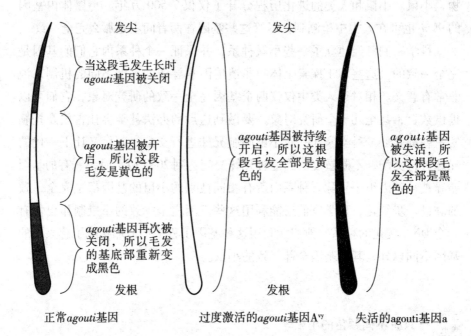

图5.2 小鼠毛发的颜色由 *agouti* 基因表达决定。在正常小鼠中，agouti 蛋白呈周期性表达，导致毛发的特征性条带状颜色。破坏这种表达的周期性特征会导致毛发变得全黄或者全黑。

色，有的是经典的小鼠带状色彩毛发，有的是介于两者之间的各种颜色，详见图 5.3。

这太令人吃惊了，因为这些小鼠的基因可是完全一致的呀。所有的小鼠具有相同的 DNA 编码。我们可能会争辩，也许是环境因素导致的颜色不同。可问题是，对于这些在实验室长大的小鼠来说，环境也是基本一致的。甚至即使是同一笼中的小鼠的毛色都有差异，考虑到同一笼内的小鼠面对的环境是非常相似的，这就说明应该不是环境因素的作用。

当然，使用小鼠，尤其是高度近交系小鼠为模型的好处就在于它们能够很清楚展示出遗传和表观遗传的细节，而我们则可以知道应该关注什么。在这里，我们要关注的就是 *agouti* 基因。

小鼠遗传学家知道 A^vy 黄色小鼠的全黄色毛发从何而来。一段 DNA 刚好被插入了小鼠染色体 *agouti* 基因的前面。这一段 DNA 被称为反转录转座子，而它并不编码蛋白质。相反，它编码一段异常的 RNA。这个 RNA 的

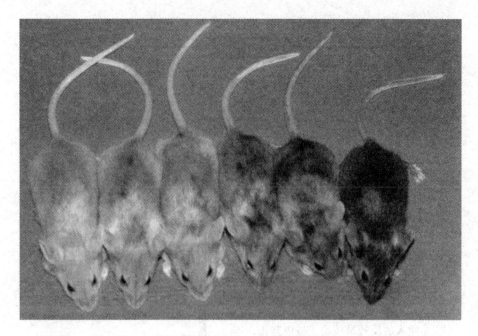

图 5.3　基因完全一致的小鼠因为 agouti 蛋白表达不同而表现出多种毛
色。本照片由艾玛·怀特洛（Emma Whitelaw）教授授权转载。

表达导致了对下游 *agouti* 基因控制的异常，并且持续保持基因开启。这就
是为什么 A^{vy} 小鼠的毛发都是黄色而非带状。

　　这仍然不能解释为什么基因完全相同 A^{vy} 小鼠毛色变化的问题。这个问
题的答案已被证明是表观遗传学。在某些 A^{vy} 小鼠中，反转录转座子 DNA
中的 CpG 序列被严重甲基化。正如我们在前面的章节中说到的，这种 DNA
甲基化会关闭基因的表达。于是这些被甲基化的反转录转座子就不再产生
影响下游 *agouti* 基因的 RNA。这些小鼠就具有正常的毛色。而有些 A^{vy} 小鼠
的反转录转座子根本没有甲基化。于是它就继续干扰 *agouti* 基因的调控，
使其持续开启就把小鼠变得全黄。那些反转录转座子甲基化水平介于两者
之间的小鼠就获得了介于两者之间的毛色。图 5.4 描述了该模型。

　　这里，DNA 甲基化就像一个非常有效率的调光器开关。当反转录转座
子未甲基化时，调光器把灯泡调到最亮，产生大量的异常 RNA。随着反转
录转座子甲基化程度的提高，它的表达就被越调越低。

　　在这个例子中，*agouti* 小鼠相当明确地展示了表观遗传修饰的一种，

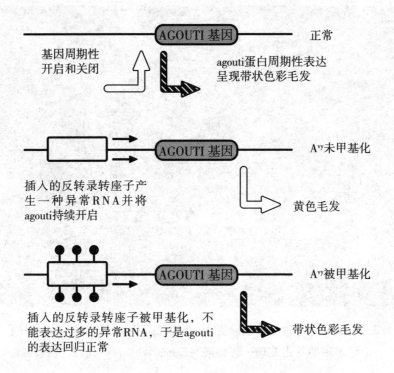

图 5.4 不同的 DNA 甲基化程度（黑色圆圈表示）影响反转录转座子的表达。不同的反转录转座子表达水平进而影响 *agouti* 基因的表达，导致相同遗传背景的动物出现不同的被毛颜色。

DNA 甲基化，如何使遗传上完全相同的个体出现不同的表型。然而，我们也许会害怕 *agouti* 基因是一个特例，也许这只是一个非常罕见的机制。这种怀疑是可以理解的，因为在人类中很难找到 *agouti* 基因——它似乎是在我们未与小鼠邻居分享的那 1% 基因里面。

小鼠还有另外一个有趣的情况，就是尾巴扭结。这被称为 Axin 融合，而且在基因完全相同的个体之间也存在很大的变异性。这已被证明是另一个跟 *agouti* 小鼠一样，通过反转录转座子甲基化的不同导致变异的例子。

这足以令人欢欣鼓舞，因为它表明这种机制不是孤立的，尽管扭曲的尾巴还是不能在人类身上发现。但是，还有一些东西是我们和小鼠通用的：体重。相同遗传背景的小鼠具有不同的体重。

　　不管科学家们将小鼠的生长环境，尤其是摄食量，控制得多么严格，相同遗传背景的小鼠总是不能具有相同的体重。长期试验证实只有 20% ~ 30% 的体重是由后天环境决定的。问题就是，剩下的 70% ~ 80% 的体重变异从何而来呢？因为肯定不是遗传（所有的小鼠具有相同的遗传背景）和环境的问题，那就一定有其他的因素。

　　2010 年，昆士兰医学研究所那位充满激情而又极其严谨的小鼠遗传学家艾玛·怀特洛（Emma Whitelaw）教授发表了一篇引人入胜的文章。她采用小鼠的近交系，并利用基因工程创造了一个亚群，它们的遗传背景与整个群体一致，只是一个特定的表观遗传蛋白质的表达水平只有正常的一半。她利用这项基因工程技术创建了很多个小鼠亚群，每个亚群中都有一个不同的表观遗传蛋白质的突变存在。

　　当艾玛·怀特洛教授对海量的正常和突变小鼠的体重进行分析后，出现了一个有趣的结果。在正常近交系小鼠中，大部分的体重差异与其他研究报道过的结果类似。而在某些特定表观遗传蛋白突变的小鼠中，组内的体重差异显著增大。文章中进一步的实验对这些表观遗传蛋白的影响进行了评估。这些蛋白的低表达导致了一些代谢相关基因的表达变化，并升高了它们表达的差异性。换句话说，表观遗传蛋白能够控制一些其他基因的表达，正如之前说过的一样。

　　艾玛·怀特洛教授对她实验中所有的表观遗传蛋白进行了检测，并发现只有为数不多的蛋白能导致这种体重差异的增加。其中之一就是 Dnmt3a。这个酶的作用就是把甲基转移到 DNA 上，从而关闭这些基因。另一个具备升高体重差异性能力的表观遗传蛋白就是 Trim28。Trim28 跟其他表观遗传蛋白一同组成一个复合体对组蛋白进行特异性的修饰。这些修饰能降低被修饰的组蛋白附近基因的表达，故被认为是抑制性组蛋白修饰或者标记。基因组上具有大量抑制性标记组蛋白的区域就有被 DNA 甲基化的趋势，所以，Trim28 也许对于建立 DNA 甲基化的正确环境具有重要意义。

　　这些实验提示某些表观遗传蛋白有类似于减噪器的作用。"裸露"的 DNA 很容易被随机开启，而导致我们细胞中出现很多类似背景噪声的情况。这被称为转录噪声。这些表观遗传蛋白的作用就是降低这些随机噪声的量。它们通过用修饰来覆盖组蛋白而降低基因的表达。在一些组织中，似乎不同表观遗传蛋白抑制能力的重要性在不同基因上表现得并不一样。

这是细胞中的一种复杂的平衡行为，在其中表观遗传蛋白减少转录噪声且并不是彻底关闭之。它通过压制的办法允许细胞有足够的基因表达灵活性来对新的信号进行反应——包括激素、养分、污染以及日光灯——而不会使基因随时都准备着被表达得热火朝天。表观遗传学允许细胞维持一种复杂的妥协，既可以成为（和保持）具有多种功能的不同细胞种类，又不会被控制得过于严格以无法对环境进行反应。

越来越清楚的是，发育早期是这种转录噪声控制初始建立的关键时期。毕竟，体重差异的很少部分（只有20%~30%）与后天环境相关。人们对这种叫做发育编程的现象越来越感兴趣，因为它导致了胎儿发育中遇到的事件会影响整个的生命历程，而表观遗传机制在其中则起到了主要的作用。

这种模型与艾玛·怀特洛对 Dnmt3a 或 TRIM28 表达水平下降小鼠的研究工作是完全一致的。当小鼠只有三周大的时候就出现了体重差异。这种模型符合降低 Dnmt3a 水平会导致体重差异增大的结果，但在艾玛·怀特洛的实验中，降低 DNMT1 却没有影响体重差异性。DNMT3A 可以向完全未甲基化的 DNA 区域添加甲基基团，这意味着它在细胞中负责建立正确的 DNA 甲基化模式。而 DNMT1 则是维护已经建立好的 DNA 甲基化模式。看来，对于基因表达减噪工作（至少就体重而言）来说，最重要的步骤还是首先要建立正确的 DNA 甲基化模式。

荷兰饥饿冬天

科学家和政策制定者很早就认识到了怀孕期间保持孕妇健康和营养的重要性，这样能增加婴儿以一个健康体重出生并茁壮成长的机会。最近几年，越来越多的证据显示如果母亲在怀孕期间营养不良，她的孩子健康欠佳的风险就会增加，不仅影响到出生后的婴儿期，而且是数十年。我们是最近才开始认识到，这种发育进程受损以及持续终身的基因表达缺陷和细胞功能障碍至少一部分是由分子表观遗传效应引起的。

前面强调过，由于强大的伦理和逻辑原因，人类是一个很难作为实验对象的种族。不幸的是，历史事件，很可怕地会意外创造出可供人类科学研究的对象。这方面一个最有名的例子就是在序言中提到过的荷兰饥饿冬季。

对荷兰人来说那是一段可怕的在饥饿线上挣扎的困难时期。原因是在第二次世界大战的最后一个冬天，纳粹封锁了燃料和粮食的供应。22 000人因此死亡，而绝望的人群吃着任何他们能找到的东西，从郁金香到动物的血液。供应的匮乏创造了一个值得注意的科学研究群体。于是科学界把荷兰幸存者定义为同时在完全相同的时间段内遭遇仅仅一个时期的营养不良的一个人群。

研究的第一个方面就是饥荒对尚在子宫内的胎儿出生时体重的影响。如果一个母亲的营养状况一直良好，只是在怀孕的最后几个月出现营养不良的话，她的孩子很可能是出生体重偏轻。如果，母亲只是在怀孕的前三个月患有营养不良（因为随后这段恐怖的时期就结束了），但随后被悉心照料，她的宝宝很可能获得正常的体重。胎儿的体重能够"追赶"上，是因为胎儿的大部分生长时期处于怀孕的最后几个月中。

但随着流行病学家们对这个群体的婴儿们继续跟踪研究了几十年后，他们发现了一些着实令人吃惊的事情。出生是体重偏轻的婴儿终生保持了低体重的特征，其肥胖率比一般人群显著降低。更意外的是，那些只在怀孕早期营养不良的母亲的后代则具有较高的肥胖率。最近的报告还表明，他们其他健康问题的发生率也较高，包括精神健康等方面。如果准妈妈在怀孕初期遭受了严重的营养不良，他们的孩子比普通人更容易患精神分裂症。这个结果不仅存在于荷兰冬季饥饿人群，还存在于中国 1958 年到1961 年大饥荒的幸存者中。

尽管这些个体在出生时看起来很健康，但当他们在子宫里发育时发生了一些事情，并影响了以后几十年的生活。而且，重点并不是仅仅承认有什么发生了这个事实的存在那么简单，而是什么时候发生的。发生在发育的头三个月里的事件影响了这些个体的全部余生，而当时的胎儿还如此之小。

这与发育编程的模型完全契合，而表观遗传学就是它的基础。在怀孕的早期阶段，当不同的细胞类型进行发育时，表观遗传蛋白可能是稳定基因表达模式的关键。但请记得，我们的细胞有几千个基因，有超过 10 亿个碱基对，而且我们还有数百种表观遗传蛋白。即使在正常发展的过程中都会出现这些蛋白表达水平以及精确效果的细微差异。可能在这里会多一点点 DNA 甲基化，而那里则少一点点。

表观遗传机制植入并保持着修饰的特定模式，从而影响基因表达的水平。因此，组蛋白和 DNA 上这些最初的小幅波动，最终可能被"设置"并传递到子代细胞中，或在长寿细胞中得以保持数十年，如神经元细胞。因为表观遗传组被"固定"，所以同样，某些染色体区域的基因表达特征也会被确定下来。这在短期内可能只会带来不明显的后果。但几十年后，所有的这些轻度异常的基因表达，可能会从一些染色质稍微的异常修饰，最终导致逐步增加为功能障碍。在临床上，我们看不到这些逐渐的变化，直到它跨过一些无形的门槛，导致病人开始出现症状为止。

发生在发育编程过程中的表观遗传变化的核心还是一个非特异的过程，通常被称为"随机"。这个随机过程可能就是导致本章提到的 MZ 双胞胎之间差异性的原因。早期发育过程中表观遗传修饰的随机波动会导致基因表达出现不完全相同的模式。这些波动将成为表观遗传学设定，并在多年的时间里延续或者放大，直到最后导致基因完全相同的双胞胎具有不同的表型，而有时则是用很戏剧性的方式出现。这样一个由早期发育过程中小幅随机波动造成表观遗传基因表达区别的模型，也为理解基因相同的 A^{vy}/a 小鼠为何会出现不同毛色提供了良好的模型。我们可以认为这是通过 A^{vy} 反转录转座子 DNA 甲基化水平的随机多样性引起的。

这种表观遗传组的随机变化似乎可以作为在完全近交小鼠系中的动物，即使在严格的相同饲养条件下，也会出现体重差异的原因。但是，除了这些随机多样性以外，再引入一个巨大的环境刺激就会让这些差异变得非常显著。

在怀孕早期的代谢失衡，比如在荷兰饥饿冬天中的可怕的食物缺乏，会显著地改变胚胎细胞中的表观遗传学进程。细胞会为了适应低营养状态的情况下，也会通过改变代谢来尽力保持胚胎的健康生长。细胞会改变它们的基因表达以应对营养的匮乏，并且这种表达的特征会因为表观遗传学修饰的出现而将未来定了调子。也许不出预料，那些母亲在怀孕极早期，就是发育编程处于顶峰的那个时期中，受到饥荒影响而诞生的孩子，在成年后罹患肥胖的概率比较高。他们的细胞被表观遗传编程为尽最大努力去节约食物的模式。这个设定一直保持着，即使是以后食物供应充足了的多年以后。

最近的研究对荷兰饥饿冬天幸存者进行了甲基化特征分析，显示在代谢相关的关键基因上出现了变化。尽管这个联系并不能被证实是直接的因果关系，但数据证实在发育早期的低营养状态会改变代谢关键基因的表观遗传学特征。

值得注意的是，即使在荷兰饥饿冬天的人群中，我们看到的影响也不是"全"或"无"的类型。并不是所有在妊娠早期受到了饥饿威胁的母亲的后代都是肥胖的。当科学家对这一人群进行研究时，他们发现的是患有肥胖的可能性的升高。这也再一次印证了我们之前提到的表观遗传随机多样性的模型，个体的基因型和早期环境事件，以及基因和细胞对环境的反应组成了一个巨大的复杂方程——而且尚未解开。

严重的营养不良并不是能影响胎儿一生的唯一因素。在西方世界，怀孕期间过量饮酒是导致出生缺陷和智力发育迟缓（胎儿酒精综合征）的主要可预防因素。艾玛·怀特洛用 *agouti* 小鼠在胎儿酒精综合征小鼠模型中对酒精是否可以改变表观遗传修饰进行了研究。正如我们已知的，A^{vy} 基因的表达受反转录转座子 DNA 甲基化水平的表观遗传学控制。任何能改变反转录转座子 DNA 甲基化水平的刺激都会改变 A^{vy} 基因的表达。而这将会影响毛发的颜色。在这个模型中，毛皮的颜色成为指示表观遗传修饰变化的标志。

实验孕鼠被允许随意摄入酒精。饮酒母鼠子代的被毛颜色与禁止饮酒的母鼠子代被毛颜色进行了对比。两组之间的被毛颜色出现了显著差异。所以，正如我们预期的，反转录转座子的 DNA 甲基化程度受到了显著的影响。这说明酒精可以在小鼠中改变表观遗传修饰。过度饮酒的孕妇中表观遗传发育编程的干扰可能至少会导致子女出现包括衰弱和胎儿酒精综合征等终身症状。

双酚 A（Bisphenol A）是聚碳酸酯塑料制造中常用的化合物。给 *agouti* 小鼠喂食双酚 A 后，其子代小鼠的毛色分布发生了变化，表明这种化学物质能通过表观遗传机制对发育编程进行影响。2011 年，欧盟禁止在婴儿使用的奶瓶中添加双酚 A。

早期编程可能也是导致很难鉴定环境因素对某些慢性疾病作用的一个因素。如果我们仅仅研究 MZ 双胞胎们的某一个特定表型的不一致性，比如多发性硬化症，那么我们几乎不可能发现任何环境因素有作用的线索。因为有可能仅仅是因为，双胞胎中的一个在生命早期表达的某些关键基因时非常不幸地出现了随机的表观遗传波动。科学家们如今正在绘制 MZ 双胞胎在诸多疾病中一致性和不一致性的表观遗传变化分布图谱，以期找到组蛋白或 DNA 修饰在这些疾病中有无关联的证据。

受饥荒影响的孩子和黄色被毛的小鼠已经分别让我们清楚了早期发育过程的重要性和表观遗传学在这个过程中起到的作用。奇怪的是，这两个不同的群体还有一件事可以教给我们。19 世纪初，让－巴蒂斯特·拉马克（Jean－Baptiste Lamarck）发表了他最著名的作品。他假设，获得性特征可以从一代遗传给下一个，并由此驱动演化。他举的例子是，一种短颈的类似长颈鹿的动物，可以通过不断地伸展拉长来获得一个较长的脖子，并将其遗传给它的后代。这一理论已被普遍否定，而且在大多数情况下，它确实是错误的。但荷兰人饥饿冬季的后裔和黄色被毛的小鼠显示，拉马克荒谬的模型，在有的时候，似乎是完全正确的，就像我们即将看到的那样。

第6章　父亲们的原罪

> "因为我耶和华你的神是忌邪的神。恨我的，我必追讨他的罪，自父及子，直到三、四代。"
>
> ——《出埃及记》第6章，第5节，《圣经》，新国际版

拉迪亚德·吉卜林（Rudyard Kipling）在20世纪初所著的《原来如此》（*Just - so stories*）是一套富有想象力的关于起源问题的故事书。其中最有名的内容就是关于动物表型的——猎豹怎么会有一身的斑点、犰狳的起源和骆驼如何得到了驼峰等。这些内容纯粹是通过有趣的幻想写出来的，但在科学上，我们不禁想起了一个世纪前拉马克关于获得性遗传的进化理论。吉卜林的故事描述了一个动物如何获得物理特性——比如大象的长鼻子——而后所有的后代都继承了这一特点，因此，现在所有的大象都有长鼻子。

吉卜林对他的故事乐在其中，而拉马克则想发展一套科学理论。如其他科学家一样，他尽力去收集能支持其假说的证据。其中最有名的例子就是，拉马克记录了铁匠（重体力劳动者）的儿子比织布工（稍轻体力劳动者）的儿子具有更大的获得强壮上臂肌肉的倾向。拉马克认为这是因为铁匠的儿子继承了父亲强壮肌肉的表型。

我们的现代观点截然不同。我们认为一个人的基因如果有发展强壮肌肉的倾向的话，往往会导致其在相关行业的优势地位，比如打铁。也就是说，职业会吸引那些具有适合基因的人群进行从事。我们的解释还包括铁匠的儿子具有可以遗传强壮肱二头肌倾向的基因。最后，我们会发现，在拉马克那个年代，儿童往往作为家庭劳动的补充劳动力。一个铁匠的孩子很可能从小参与的劳动就比织布工的孩子要繁重得多，因此也有可能会作

为对环境的回应而发展出更大的手臂肌肉。

简单地回顾和模仿拉马克的观点是错误的。我们在科学上不再接受他大部分的思想，但我们必须承认，他确实是在真正试图解决一些重要的问题。不可避免地，也是理所当然地，拉马克已经被查尔斯·达尔文（Charles Darwin），19 世纪生物学——实际上，应该就是有史以来的生物学的，真正的巨匠的阴影所遮蔽。达尔文通过自然选择的物种进化模式已经在生物科学中搭成了最强大的概念框架。而它的影响力一旦和孟德尔在遗传学上的工作以及我们对遗传物质基础 DNA 在分子水平上的理解相结合，就变得更加强盛。

如果需要用一段话来总结一个半世纪以来进化理论的话，我们也许会这样说：

基因的随机多样性导致了个体表型的多样化。一些个体会比其他个体更适应某些特定的环境，所以这些个体会有更多的后代。这些后代也许会遗传来自其父母的相同的优势基因型，所以它们也会成功产生更多的后代。最终，经过许多代以后，独立的种群出现了。

基因多样性的物质基础是个体 DNA 序列的突变：父本或者母本的基因组。一般说来突变率非常低，所以想要获得优势的基因突变并在种群中传递要花很长时间。尤其是在特定环境中，一种突变只能带给个体轻微的竞争优势。

这就是拉马克获得性特征模型跟达尔文模型相比失败的地方。一种获得性的表型变化不得不"反馈"回 DNA 脚本上，并戏剧性地对其进行修改，才能将这种特征传递给短短的一代人，就是从父母到子女。但除了少数化学物质或辐射（诱变剂）能破坏 DNA，导致碱基对序列发生变化外，几乎没有证据表明 DNA 序列会受到影响。即使是这些诱变剂，也只是通过随机的方式对基因序列中的一小部分产生影响，所以这并不能支持获得性特征能够遗传的观点。

压倒性的数据站在了拉马克遗传理论的对立面，所以科学家几乎没有进行相关实验的理由。这很正常。毕竟，如果你是一个对太阳系感兴趣的科学家，你可以选择探索月球至少有一小部分是由奶酪组成的假说。但是，这样做的同时就意味着你要忽视掉大量已经证实的否定这个假说的证据——而这，显然是不明智的。

另外一个让科学家们对获得性遗传实验研究退避三舍的原因可能是文

化因素。在 20 世纪初的奥地利出现了一个最臭名昭著的保罗·卡默勒
(Paul Kammerer) 科研造假案件。当时他声称，已经在一种称为助产士蟾
蜍的物种中证明了获得性遗传。

卡默勒声称他通过改变蟾蜍繁殖的环境使其获得了"有用"的适应性
进化。这些适应性表现为在蟾蜍前肢被称为指垫的结构上出现了黑色的变
化。不幸的是，仅有少量样本被保存完好，而当其他科学家对其进行研究
时，发现指垫中是被注入了墨汁。此后，卡默勒拒绝承认这些污点并在不
久之后自杀。这个丑闻玷污了这个已经饱受争议的领域。

我们对进化论研究的历史中有如下一段描述，"一种获得性的表型变
化必须不得不'反馈'回 DNA 脚本上，并戏剧性地对其进行修改，才能
将这种特征传递给短短的一代人，就是从父母到子女。"

很难想象作用于个体细胞的环境影响能够激活一个特定的基因去改变
碱基对序列。但，很显然的是，表观遗传修饰——DNA 甲基化或组蛋白修
饰——确实能在细胞中通过对环境的反应而出现在特定基因上。对激素信
号的反应已经作为例子在前面的章节说过了。通常情况下，像雌激素一类
的激素会跟乳腺细胞上的受体相结合。雌激素和受体会结合在一起并转移
到细胞核中。它们跟 DNA 上特定的序列相结合，这些序列都位于相关基因
的启动子上。这样就会开启这些基因。当它结合到这些序列上时，雌激素
受体还会吸引多种表观遗传酶。这些酶会改变组蛋白的修饰，移走抑制基
因表达的标记并且加上倾向于开启基因的标记。通过这种方法，环境通过
激素能够改变特定基因的表观遗传特征。

这些表观遗传修饰并不能改变基因的序列，但它们确实可以调控基因
表达的水平。毕竟，这是对未来疾病发育编程的基础。我们知道表观遗传
修饰能从母代细胞向子代细胞传递，所以我们的眼球里才不会长出牙齿。
如果环境导致个体的表观遗传修饰变化也能够传递给子代，我们就会得到
一个类似于拉马克遗传理论的机制。表观遗传改变（相对于基因来说）可
以从父母向下传递给孩子。

异端与荷兰饥饿冬天

想象这是如何发生的很有意思，但是，我们确实需要知道获得性特征

是否真的可以通过这个途径进行遗传。并不是如何发生的，而是更基础的问题：它会发生吗？显然，在某些特定的情况下，它确实发生了。这并不是说达尔文/孟德尔的模型是错的，这仅仅意味着，生物学的世界比我们想象的更复杂。

在这个领域的科学文献中有术语混乱的情况存在。一些早期论文提到的后天获得性状的后遗传学传递（epigenetic transmission）① 并没有提到任何关于 DNA 甲基化或组蛋白修饰改变的任何证据。这不是因为作者的草率。这是因为后遗传学（epigenetic）这个词被赋予了不同的意义。早期论文中"后遗传学传递"是指不能由遗传学进行解释的遗传现象。在这些情况下，"后遗传学"这个词被用于描述现象，而不是分子机制。为了尽量减少混淆，我们会使用"跨代遗传"这个短语来形容获得性特征传递的现象，而"表观遗传学"则被仅仅用来描述分子事件。

荷兰饥饿冬天的幸存者里有一些强有力的证据能支持人类跨代遗传的现象。因为荷兰具有相当优秀的医疗基础设施建设，以及高标准的病人数据收集和保存能力，让科学家有可能对饥荒时期的幸存者进行多年的流行病学跟踪研究。显然，他们能够研究的不只是那些荷兰饥饿冬天的幸存者本人，还包括他们的孩子和他们的孙子。

这次研究发现了一个非同寻常的现象。正如我们已经知道的那样，当孕妇在怀孕的前三个月内遭遇营养不良时，其婴儿出生体重虽然正常，但在成年后罹患肥胖和其他疾病的风险却较高。奇怪的是，当这一组女婴成长为母亲后，她们的第一胎婴儿往往比对照组更重。如图 6.1 所示，为清晰起见，婴儿的相对大小有所夸大，女性的荷兰名字是我随意起的。

左下角显示的婴儿卡米拉的体重变化非常令人惊奇。在卡米拉的发育阶段，他的母亲巴希杰处于健康状态。巴希杰唯一受到饥饿困扰的时期是在 20 多年前，当她在母亲子宫里处于发育的第一个阶段的时候。但是，看起来这已经影响到了她自己的孩子，尽管卡米拉从没在发育早期被饥饿影响过。

这看起来是一个很好的跨代传递（拉马克学说）遗传的例子，但它是由表观遗传学机制引起的吗？是否巴希杰在发育的前 12 周在子宫内遭受的

---

① 译者注：因早期术语"后遗传学"的英文单词与"表观遗传学"一样，都是 epigenetic。故作者在此特别进行区分。

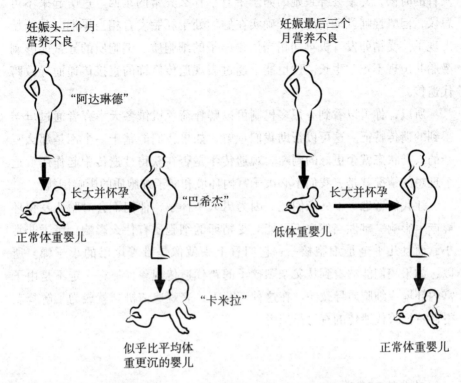

妊娠头三个月
营养不良

"阿达琳德"

长大并怀孕 "巴希杰"

正常体重婴儿

"卡米拉"

似乎比平均体
重更沉的婴儿

妊娠最后三个
月营养不良

长大并怀孕

低体重婴儿

正常体重婴儿

图 6.1　荷兰饥饿冬天中，营养不良对怀孕女性的作用跨越了孩
　　　　子和孙子两代。营养不良在怀孕过程中出现的时间段对
　　　　婴儿体重的影响至关重要。

营养不良会导致某些表观遗传学改变（DNA 甲基化或组蛋白修饰的改变），并通过她卵子的细胞核传递给下一代呢？也许吧，但我们不能忽视一些其他的可能性。

　　例如，也许早期营养不良具有其他的未知作用，就是说，当巴希杰怀孕的时候，她会通过胎盘向胎儿输送更多的营养成分。这也会形成跨代遗传影响——卡米拉的高体重——但这并不是因为巴希杰将表观遗传学修饰传递给卡米拉导致的。这是由卡米拉发育和成长时子宫条件（子宫内环境）的不同导致的。

　　同样重要的是不要忘了人类的卵子是很大的。它包含了一个相对较小的细胞核跟很多的细胞质。可以参考一下葡萄粒和蜜橘的大小比例。当卵子受精后，这些细胞质要执行很多功能。也许有些东西出现在巴希杰早期发育的时候，并最终导致她的卵子带有了什么异常的东西。这听起来不可思议，但雌性哺乳动物的卵子确实在他们处于胚胎发育相当早期时就开始出现了。受精卵发育极早期相当依赖卵子的细胞质。细胞质的异常能够刺激胎儿出现不正常生长。这也能不通过表观遗传修饰的直接传递而导致跨代遗传。

所以，你可以看到有很多机制可以解释荷兰饥饿冬天幸存者通过母亲得到的遗传特征。这可以帮助我们理解，如果我们能基于一个不是那么复杂的人类状态就会更好的判断表观遗传学是否在获得性遗传中起作用。这个理想的情况就是，我们不必被子宫内环境和卵子细胞质的影响困扰。

让我们考虑一下父亲们吧。因为男人不怀孕，他们不会对胎儿发育环境产生影响。雄性当然也不可能对受精卵的细胞质有什么影响。精子非常小，而且几乎全是细胞核——它们看上去就像是带着尾巴的小子弹。所以，如果我们能够看到从父亲到孩子的跨代遗传现象，那它一定不是由子宫内环境或细胞质导致的。在这种情况下，表观遗传机制就成为了解释获得性特征跨代遗传的有力候选者。

革遗命传 瑞典的贪吃者

对另一个人群的回顾性研究显示男性的跨代遗传确实能够出现。瑞典北部有个地方叫奥佛卡利克斯（Överkalix）。19 世纪晚期到 20 世纪早期，那里间断地出现过一段时间严重的食物短缺（原因是收成不好、军事行动和运输不畅）。科学家们已经对这些幸存者后裔的死亡原因特征进行了研究。尤其是对在儿童慢生长期（slow growth period，SGP）的食物摄取进行了分析。在其他因素一致的情况下，那段期间的儿童们以最慢的速度成长直至青春期。这是非常正常的现象，跟大多数人群一样。

使用历史记录，研究者发现如果父亲在 SGP 内食物供给不足，他的儿子罹患心血管致死性疾病（比如中风、高血压或者冠状动脉疾病）的概率就会降低。另一方面，如果一个男性在 SGP 摄取过多的食物，他孙子辈的后代因糖尿病致死的概率就会增加。就像荷兰饥饿冬天例子中的卡米拉，儿孙辈因他们从未接触过的环境因素而获得了表型的改变（因心血管疾病或糖尿病致死概率的改变）。

这些结果不能归咎于子宫内环境或者细胞质的影响，原因我们前面提到过。因此，看起来食物丰富程度导致的跨代遗传是由表观遗传学介导的假说是有道理的。这些数据尤其引人注目的地方是，营养因素影响这些尚未到青春期的孩子们时，他们甚至还没有开始制造精子。即使如此，他们还是可以传递影响给他们的儿子和孙子。

不过，围绕通过父系进行跨代遗传，进行研究时要注意一些问题。特别是，当你的研究涉及到古旧的死亡记录并通过历史数据进行推断的时候，会存在一些风险。此外，某些被研究发现的影响其实并不非常大。这是进行人群研究时经常遇到的问题，就跟所有我们已经讨论过的其他问题一样，比如我们遗传的多样性和环境的不可控性等。所以，我们仅仅通过对数据的理解，总会有得到不恰当结论的风险，就像我们看待拉马克对铁匠家庭的研究一样。

异端的小鼠

那么是否有其他的途径可以用来研究跨代遗传？如果这种现象也会在其他物种里出现，就会让这种现象的真实性更加可信。因为我们可以通过设计实验的模型系统来验证特定的假说，这样比通过天然（或者历史的）得到的数据更有说服力。

所以我们现在要回到 *agouti* 小鼠。艾玛·怀特洛的工作显示 *agouti* 小鼠可以通过表观遗传机制，主要是 *agouti* 基因反转录转座子的 DNA 甲基化程度而获得不同颜色的毛发。不同颜色毛发的小鼠具有相同的 DNA 序列，但不同的反转录转座子表观遗传修饰程度各异。

怀特洛教授决定研究被毛的颜色是否能被遗传。如果可以，就说明不仅是 DNA，而且基因组的表观遗传修饰也可以被传递给后代。这将会为获得性特征的跨代遗传提供一个可能的机制。

艾玛·怀特洛让雌性 *agouti* 小鼠进行生产，她发现了如图 6.2 所示的现象。为方便起见，本图仅显示了我们感兴趣的，从母亲那里遗传了 A^{vy} 反转录转座子的后代的情况。

如果母代具有非甲基化的 A^{vy} 基因，并且因此具有黄色毛发，那么她所有的后代要么是黄色的毛发，要么是很浅的斑纹色毛发。她的后代中绝不会出现与该反转录转座子甲基化相关的具有深色毛发的个体。

相反的，如果 A^{vy} 基因甲基化严重，而导致其具有深色毛发，她的后代中有一部分也是深色毛发。大概有三分之一的最终后代具有深色毛发，与图 6.2 所示的五分之一相比有差异。

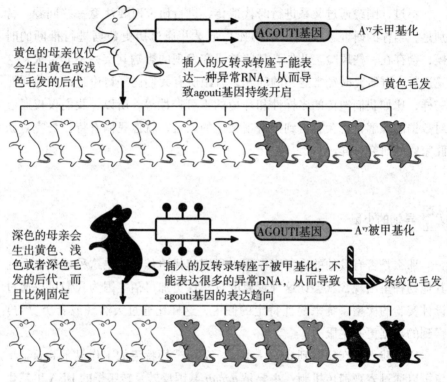

黄色的母亲仅仅会生出黄色或浅色毛发的后代

插入的反转录转座子能表达一种异常RNA，从而导致agouti基因持续开启

AGOUTI基因 —— A^{vy}未甲基化

黄色毛发

深色的母亲会生出黄色、浅色或者深色毛发的后代，而且比例固定

插入的反转录转座子被甲基化，不能表达很多的异常RNA，从而导致agouti基因的表达趋向

AGOUTI基因 —— A^{vy}被甲基化

条纹色毛发

图 6.2 基因型一致的母亲的毛发颜色影响到后代的被毛颜色。因调解性反转录转座子的低水平 DNA 甲基化而导致 *agouti* 基因持续表达的黄色的雌性小鼠，绝不会生出深色的后代。表观遗传因素，比基因因素对于母亲影响后代特征具有更重要的意义。

因为艾玛·怀特洛的小鼠都属于同一近交系内，她可以多次重复实验并获得数百只基因完全一致的后代。这是很重要的，因为实验群体的数量越大，你的结果就会越可靠。统计学结果显示这两组基因完全一致的小鼠之间的表型差异非常显著。换句话说，这个差异不像是由偶然因素引起的。

这些实验的结果显示动物中一种表观遗传学介导的作用（DNA 甲基化依赖的毛色特征）被遗传给了它们的后代。但是，这些小鼠是不是真的直接从母亲那里遗传了表观遗传修饰呢？

有可能我们看到的这些作用并不是通过直接遗传 A^{vy} 反转录转座子的表观遗传修饰，而是通过其他的什么机制而获得的。当 agouti 基因被开启得过多时，它的作用不仅限于产生黄色的被毛。agouti 基因也会对其他基因的表达进行调节，这最终将导致黄色小鼠的肥胖和糖尿病。因此，黄色小鼠和深色小鼠在怀孕时的子宫内的环境很可能不同，从而导致对胚胎营养供应的区别。而营养供应本身就可以有效的改变后代的 A^{vy} 反转录转座子表观遗传标记的特征。这看起来像是通过表观遗传机制而获得的遗传，但实际上后代并没有直接继承母亲的 DNA 甲基化特征。这样，它们的变化其实是由子宫营养供给变化导致发育编程改变而引起的。

事实上，在艾玛·怀特洛进行实验的同时，科学家就已经发现饮食能够影响 agouti 小鼠的毛色了。当怀孕 agouti 小鼠的饮食中大量添加能为细胞提供甲基基团的化学物质时，不同颜色的子代的比例就会发生变化。据推测这是因为细胞能够使用更多的甲基基团，并在它们的 DNA 上沉积更多的甲基化，从而关闭了 agouti 基因的异常表达。这意味着，怀特洛的研究组在实验时要非常小心地控制宫内营养状态的影响。

她们还进行了一个根本不可能在人体进行的实验，就是将黄色小鼠母体内的受精卵移植到深色的雌性体内，并进行了相反的操作。每个实验的结果都发现后代的被毛特征的决定者都是卵子的供体，也就是生物学母亲，而不是受体养母。这清楚地表明本实验中子宫内环境并不能控制后代的被毛特征。她们通过使用复杂的育种计划，表明被毛特征的继承并不受卵子细胞质的影响。总之，这些数据最直接的解释是，表观遗传学在发挥作用。换句话说，表观遗传修饰（可能是 DNA 甲基化）能够连同遗传密码一起被遗传。

这种从上一代到下一代的表型传递并不完美——不是所有的子代都跟他们的母亲看起来一样。这提示控制 agouti 表型的 DNA 甲基化并不是稳定遗传的。这跟我们在人类中，比如荷兰饥饿冬天幸存者中看到的跨代遗传现象非常类似。如果我们的研究对象是大规模的人群，我们能够判断出不同组间出生体重的差异，但落实到每一个个体，我们并不能进行准确的预测。

在 *agouti* 种系中还有一件跟性别相关的不同寻常的现象。尽管我们很明确的知道被毛颜色的特征能够通过母亲跨代遗传给孩子，但当雄性小鼠将他的 A^{vy} 反转录转座子传递给他的子代时，却并没发生任何影响。不管什么颜色的雄性小鼠都是这样，黄色、浅色和深色无一例外。它的后代会出现各种不同的颜色特征。

但是，在另外一个例子里，雄性和雌性的表观遗传特征都能进行传递。小鼠的尾巴扭结表型，是由 $Axin^{Fu}$（Axin 融合）基因的反转录转座子的甲基化程度导致的，这种表型可以来自母亲或者父亲。这说明该特征的跨代遗传不太可能是由于子宫内环境或细胞质而导致的，因为父亲并不能真正对此有所影响。所以，这更有可能是通过来自父母双方的，$Axin^{Fu}$ 基因的表观遗传修饰而传递的。

这些模型系统对于描述非基因决定表型的跨代遗传的存在以及其表观修饰机制是非常有用的。这确实是革命性的，它确定了在一些特定的情况下，拉马克的遗传确实发生了，而且我们还掌握了其背后的分子机制。但是，小鼠 *agouti* 表型和尾巴扭结表型都依赖于基因组内的特定反转录转座子。那这些到底是特例，还是普遍存在的呢？再一次，我们回到跟我们息息相关的东西上，食物。

革遗 命传 肥胖的表观遗传学

如我们所知的那样，肥胖的发生率逐年升高。在发达国家具有更快的速度，这已是世界性的疾患了。图 6.3 忠实地展示了在 2007 年的英国，三分之二的成人是超重（体重指数超过 25）或者肥胖（体重指数超过 30）的。这个现象在美国更甚。肥胖与多种健康问题相关，包括心血管疾病和 2 型糖尿病。超过 40 岁的肥胖的人，平均比非肥胖者要少活 6 到 7 年。

来自荷兰饥饿冬天和其他饥荒的数据显示孕期营养缺乏能够影响到后代，而这些后续效应还能向下一代遗传。换句话说，营养不良能够对下一代产生表观遗传学的影响。尽管更难以解释，但从奥佛卡利克斯人群中的数据提示在一个男孩生命关键点出现的作用很有可能对后代造成不良后果。人群中的肥胖流行是否可能将对下一代甚至下下一代产生连锁效应？

76

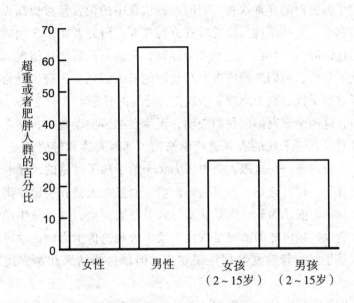

图 6.3 2007 年英国超重或肥胖人群的百分比

因为我们真的不希望再等上 40 年才能证明这一点，所以科学家们再次将目光转向动物模型，试图从中获得一些有益的启示。

第一组来自动物的数据提示营养因素可能并不产生跨代的影响。通过给予怀孕 agouti 小鼠高甲基团饮食导致的被毛特征的变化并不能传递给更下一代。但是，也许这是个别的特例。2010 年，两篇文章的发表至少给了我们可以思考的停顿。它们分别发表在两本顶级学术期刊：《自然》和《细胞》上。这两篇文章中，研究者给予雄性动物过量的饮食，而后持续监控它们后代的情况。因为他们的实验针对的是雄性，所以他们不必担心对雌性研究中存在的子宫内环境和细胞质复杂性带来的令人头疼的影响。

一个实验使用的是 SD（Sprague - Dawley）大鼠。这是一个白化大鼠品系，性情温和，这使得它易于管理和处置。实验中，被给予高脂饮食的雄性 SD 大鼠与正常饮食的雌性进行交配。过度喂食的雄性出现超重（这没什么惊喜），具有很高的脂肪/肌肉的比例以及许多人类 2 型糖尿病患者的症状。它们的后代体重正常，但也出现了糖尿病样的异常。许多哺乳动物体内参与控制新陈代谢和能量代谢的基因表达出现了异常。出于不明的原因，该现象在女儿们的身上特别显著。

一个完全独立的研究团队在近交系小鼠身上研究了饮食的影响。雄性小鼠被给予低蛋白的异常饮食。同时，该饮食中的糖含量被提高以补全降低的蛋白部分。这些雄性与正常雌性进行交配。研究者花了 3 周时间检测了大量后代的肝脏（体内代谢的主要器官）里面基因的表达情况。通过对大量后代的分析，他们发现许多参与代谢的基因的调节出现了异常。他们还发现了这些子代肝脏中出现了表观遗传修饰的异常。

所以，这两个研究都向我们表明，至少在啮齿类动物中，父亲的饮食情况能够直接影响子代的表观遗传学修饰、基因表达和健康情况。而且，不是由于环境因素——这跟人类中因为父亲给予孩子过量的汉堡和薯条而导致的肥胖不一样。这是一种直接的影响，而且在大鼠和小鼠中出现得相当频繁以至于不能认为其成因是饮食导致的基因突变，因为发生的比率并不符合。所以，最可能的解释是饮食导致了表观遗传学影响，并可以从父亲传递给孩子。尽管这些数据还很初步，但是这些结果却是支持着这个观点。

如果你能掌握所有这些数据——从人类到啮齿类、从饥荒到过量饮食——就会有一个非常令人担忧的问题出现。也许我们以前认为的"我们吃什么会影响我们自己"远远不够。也许我们父母，甚至更上几代的祖先吃什么都会影响我们。

这可能会使我们想知道关于健康生活方式的建议是否还有意义。如果我们已经是表观遗传特征的受害者，这表明我们已经被定型了，而我们只能被我们祖先的"甲基化特征"所摆布。但是，这个模型过于简单了。压倒性数量的数据表明，政府机构和慈善机构给予的健康忠告——富含水果和蔬菜的健康饮食，少坐在沙发上和不吸烟——是完全有意义的。我们是个复杂的有机体，而且我们的健康和寿命是由我们的基因组、表观遗传基因组和环境因素共同影响的。但请记住，即使是在近交系 agouti 小鼠中，保持在标准饲养条件下，研究人员也无法预测新生的小鼠到底有多黄或者能胖到什么程度。为什么不尽一切可能来提高我们获得健康和长寿的机会呢？如果我们打算要孩子，我们怎会不希望竭尽所能，让他们具有更接近健康的身体呢？

当然，总是有我们无法掌控的事情。其中最被重视的例子之一就是能够影响表观遗传特征并持续至少 4 代的环境毒素。烯菌酮（Vinclozolin）是一种抗真菌剂，被广泛使用于红酒工业中。如果被哺乳动物摄入，它会被转换成一种化合物，并能结合在雄激素受体上。这是结合睾丸酮的受体，而作为雄激素的睾丸酮对性发育、精子的生成和许多男性相关的功能非常重要。当烯菌酮与雄激素受体结合后，睾丸酮就无法将正常的信号传递给细胞，因此其正常的激素功能也被屏蔽了。

如果在胚胎睾丸发育期给予怀孕大鼠烯菌酮的话，雄性后代就会出现睾丸缺陷和生殖能力降低。而且此作用一直持续到之后的三代。大概90%的雄性后代会受累，这比传统的1%的DNA突变率可大多了。甚至基因组里面特定的突变率最高区域的突变率都不及其十分之一。在这些大鼠实验中，仅仅有一代暴露在烯菌酮中，但是其影响持续了至少四代，所以这也是拉马克遗传学的另一个例证。通过雄性传递的模式似乎是表观遗传机制的另一个证据。同一研究组的后续研究已经证明了烯菌酮能够导致基因组特定区域的异常DNA甲基化。

上面描述的实验中的大鼠接受的烯菌酮剂量很高。这个剂量远远高于我们平时生活中能接触到的烯菌酮剂量。不管怎么说，以上的实验结果也导致一些政府部门开始研究环境中的农用激素和激素干扰物（从避孕药到农药中的化学物质）是否会对人类产生微小的，但却是可能被遗传下去的影响。

第7章　生殖游戏

"动物们一对、一对地进去，啊哈！啊哈！"

——民歌

有时候，最好的科学源于最简单的问题。这个问题可能看起来如此的显而易见，以至于几乎所有人都不会对此质疑，也就没必要去回答。我们就是不爱去挑战那些完全自明的东西。因此，偶尔，当有人站起来并问道："为什么会这样？"的时候，我们都会发现一个看起来想当然的事情，其实完完全全还是一个谜。这也发生在人类生物学中最基本的内容之一上面，而我们从未好好对此进行过思考。

当哺乳动物（也包括人类）生育的时候，为什么同时需要一个雄性和一个雌性呢？

在性繁殖过程中，又小又极具活力的精子发了疯似的向又大又相对静止的卵子游去。当一个获胜的精子率先穿透卵子后，两个细胞的细胞核进行融合并形成合子，从而由此分化形成体内所有的细胞。精子和卵子都被称为配子。当配子在哺乳动物体内形成时，每个配子里面只有半套正常数量的染色体。这意味着仅仅有23条染色体，每对中只有一个。这就是所谓的单倍体基因组。当精子穿透卵子并完成细胞核融合后，细胞内染色体的数量就变得跟正常细胞（46条）一样，而这叫做双倍体基因组。卵子和精子都是单倍体这件事很重要，否则我们每一次产生后代都会在现有的基础上扩大一倍的染色体数量。

我们可以假设，哺乳动物都需要母亲和父亲的原因是他们需要彼此制造出两个单倍体，以形成具有完全染色体的新细胞。当然这是非常正常的事情，但这个模型也提示我们之所以在生物学上需要两种性别父母的唯一

81

原因仅仅是需要一套递送系统。

革遗命传 康拉德·沃丁顿的徒孙

2010 年，罗伯特·爱德华兹教授（Robert Edwards）因为在体外受精及试管婴儿领域的开创性工作而获得了诺贝尔生理学或医学奖。在这项工作中，卵子被从女性的体内取出，在实验室进行受精，而后再移植回子宫中。体外受精是个巨大的挑战，而爱德华教授在人类的成功实践是建立在对小鼠多年细致研究工作的基础上的。

这项小鼠的实验也为相当数量的实验奠定了基础，而这些实验显示哺乳动物的生殖绝不仅仅是个递送系统。这个领域的主要推动者，剑桥大学的阿奇姆·苏拉尼（Azim Surani）教授的学术工作始于在罗伯特·爱德华兹教授那里攻读博士学位的时候。鉴于罗伯特·爱德华兹教授早期是在康拉德·沃丁顿实验室接受的研究训练，我们可以把阿奇姆·苏拉尼看作是康拉德·沃丁顿的徒孙。

阿奇姆·苏拉尼是另一位极具声望而态度谦逊的英国科学家。他是英国皇家学会的成员，而且获得了著名的伽柏奖章（Gabor medal）和英国皇家学会的皇家勋章。跟约翰·戈登和阿德里安·伯德一样，他在四分之一世纪前开创了一个全新的研究领域并一直进行着突破。

自 19 世纪 80 年代中期开始，阿奇姆·苏拉尼展开了一系列实验证实哺乳动物的生殖并非只是简单的递送系统。我们不是仅仅需要一个生物学的父亲为生物学母亲产生的卵子提供精子，以使两个单倍体基因组融合形成一个双倍体细胞核。重要的事情是，我们体内一半的 DNA 来自父亲，而另一半来自母亲。

图 7.1 表现的是刚刚受精的卵子，其中两个基因组尚未相遇时的样子。这幅图相当简化而且夸张，但是依然能为我们所用。从卵子和精子里来的单倍体细胞核被称为前核（pro – nuclei）。

我们可以看到雌性前核比雄性前核要大很多。这对实验很重要，因为这样我们就可以区分两个不同的前核。因为我们可以区分它们，科学家就可以将一个细胞的两个前核转移给另一个细胞，或者转移其中的一个。他们能够知道他们转移的前核到底是来自父亲精子的雄性前核还是来自母亲

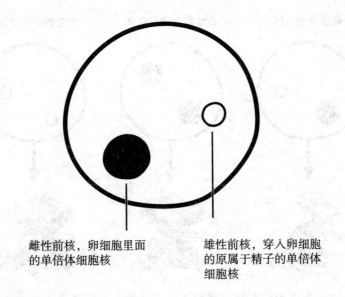

雌性前核，卵细胞里面
的单倍体细胞核

雄性前核，穿入卵细胞
的原属于精子的单倍体
细胞核

图 7.1　刚刚被一个精子穿入，但在两个单倍体（正常染色
　　　　体一半的数目）前核融合之前的哺乳动物卵细胞。
　　　　请注意，来自卵子和来自精子的不同前核有明显的
　　　　大小差异。

卵子的雌性前核。

　　许多年以前，戈登教授采用精密的微量移液器将蟾蜍体细胞的细胞核转移到蟾蜍卵中。阿奇姆·苏拉尼将这项技术进行改进，并使之可以应用于不同小鼠受精卵之间前核的转移。操作后的受精卵随即被植入雌性小鼠体内并任其发育。把前核放进受精卵是非常重要的，因为只有受精过的卵细胞能够提供两个前核融合后胚胎发育所需要的适宜环境。同样道理，这就是为什么约翰·戈登要利用受精过的蟾蜍卵细胞进行他的重新编程研究，以及基思·坎贝尔和伊恩·维尔穆特在克隆多利羊时使用受精后的卵细胞作为受体的原因。

　　在 1984 年到 1987 年发表的一系列文章里，苏拉尼教授证明了想要创建一个存活的新生小鼠，必须同时具有雄性和雌性前核。如图 7.2 所示。

　　为防止不同 DNA 基因组导致的问题，研究者使用的是近交系小鼠。这能保证三种不同的受精的卵子具有基因水平上一致的双倍体。但是尽管基

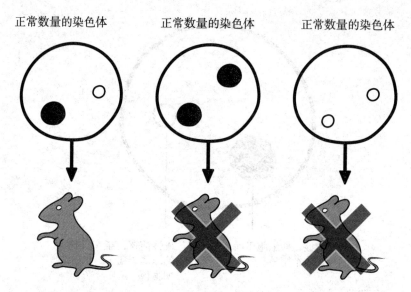

正常数量的染色体　　　　正常数量的染色体　　　　正常数量的染色体

图 7.2　阿奇姆·苏拉尼早期工作的总结。小鼠卵子的前核被移
　　　　除。这个供体卵子随后被注入两个单倍体前核，并且将
　　　　此双倍体卵细胞植入孕期小鼠体内。只有其中包含了分
　　　　别来自雄性和雌性前核的重组卵子能够发育成活着的小
　　　　鼠。那些含有两个雄性前核或者两个雌性前核的卵子形
　　　　成的胚胎不能正常发育，而且都在发育过程中死亡了。

因型一致，一系列由阿奇姆·苏拉尼团队以及其他实验室，比如达沃尔·
索尔特（Davor Solter）和布鲁斯·卡泰纳克（Bruce Cattanach）实验室的
工作得到了相同的其他结论。如果受精的卵细胞仅含有两个雌性前核，或
者两个雄性前核的话，没有活着的小鼠能够出生。你需要每个性别提供一
个前核。

　　这显然是引人注目的发现。在示意图里显示的 3 组受精卵里其实是拥
有基因水平上完全一样的遗传物质。每个受精卵都是双倍体（每个染色体
有两个拷贝）。如果创造生命最重要的因素是 DNA 的数量的话，这 3 组受
精的卵细胞都应该能够发育出新个体来。

遗传革命 数量并不能决定一切

这涉及到一个革命性的概念——母本和父本的基因组可以提供相同的DNA，但他们的功能并不等效。仅仅有正确数量和正确序列的DNA是远远不够的。我们要分别继承一些来自我们母亲和父亲的东西。不知为什么，我们的基因"记得"它们来自谁。它们只会在来自于"正确"的父母基础上才正常工作。单纯的每个基因拷贝数的正确，并不足以支持生命的正常发育和健康生活。

我们知道这并不是仅仅发生在小鼠身上的特殊事件，因为类似的现象在自然的人类中也有发生。例如，大概在 1 500 个人类孕妇中，会出现一例子宫中只有胎盘而没有胚胎的情况。这个胎盘是畸形的，被充满液体、状似葡萄的肿块覆盖。这个结构被称为葡萄胎，在亚洲某些人种中的发生率甚至可以高达二百分之一。这些孕妇的体重增加往往比正常状态要快，而且会受到清晨孕吐的困扰，有时候会强烈到很极端的状态。这些症状可能是由于快速生长的胎盘结构产生了异常增高的激素而导致的。

在围产期保健发达的国家，葡萄胎会在首次超声检查时就被发现，而后会有医疗组进行类似堕胎的操作。如果没有被诊断出来，它一般会在受孕后第4—5月的时候自行终止发育。对葡萄胎的早期诊断是非常重要的，因为它有诱发癌症的潜在危险。

这些葡萄胎是由不知道为什么丢失了细胞核的卵子受精而形成的。大概80%的葡萄胎中，这个空卵子被一个精子穿透，而后对该精子的单倍体基因组进行拷贝并形成双倍体基因组。大概20%是同时由两个精子进行受精的。这两种情况下，受精的卵子都有正确数量的染色体（46 个），只是所有的DNA都来源于父亲。而正因如此，没有胚胎发育。就像实验中的小鼠一样，人类的发育也需要来自父母双方的染色体。

这些人类和小鼠中的现象说明，仅靠裸露的携带 A、C、G、T 编码序列信息的DNA是远不够的。DNA自己并不能携带所有创造新生命所必需的信息。除了基因信息以外，肯定还有什么东西是必需的。这个什么东西就是表观遗传。

卵子和精子是高度分化的细胞——它们处于沃丁顿假想图的最底处。

卵子和精子除了自己以外永远不可能变成其他的东西。除非它们融合。一旦融合了，这两个高度分化的细胞就会形成一个新细胞，这个新细胞则是如此的未分化且能够形成人体所有的细胞和胎盘。这就是合子（受精卵），处于沃丁顿假想图的最顶点。当这个受精卵分裂时，细胞会变得越来越特异化，形成我们体内所有的组织。一些组织最终会具有制造卵子或精子的能力，并重新开始这整个循环。这是一个在发育生物学中永不停止的循环。

精子和卵子前核中的染色体携带了大量的表观遗传学修饰信息。这也是配子能够保持配子的特征，而没有变成其他类型细胞的部分因素。但是，这些配子们并不能传递它们的表观遗传学信息，因为如果它们能够传递的话，受精卵就会变成一种类似于半个卵子加半个精子的混合体，而事实很明显不是这样。受精卵是一种完全不同的全能细胞，它可以生长成为一个完整的新生命。通过某种途径，卵子和精子的修饰被变成另一种不同的方式，以驱动受精卵成为在沃丁顿假想图上地位完全不一样的细胞。这是正常发育的一部分。

重装操作系统

几乎是在精子穿入卵子的瞬间，一些非常奇妙的事情就在它身上发生了。几乎所有雄性前核 DNA（就是来自精子的）上的甲基化全部以异乎寻常的速度被迅速抹去。对于雌性前核来说也有相同的事情发生，尽管速度要慢很多。这意味着许多表观遗传记忆在基因组里面被剔除。这对于将受精卵放到沃丁顿假想图的顶端是非常关键的。受精卵开始分裂并很快形成胚泡——就是我们在第 2 章里面画的那个里面包着一个高尔夫球的网球。高尔夫球里面的细胞——内细胞群，或者叫 ICM——多能细胞，它们可以在实验室里生长成胚胎干细胞。

ICM 的细胞很快分化并形成我们身体里不同类型的细胞。这要依赖一些关键基因的严格调控来实现。一个特异性的蛋白质，比如 OCT4，开启另外一组基因，并引起下一系列基因的级联表达，循环往复。我们之前介绍过 OCT4——就是山中教授用来重新编程体细胞所使用的基因中的最重要的那个。这些参与级联表达反应的基因都是与基因组的表观遗传修饰有关的，能够改变 DNA 和组蛋白的标记，从而决定特定基因进行正确地开启或者关闭。以下是发育极早期表观遗传学事件的发生顺序：

1. 雄性和雌性前核（各自来自精子和卵子）携带着表观遗传学修饰；
2. 表观遗传学修饰被删除（在受精后的一瞬间）；
3. 新的表观遗传修饰被写入（当细胞开始分化时）。

这样说有点简单化了。研究者确实能够在上面的第二步中检测到大片的 DNA 去甲基化。然而，事实要更复杂一些，特别是对于组蛋白修饰而言。虽然一些组蛋白的修饰被移除了，但又新建了一些。在抑制性 DNA 甲基化被移除的同时，同类型的抑制性组蛋白修饰也被抹去。而其他的促进基因表达的组蛋白修饰则可能被留存。所以，简单地认为这种表观遗传的改变是写入或是移除了表观遗传修饰显得过于幼稚了。事实上，表观遗传组正在被重新编程。

重新编程这个词是约翰·戈登在描述他那将成年蟾蜍细胞核移植到蟾蜍卵这一创举时使用的。它也是当基思·坎贝尔和伊恩·维尔穆特通过将乳腺细胞核注入卵子克隆多利羊时发生的事情。它还是山中利用 4 个关键基因处理体细胞后所实现的，而这 4 个基因编码的蛋白质在重新编程的自然过程中都处于高表达状态。

卵子是个美妙的东西，经过亿万年的进化磨炼，它能够非常有效地对数十亿个碱基对进行数量庞大的表观遗传改变。没有任何一种人工的重新编程技术的速度和效率能接近这一自然过程。但卵子也许不能仅靠自己完成一切工作。最起码，精子的表观遗传修饰特征可以允许雄性原核相对容易地进行重新编程。精子表观遗传基因组能够引发重新编程。

不幸的是，这些诱发的染色质修饰（以及精子细胞核中的许多其他功能）在将一个成体细胞核注入受精卵后被重新编程时会缺失。这也发生在利用山中伸弥的方法处理成体细胞核通过重新编程建立 iPS 细胞的过程中。在这两种情况下，想彻底重置成体细胞核的表观遗传组是一个真正的挑战。这任务太浩大了。

这也许就是为什么那么多的克隆动物会出现异常情况，且寿命缩短。这些出现在克隆动物身上的缺陷是另一种例证，能够说明如果早期的表观遗传修饰出了问题，它们的生命就会一直错下去。异常的表观遗传修饰特征会导致永久的基因表达异常，以及长期的健康不良。

所有这些在正常早期发育中的基因组重新编程改变了配子的表观遗传组并创造了受精卵的新表观遗传组。这保证了卵子和精子的基因表达特征会被受精卵的基因表达模式所替代，并进入到发育阶段。但是这个重新编程还有另一个功能。细胞可以在各种基因上积累不合适或不正常的表观遗传修饰。这些异常能扰乱正常的基因表达，甚至可以导致疾病，我们将在本书后面提到。卵子和精子的重新编程可以防止父母将积累的任何不适当的表观遗传修饰传递给后代。与其说擦干净黑板，倒更像是重新安装操作系统。

革遗 进行转换
命传

但这也产生了一个矛盾。苏拉尼的研究显示雄性和雌性的前核在功能上是不等价的，我们需要每种都有一个才能创造出新的哺乳动物来。这被称为亲源效应（parent – of – origin），因为受精卵以及其分裂而来的细胞具有区分来自父亲和母亲的染色体的能力。这不是一个遗传效应，而是表观遗传效应，而且必定有一些表观遗传修饰能够从一代传递给了下一代。

1987 年，苏拉尼实验室发表了对该机制进行探索的第一篇文章。他们假设，亲源效应是由 DNA 甲基化导致的。那时候，这是唯一被鉴定出来的染色体修饰方式，所以这是个很好的开头。研究者建立了转基因小鼠。这些小鼠包含一个额外的 DNA 片断，可以随机插入基因组中的任何位置。这个额外插入片段的 DNA 序列对实验者来讲并不特别重要。重要的是，他们可以很容易地测量这个序列中出现了多少的 DNA 甲基化，以及甲基化的数量是否如实地从父母传递给了子代。

阿奇姆·苏拉尼和他的同事对 7 株具有这种随机插入片段的小鼠进行了研究。在其中的 6 株里，插入 DNA 的甲基化水平被忠实地传递给了下一代。但在第 7 株的小鼠中，发生了有意思的事情。当母亲载有这个插入的DNA 时，她的后代往往都有高度的甲基化。但当父亲向子代传递时，后代体内这种外源性 DNA 的甲基化水平最终会很低。图 7．3 对此进行了描述。

黑色显示的是甲基化的插入 DNA，而白色就是非甲基化的。父亲通常给予其后代白色——非甲基化的 DNA，而母亲一般是给予后代黑色，甲基化的 DNA。换句话说，后代的插入 DNA 甲基化水平依赖于其父母中传递该片段者的性别。它并不依赖于其父母中甲基化的程度。例如，一个"黑色"的雄性的后代通常为"白色"的。

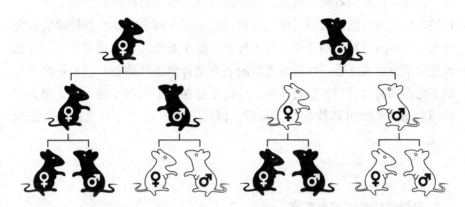

图 7.3　特殊外源性 DNA 片段甲基化或未甲基化的小鼠繁殖情况。当母亲传递这个外源性的 DNA 时，其子代的该片段 DNA 通常具有高度的甲基化（黑色），而与她自己是"黑"还是"白"并没有什么关系。相反，雄性的后代通常是具有未甲基化的"白"DNA。这个实验首次描述了基因组的某些区域能够被进行标记，以显示自己是来自于父亲还是母亲。

这篇文章，以及阿奇姆·苏拉尼同时发表的另外一篇文章，都展示了当哺乳动物产生卵子和精子的时候，它们都以某种方式在这些细胞 DNA 中标记了条形码。就像这些染色体都携带了小旗子一样。精子染色体携带的旗子上说："我从爸爸那里来"，而卵子染色体携带的小旗子上则写着："我从妈妈那里来"。DNA 甲基化就是编织这些小旗子的纤维。

我们一般把它描述为印迹——染色体被标记了它是从父母中哪一方来的信息。我们将在下一章详细讨论印迹和亲源效应的问题。

在我们之前的实验中，外源性 DNA 上发生了什么，才会导致从父母到子代的传递中出现不同的状况？那就是，非常巧合的，它被插入了小鼠 DNA 携带的这些小旗子之一的区域中。而后，在向下一代传递的过程中，外源性 DNA 也开始得到了 DNA 甲基化的小旗子。

而 7 株小鼠中只有 1 株出现这些效应的事实也说明了，不是所有的基因组都携带这些旗子。如果全部的基因组都具有此标记，我们应该在所有的小鼠株中看到这个效应。事实上，七分之一的出现率说明这些标记的区域是例外，而不是常规。

在第 6 章我们看到有时候，动物能够将获得的特征进行遗传。艾玛·怀特洛的工作，以及其他工作，向我们展示了一些表观遗传修饰确实在父母和子代中通过精子和卵子进行了传递。这个类型的遗传很罕见，但它确实坚定了我们关于有一些特殊类型的表观遗传修饰的信心。它们在精子和卵子融合的时候并没有被置换掉。所以尽管在精子和卵子融合时，绝大部分哺乳动物基因组都被进行了重置，但还是有一小部分对重新编程能够免疫。

表观遗传学的军备竞赛

我们基因组里只有 2% 的序列编码蛋白。而多达 42% 的是由反转录转座子组成。这些是非常奇妙的 DNA 序列，据认为可能是在我们进化过程中由病毒整合而来的。一些反转录转座子转录成为 RNA 并影响周围基因的表达。这些会对细胞造成严重的后果。例如，如果它引起与细胞增殖相关的基因的过度表达，就可能导致这些细胞被引向肿瘤化的道路。

在进化中始终有一个军备竞赛，而且我们的细胞已经进化出相关机制去控制这些反转录转座子的活性。细胞使用主要的机制之一就是表观遗传。反转录转座子的 DNA 在细胞中被甲基化，从而关闭了反转录转座子 RNA 的表达。这会防止这些 RNA 对临近基因表达的干扰。其中特定的一类，IAP 反转录转座子，似乎就是这个控制机制的特定靶点。

在受精卵早期的重新编程过程中，我们 DNA 上大部分的甲基化被移除。但是 IAP 反转录转座子是一个例外。重新编程元件已经进化成为能够跳过这些"不法分子"而将其标记留下。这保持着这些反转录转座子的表观遗传抑制状态。这可能是进化而得的降低 IAP 反转录转座子获得偶然再激活的潜在危险的一种机制。

巧合的是，正如我们在前面章节提到的，研究非基因特征跨代遗传的最好的两种模型就是 *agouti* 小鼠和 *Axin^{Fu}* 小鼠。这两个模型的表型都是由特定基因上游的 IAP 反转录转座子的甲基化水平而决定的。父母的 DNA 甲基化水平传递给下一代，并由反转录转座子的表达水平决定表型如何。

我们在第 6 章还提到了其他的一些跨代遗传的例子，包括营养对后代的影响，以及环境污染（例如烯菌酮）的跨代作用等。研究者正在研究这些环境刺激是否能够导致配子染色体的表观遗传学改变。这些变化可能存在于那些在精子和卵子融合后立刻进行的重新编程的特赦区域内。

跟约翰·戈登一样，阿奇姆·苏拉尼在他领导的领域里不断开拓创新。他的工作聚焦于如何以及为何卵子和精子对其 DNA 进行标记，并将分子记忆传递给下一代。大量的阿奇姆·苏拉尼的原创先锋工作依靠的是使用微小移液器在细胞之间传递他们改造过的哺乳动物细胞核。从技术上讲，这是约翰·戈登 15 年前成功使用的方法的改良版本。非常凑巧的是，现在苏拉尼教授在剑桥的研究机构正是以约翰·戈登教授的名字命名的，而且他们经常在走廊和咖啡室碰到对方。

第 8 章 性别战争

> "没人能在性别战争中获胜。因为敌对的双方都太亲密了。"

> ——亨利·基辛格（Henry Kissinger）

实验用竹节虫（Carausius morosus）是一种非常受欢迎的宠物。只要有几片红叶女贞来咀嚼就足够养育了，并且它们在几个月后就会产卵。在适当的时候，这些卵都会孵化成完美的竹节虫小宝宝，看着就像成虫的缩小版。如果这些小竹节虫中的一只一出生就被转移到独立的抚养箱内，那么它也能够产卵并孵化成下一代的小竹节虫。尽管它从未交配，这也会发生。

竹节虫经常采用这种方式进行繁殖。它们使用的这种方式被称为孤雌生殖（parthenogenesis），是从希腊语"处女生育（virgin birth）"衍生而来。雌虫没有与雄性交配而生出受精卵，并能孵化出健康的小竹节虫。这些昆虫已经进化出特殊机制以确保后代有正确数量的染色体。但这些染色体都是来自母亲的。

这与我们在上一章看到的小鼠和人类完全不同。对于我们和我们的啮齿类亲戚来说，生育出活着的下一代的唯一方法就是同时具备来自父亲和母亲的 DNA。感觉上好像是竹节虫非常特别，而事实并非如此。昆虫、鱼雷、两栖类、爬行类和鸟类中都有一些品种能够进行孤雌繁殖。与众不同的是我们哺乳动物，只有我们不行。是我们在动物王国中格格不入？所以有理由问问为什么会这样。我们可以从观察仅在哺乳动物身上具有的特征开始。好的，我们有毛发，而且我们中耳里面有 3 块骨头。这些特征在其他种类的动物中不存在，但是这些似乎不太像导致我们失去孤雌生殖能力的关键特征。对于这个问题，还有一个更重要的特征。

哺乳动物中最原始的少数种类，如鸭嘴兽和针鼹，是卵生的。根据生殖方面复杂性进行排序的话，随后就是有袋类动物，如袋鼠和袋獾，它出生时发育得非常不完善。这些生物的幼崽要在妈妈身体外的袋子里度过大部分的发育阶段。这个袋子是在身体外部的优化过的口袋。

目前为止，我们种属里最多的是被称为胎生（或真兽亚纲）哺乳动物。人、老虎、小鼠、蓝鲸——我们都用同样的方式滋养我们的幼崽。我们的后代要在母亲体内的子宫里经历一个很长的发育阶段。在这个发育阶段里，幼崽通过胎盘获得营养。这个又大又扁平的结构是作为胎儿血液系统和母亲血液系统之间的接口存在的。血液并不真正的在两者间进行流动。取而代之的方式是两个血液系统紧密贴合而彼此传递物质，如将糖、维生素、矿物质和氨基酸从母亲传递给胎儿。氧气也通过此从母亲的血液输送到胎儿的血液中。作为交换，胎儿通过此途径将废气和其他可能有害的毒素排放回母亲的血液循环以清除。

这是一个非常令人印象深刻的系统，可以允许哺乳动物在早期发育过程中长时间的培育它们的幼崽。每次妊娠都要创建一个新的胎盘，而这并不是由母亲进行编码的。这一切经由胎儿编码。再次回想一下在第2章我们看到过的早期胚泡的模式图。胚泡内所有的细胞都是受精的单细胞受精卵的后裔。最终成为胎盘的细胞是在胚泡外侧的网球细胞。事实上，在刚开始滚下沃丁顿假想图的时候，细胞做的最早的一个决定就是，它们将来打算变成胎盘细胞，还是体细胞。

革命遗传 我们无法逃避我们的（进化的）过去

当胎盘成为了滋养胎儿的一个好办法的时候，这个系统出现了"问题"。使用商业或政治的言论来讲的话，就是发生了利益冲突，因为在进化上，我们的身体面临着两难境地。

下面是拟人化描述的对雄性哺乳动物的进化压力：

这个怀孕的雌性正通过胎儿的形成而携带着我的基因。我可能以后再也没机会跟她交配了。我希望我的胎儿能够长得尽可能的大，以便能够有最大的机会传递我的基因。

对于雌性哺乳动物，其进化压力是完全不同的：

> 我希望这个胎儿能够存活并传递我的基因。但我不希望这会对我产生任何伤害以至于我今后无法再次生育。我希望传递我基因的机会不止这么一次。

哺乳动物两性之间的这场战斗已经到了进化的对峙程度。一系列的制衡确保了无论是母系还是父系的基因都不能占据上风。如果我们再回顾一下阿齐姆·苏拉尼、达沃·索贝尔和布鲁斯·卡泰纳克的实验，我们可以更好的理解这是怎么一回事。这些科学家创建了只含有父系 DNA 或只含有母系 DNA 的小鼠受精卵。

在他们建立了这些试管受精卵后，科学家把它们移植到小鼠的子宫里。没有哪个实验室能从这些受精卵中获得活着的小鼠。然而，这些受精卵却可以在子宫里发育一段时间，以一种非常异常的状态。这种异常的发育并不都一致，根据其染色体是来自母亲还是父亲而呈现不同的状态。

在这两种情况下确实有极少数胚胎形成，但都很小而且生长延迟。那些所有的染色体都来自母亲的胚胎的胎盘组织很不发达。如果所有的染色体都来自父亲，胚胎发育更迟缓，但却有很多胎盘组织产生。科学家们将这些仅含有母系遗传或父系遗传染色体的细胞进行混合，并形成胚胎。但是这些胚胎仍然无法发育至生命诞生。通过检测，研究人员发现该胚胎所有的组织都是从单纯母系遗传物质细胞而来，而胎盘组织则来自单纯父系遗传物质细胞。

所有的数据都显示雄性染色体更倾向于在发育过程中成为胎盘，而母系来源的基因组相对于胎盘来说，更倾向于发育成胚胎本身。在本章前面提到过的父母双方在进化压力方面的冲突是如何获得协调的呢？那就是，因为胎盘是母亲转移营养给胎儿的门户，所以父系来源的染色体会积极促进胎盘的发育，从而导致将尽可能多的营养从母亲的血液转移给胎儿。而孕妇染色体则以相反的方式运作，并精细调控着正常妊娠的发展。

一个显而易见的问题是，是否所有的染色体都对这些作用很重要呢？布鲁斯·卡泰纳克通过在小鼠身上进行复杂的基因实验来对此进行研究。

这些小鼠含有以不同方式重新排列的染色体。对此最简单的解释是，每只小鼠染色体的数量都是正确的，它们在平常情况下会一直"粘在一起"。而他能够制造出有确切异常染色体的小鼠。例如，他可以制造某一条特定染色体的两个副本都只从父母一方获得的小鼠。

他首先报道的实验使用了小鼠的 11 号染色体。该小鼠其他所有的染色体都是从父母双方分别获得的。但对于 11 号染色体，布鲁斯·卡泰纳克让它们的两个拷贝仅从母亲获得，而没有来自父亲的成分，反之亦然。图 8.1 展示了该结果。

11号染色体来源

两个拷贝全部　　　每个亲本一　　　两个拷贝全部
来自母亲，小　　　个拷贝，正　　　来自父亲，小
鼠比正常小　　　　常小鼠　　　　　鼠比正常大

图 8.1　布鲁斯·卡泰纳克创建的转基因小鼠，基于此，他可以控制这些小鼠如何遗传 11 号染色体上的特定区域的方式。中间的小鼠遗传了来自父母双方的各一个拷贝。两个拷贝全部遗传自母亲的小鼠较正常小鼠要小。相反，两个拷贝全部遗传自父亲的小鼠个子较正常小鼠要大。

再一次，这个实验证明了父系染色体具有推动后代长得更大的倾向的观点。而母系染色体里面的因素则有"相反的作用"或者维持中立。

我们在上一章探讨过，这些因素来自表观遗传学，而不是基因。在上面的例子里，我们确认小鼠的父母都是来源为相同的近交系，所以它们的基因是一致的。如果你对这三种类型后代的两条 11 号染色体都进行测序，它们绝对是相同的。它们包含着数量一致而且顺序一致的数百万的 A、C、G 和 T 碱基对。但是，11 号染色体的两个拷贝很显然发挥了不同的作用，正如我们看到的那些小鼠的不同大小。因此，来自父本和母本的 11 号染色体上一定有表观遗传学的差异存在。

[革命遗传] 性别歧视

因为其两个拷贝的行为根据其来源不同而相异，所以 11 号染色体被称为印迹染色体。它被标记了其来源的信息。随着我们对遗传学认识的逐步提高，我们已经认识到仅仅是 11 号染色体的某些部分被印迹。相当多的区域根本不在乎到底是来自父母的哪一方，而且两个亲本的这些区域的功能是等价的。另外，还有其他整个都没有被印迹的染色体。

目前为止，我们已经描述了关于印迹的主要现象。印迹区域是基因组里，我们可以在子代检测出亲本来源影响的片段。但是，这些区域如何产生这样的效果的？在被印迹的区域，某些基因因其来源的不同而被开启或关闭。例如在上面的第 11 号染色体里，来自父系的染色体中与胎盘生长相关的基因被开启，并且复制很活跃。这可能会为负载胎儿的母亲带来养分枯竭的风险，所以出现了一个补偿机制的进化。母体染色体里这些相同基因的拷贝往往被关闭，从而限制了胎盘生长。或者，也可能有其他的基因用以抗衡父本基因的影响，而且这些抗衡基因可能主要由母本染色体表达。

对这些作用的分子生物学研究已经取得了重大进展。例如，科研人员随后对小鼠 7 号染色体的一个区域进行了研究。在这个区域有一个叫胰岛素样生长因子 2（*insulin – like growth factor* 2，*Igf*2）的基因。这个 Igf2 蛋白能促进胚胎生长，其通常只从父本的 7 号染色体上表达。实验人员使该基因产生突变后，可以终止有功能的 Igf2 蛋白的表达。他们研究了该突变对后代的影响。如果该突变由母亲遗传而来，后代小鼠与正常小鼠没有任何差别。这是因为 *Igf*2 基因在母本染色体里通常是关闭的，所以母本的基因突变并不重要。但是，当突变 *Igf*2 基因是由父本传递给下一代的，新生小鼠就会比正常小鼠小得多。这是因为一个拷贝的能够促进胎儿生长的 *Igf*2 基因由于突变而被关闭了。

在小鼠的 17 号染色体上有一个基因叫做 *Igf*2r。这个基因编码的蛋白能够"拖住" Igf2 蛋白而且阻止其生长促进剂的活性。*Igf*2r 基因也是被印迹的。因为 Igf2r 蛋白与 Igf2 蛋白在胎儿生长方面具有"相反"的作用，所以自然而然地，我们就能推测出 *Igf2r* 基因一般是由母本 17 号染色体所表达的。

科学家们已经在小鼠中鉴定出了大约 100 种印迹基因，而在人类只有大约一半的数量。我们并不清楚是否人类的印迹基因真的比小鼠的少，还是因为实验难度的问题还没有鉴定出来。印迹在大约 1 亿 5000 万年前被进化出来，而且它确实在很大程度上仅见于胎生哺乳动物。在具有孤雌繁殖能力的物种中见不到印迹的存在。

印迹是一个复杂的系统，就像所有复杂的仪器一样，它可以崩溃。我们现在知道有一些人类的疾患就是因为印迹机制出现问题而导致的。

遗传
革命 当印迹出问题的时候

普莱德 - 威利综合征（Prader - Willi syndrome，PWS）是根据最早描述该疾病的两个作者的名字命名的。PWS 的发病率大概在 1/20000。这些婴儿出生时体重很低而且他们的肌肉很软弱。在婴儿期早期，这些孩子很难喂养，且很难茁壮成长。而这会在儿童期早期出人预料地反转过来。这些孩子饿得很快，于是会暴饮暴食到一个令人无法相信的程度，从而出现非常危险的肥胖。除了伴有如小足、小手、语言发育延迟和不育等其他特征外，PWS 患儿经常出现轻至中度的智力障碍。他们也可能有一些行为障碍，包括不适当的火爆脾气等。

另外还有一种发病率与 PWS 一样的人类疾病，被称为安格曼综合征（Angelman Syndrome，AS）。跟 PWS 一样，其名称来自于首先报道该症状的人。罹患 AS 的儿童具有严重的智力障碍、很小的脑容量并很少讲话。AS 患者经常无缘无故地持续大笑，所以临床上把这些儿童描述为"快乐木偶"。

不管是 PWS 还是 AS，患儿的父母都是非常健康的。研究认为这两种疾病的基础问题都是由于染色体的缺陷导致。因为父母们并没有受影响，该缺陷一定是在制造精子或卵子的时候出现的。

在 20 世纪 80 年代，PWS 的研究者使用了大量的技术寻找该疾病的物质基础。他们对患儿和正常儿童的基因组上有差异的区域进行了比对。对 AS 感兴趣的科学家也做了类似工作。在 80 年代中期，两组科研人员的结果都指向了基因组的同一区域，15 号染色体的一个特定区域。在 PWS 和 AS 中，患者都丢失了该染色体上同一个小小的区域。

但是，这两种疾病在临床上的表现是完全不同的。没人会把 PWS 患者当成安格曼综合征病人。那么，相同的基因问题——15 号染色体上一个关键区域的丢失——怎么会导致如此大相径庭的综合征呢？

1989 年，来自波士顿儿童医院的团队展示了决定因素并不仅仅是该区域的缺失，还有该缺失是如何遗传来的。图 8.2 总结了这个结论。当异常的染色体由父亲遗传而来的时候，儿童表现为 PWS。而相同的异常染色体通过母亲遗传而来的时候，儿童则患有 AS。

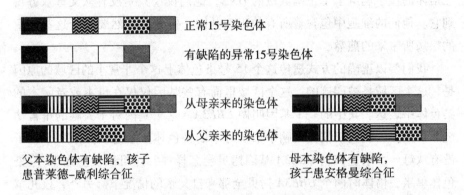

正常15号染色体

有缺陷的异常15号染色体

从母亲来的染色体

从父亲来的染色体

父本染色体有缺陷，孩子
患普莱德–威利综合征

母本染色体有缺陷，
孩子患安格曼综合征

图 8.2　两个孩子也许每个都有相同的 15 号染色体缺陷，用缺
　　　　少横纹线的方块来示意。两个孩子的表现型会因为遗传
　　　　到该异常染色体的方式不同而相异。如果这个异常的染
　　　　色体由父亲遗传而来，这个孩子会表现为普莱德－威利
　　　　综合征。如果该异常染色体由母本而来，这个孩子会表
　　　　现为与普莱德－威利综合征完全不一样的安格曼综
　　　　合征。

显然这是一个与表观遗传相关的疾病的例子。患有 PWS 和 AS 的儿童在基因上出现的是相同的问题——他们都是缺失了 15 号染色体上的特定区域。唯一的区别就在于他们是如何遗传到这个缺陷染色体的。这是另一个亲源效应的例证。

父母还有另外一种途径去遗传 PWS 或者 AS。一些罹患该病的人拥有完全正常的两条 15 号染色体拷贝。没有缺失，也没有任何形式的突变，但孩子仍然会发展出该病的症状。想理解这是怎么回事，我们需要回想一下前面提到过的从父母单方遗传了两条 11 号染色体的小鼠。一些揭示了 PWS 的缺失机制的科学家发现在上面的这种情况中，儿童确实有两条正常的 15 号染色体。但问题是，这两条染色体全部来自母亲，而完全没有父亲的。这就是所谓的单亲二倍体——两条染色体来自一个亲本。在 1991 年，伦敦儿童健康研究所的一个团队展示了一些 AS 病例是由于 PWS 单亲二倍体相反的情形导致的。这些儿童有两条正常的 15 号染色体拷贝，只是都来自于他们的父亲。

这强化了 PWS 和 AS 是表观遗传疾病的实例的概念。15 号染色体单亲二倍体的孩子们继承了正确数量的 DNA，他们仅仅只是没有从父母双方得到它。他们的细胞中包含着所有的正确基因，但他们仍然要承受这些严重的疾病所带来的煎熬。

我们要以正确的方式遗传这个 15 号染色体上这个非常小的区域的原因是，这个区域是被印迹的。这个区域里面有些基因仅仅在母本或者父本的染色体中表达。其中的一个基因叫做 *UBE3A*。这个基因对于大脑的正常功能非常重要，但它仅仅在大脑中来自母本的染色体上表达。如果一个孩子没有从母亲那里遗传到 *UBE3A* 基因拷贝会怎样呢？这可以发生在 15 号染色体单亲二倍体时两个 *UBE3A* 拷贝全部来自父亲的情况下。另外，该儿童也可能从母亲那里遗传到了一个因为缺陷导致缺失了 *UBE3A* 拷贝的 15 号染色体。在这些案例里，患儿在大脑里没有表达 UBE3A 蛋白，而这导致了安格鲁综合征的发生。

相反地，也有仅在父本 15 号染色体上表达的一些基因。其中有一个基因叫做 *SNORD*116，当然还有一些其他重要基因。它的情况跟 *UBE3A* 基因一样，只用父本这个词代替了母本而已。如果一个孩子没有从父亲那里遗传到 15 号染色体的这个区域，就会发生普莱德－威利综合征。

这里还有一些其他的印迹问题导致人类疾病的例子。最著名的应该是贝克威思－威德曼综合征（Beckwith－Wiedemann syndrome），同样是根据最早在医学文献中描述它的人而命名的。这种疾患的特征是过度生长的组织，以至于婴儿出生时舌头等部位的肌肉就是过度发育的，以及其他的一些症状。这种情况与我们上面描述的案例有一些小小的不同。当贝克威思－威德曼综合征中的印迹出现问题时，父母双方的 11 号染色体上的基因被全部启动，而正常情况下应该是只有父系来源的版本被表达才对。关键

的基因应该是 *IGF*2，我们之前提到过它在小鼠的 7 号染色体上编码一种生长因子蛋白。相较于单个拷贝，两个拷贝的该基因的表达会产生两倍于正常表达量的 IGF2 蛋白，所以胎儿才会过度生长。

与贝克威思－威德曼综合征相反的表型被称为西弗－罗素综合征（Silver－Russell syndrome）。患有这种疾病的儿童的特征是在出生前后的生长迟缓及其他跟发育迟滞相关的表征。该病中大部分案例是由贝克威思－威德曼综合征中 11 号染色体上相同区域的问题引起的，但是西弗－罗素综合征的 IGF2 蛋白的表达式被抑制，所以胎儿的发育就受到了阻碍。

革命遗传 表观遗传的印迹

所以，印迹是指一种在一对基因里仅仅有一个成员发生表达的现象，而表达的那个成员可以是父本或母本的任一方。是什么控制着 DNA 的开启呢？不出所料的，DNA 甲基化在其中起重要作用。染色体上的 DNA 甲基化，能够关闭染色体上的基因。换句话说，如果父本遗传而来的染色体区域被甲基化了，就意味着父本来源的基因被抑制了。

让我们用在普莱德－威利综合征和安格曼综合征中讨论过的 *UBE3A* 基因来举例。正常情况下，来自父亲的该基因被 DNA 甲基化，所以这个基因是被关闭的。来自母亲的该基因没有被甲基化标记，所以它是开启的。类似的事情发生在小鼠的 *Igf2r* 基因上。其父本版本被甲基化从而导致该基因失活。其母本版本未被甲基化所以该基因被表达。

尽管 DNA 甲基化的作用也许没有给你惊喜，也许你会因为被甲基化的其实并不是基因本体而吃惊。当我们比较来自父母双方的染色体拷贝时，我们发现编码蛋白的基因部分上的表观遗传特征没什么不同。两个基因组之间不同的甲基化则是出现在控制该基因表达的染色体区域上。

想象一下朋友家里的夏日花园夜间派对，精致的烛光散落在植物之间。不幸的是，这个可爱的氛围被明亮的探照灯而毁了，这是因为客人的运动不断地触发安全系统中的传感器导致的。探照灯在墙上的位置太高而无法盖住它，但最后，人们发现没必要一定去盖住探照灯。他们只挡住那些引发探照灯开启的活动传感器就行了。这就是印迹所做的事情。

甲基化，或者非甲基化就是发生在印迹控制区域上。在一些案例中，印迹控制很简单易懂。一个基因的启动子区域在父母一方遗传的基因上被甲基化，而另一方没有。这个甲基化使该基因保持关闭状态。这是一个染色体区域上的一个基因被印迹时的情况。但是，实际上有许多印迹基因都非常接近地在一个染色体的一条臂上排列成群。这群染色体上的某些基因要从母本来源的染色体上表达，其他的从父本表达。DNA 甲基化仍然是主要特征，但是有其他因素帮助执行这项功能。

印迹控制区域可能会从很远的距离进行调控，而且被调节的区域会结合很多蛋白。这些蛋白就像城市里的路障，把一条染色体里面的不同区域分隔开来。通过插入这些基因间的分隔，使印迹过程的复杂性进一步提升。正因如此，印迹的调控区域也许可以操控数千的碱基对，但并不是这数千碱基对里面的每一个基因都受到同样的影响。染色质同一区域里的不同基因也许可以从染色体上隆出并与其他一起形成物理性的接触，这样被抑制的基因可以聚集成簇，形成类似于染色质结的结构。染色质相同区域里面的活化基因也许聚集成另一个不同的结。

组织间印迹的作用大相径庭。胎盘具有特别丰富的印迹基因表达。这也是我们在印迹模型中所期望看到的，表明了对母亲资源的一种平衡。大脑也对印迹的影响相当敏感。现在并不清楚原因何在。目前为止，很难解释大脑里父源控制的基因表达在之前我们提到过的营养争夺战中的作用。英国伦敦大学的古德龙·摩尔（Gudrun Moore）教授做了一个有趣的假设。她提出，大脑中的高含量印迹代表了两性的战争在出生后的延续。她推测，大脑中来自父亲基因组的一些印迹会通过促进后代的一些行为以试图更多的从母体获得资源，例如延长母乳喂养时间等。

印迹基因的数量其实很少，在所有编码蛋白基因中还不到1%。不仅数量如此之低，而且它们还不是在所有组织中都存在的。在很多细胞中，母源和父源基因拷贝的表达方式是一样的。这并不是因为不同组织中的甲基化特征不同，而是因为不同细胞"阅读"这些甲基化的方式非常多样。

体内所有细胞都有印迹控制区域的 DNA 甲基化特征存在，以表示某个染色体拷贝是从父母哪一方而来的。这告诉了我们关于印迹区域一些显而易见的事情。在精子和卵子融合形成受精卵之后，它们一定是避开了随之发生的重新编程。否则，所有的甲基化都被抹除以后，它们就不可能再表示出自己到底是来自于父母的哪一方了。就像 IAP 反转录转座子在受精卵重新编程中仍然保持甲基化一样，一定有什么机制在消除甲基化的过程中对印迹区域进行了保护。尽管尚不清楚到底是如何发生的，但这对正常发育和健康至关重要。

遗传革命｜你放上你的印迹，你拿走你的印迹……

但这样就出现了很多问题。如果印迹的 DNA 甲基化标记这么稳定，那么它们在从父母传递给子代时又如何发生变化的呢？我们知道它们确实有所变化，因为前面章节提过的阿齐姆·苏拉尼在小鼠身上的实验已经证实了。那些实验展示了能够被检测的甲基化序列在向下一代传递的过程中确实有所变化。就是前面章节里用"黑色"和"白色"小鼠描述过的那个实验。

事实上，当科学家已认识到亲源效应的存在时，尽管当时还不知道这些标记是什么，他们就已经预测到了必然有重置表观遗传标记的办法存在。让我们以 15 号染色体为例。我从母亲和父亲那里各自遗传了一个拷贝。从我母亲来的 *UBE3A* 印迹控制区域没有被甲基化，而来自我父亲的那条染色体上相同的区域则被甲基化了。这保证了我大脑里面 UBE3A 蛋白的表达保持正常。

当我的卵巢制造卵子时，每个卵子仅获得 15 号染色体的一个拷贝，并将传递给孩子。因为我是女性，每个 15 号染色体的拷贝都必须在 *UBE3A* 上携带母源性标记。但是，我 15 号染色体的拷贝中有一条携带了我从父亲那里获得的父源性标记。为了将正确的带有母源性标记的 15 号染色体传递给我的孩子，我唯一能做的就是找到一个办法将父源性标记移除并用母源性标记替代。

男性产生精子时也要面对类似的过程。所有的母源性修饰都需要从印迹基因上移除，而把父源性标记放在这些位置上。这就是事实上发生的事情。该过程仅仅发生在那些产生生殖细胞的细胞中。

其基本原则在图 8.3 中进行了展示。

精子和卵子融合后形成了胚泡，而后基因组大部分区域被重新编程。细胞开始分化，形成胎盘和具有分化为身体多种类型细胞的前导细胞。于是，ICM 中的细胞们就踏着发育的鼓点开始向沃丁顿假想图的不同终点走去。但有相当一小部分（不超过 100 个）细胞则踏上了不同的道路。这些

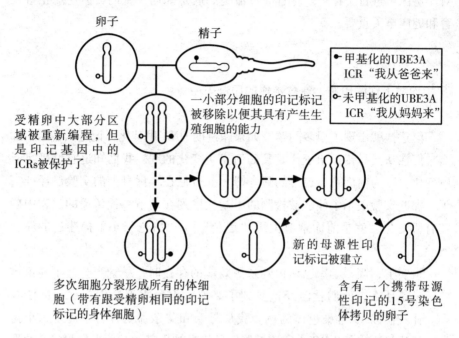

卵子　　　　　精子

受精卵中大部分区
域被重新编程，但
是印记基因中的
ICRs被保护了

一小部分细胞的印记标记
被移除以便其具有产生生
殖细胞的能力

● 甲基化的UBE3A
　ICR "我从爸爸来"
○ 未甲基化的UBE3A
　ICR "我从妈妈来"

多次细胞分裂形成所有的体细
胞（带有跟受精卵相同的印记
标记的身体细胞）

新的母源性印
记标记被建立

含有一个携带母源
性印记的15号染色
体拷贝的卵子

图8.3　示意图显示了如何从具有相同 DNA 甲基化印记基因的受
　　　　精合子形成体细胞，以及如何移除印记甲基化以形成生
　　　　殖细胞。这保证了雌性仅会传递母源性标记给后代，而
　　　　雄性仅传递父源性的。

细胞中的 BLIMP1 基因被开启了。BLIMP1 蛋白引发了一个新的信号级联反
应，它阻止了细胞们走向成为体细胞的死胡同。这些细胞开始返回沃丁顿
的山顶。他们也失去了染色体上那些告诉细胞从何而来的印迹标记。

　　进入该流程的这一小群细胞就是原始生殖细胞。这些细胞将来最终会
发育成性腺（睾丸或者卵巢）并且成为能够产生所有配子（精子或者卵
子）的干细胞。如之前描述的一样，原始生殖细胞会恢复到类似于内细胞
群（ICM）细胞的状态。它们本质上成为多能干细胞，并具有分化成为体
内大部分类型组织的潜力。这个阶段是短暂的。原始生殖细胞很快就转移
到一个新的发展途径，它们分化成干细胞并产生卵子或精子。要做到这一
点，它们需要获得一套新的表观遗传修饰。有些修饰是定义细胞身份的，
就是开启那些让卵子成为卵子的基因。只有极少数是作为亲源标记存在，
以便在下一代的基因组印迹区域中能够识别出它们的亲本来源。

这听起来过于复杂了。如果我们以一个精子与卵子受精后在雄性后代中形成新的精子为例，过程如下：

1. 精子带着他的表观遗传修饰进入卵子；
2. 除了印迹区域以外的表观遗传修饰被移除（在合子受精后极短时间内）；
3. 表观遗传修饰被植入（当 ICM 的细胞开始分化时）；
4. 表观遗传修饰被移除，包括印迹区域那些（当原始生殖细胞与体细胞分化道路分道扬镳时）；
5. 表观遗传修饰被植入（当精子发育时）。

这个复杂的回到起点的过程看起来似乎没有必要，但事实上是非常重要的。

让精子成为精子，或者让卵子作为卵子的这些修饰必须在第二步被移除，否则受精卵将不具有全能性。取而代之的将会是一个由半个编程为精子和半个编程为卵子基因构成的基因组。遗传的修饰不被移除就不可能有发育出现。但为了制造原始生殖细胞，一些正在分化的 ICM 细胞不得不失去它们的表观遗传修饰。这样它们才能暂时获得多能性，失去它们的印迹标记并成为能够产生生殖细胞的细胞。

一旦原始生殖细胞走上它们的道路，表观遗传修饰会再次被附加到其基因组上。有部分原因是多能干细胞具有发育成多种组织细胞的潜在的严重危险性。看起来如果能在我们体内保留这些细胞以便于不断产生各种类型的新细胞是件不错的事情，但它并不是。这类细胞就是我们在癌症中看到的细胞。进化的青睐使原始生殖细胞在一段时间内重获了多能性，但随后这种多能性就被表观遗传修饰给压抑了。与此同时的印迹的消除表明染色体能够被重新赋予亲源标记。

偶尔，这个卵子或精子的前体细胞赋予新印迹的过程会出错。安格曼综合征和普莱德－威利综合征中的一些案例就是由于原始生殖细胞在形成过程中没有正确地抹去印迹而导致的。举例来说，一个女性产生的卵子中的 15 号染色体可能还带着从她父亲那里遗传来的父源性印迹，而不是正常应该携带的母源性印迹。当这个卵子与精子融合后，两个 15 号染色体的拷贝都具有父源性染色体的功能，这样就会出现单亲二倍体的表型。

这些过程的具体调控机制目前还在研究中。我们并没有充分理解在精子和卵子融合后印迹是如何被保护，而在形成原始生殖细胞阶段又是怎么失去这个保护的。我们也并不确定印迹又是如何回到正确的位置上去的。尽管目前已有很多线索浮现，但还是看不清楚。

这其中会部分涉及到一小部分存在于精子基因组里面的组蛋白。大部分的这些组蛋白位于印迹控制区域，并且可能会在精子和卵子融合后重新编程时保护这些区域。组蛋白修饰在配子建立"新的"印迹中也发挥作用。似乎印迹控制区域失去所有的组蛋白修饰与开启基因相关是很重要的。只有这样，才能加上永久性的 DNA 甲基化。这种永久性的 DNA 甲基化正是基因的抑制性印迹。

革遗命传 多利和她的女儿们

受精卵和原始生殖细胞中的重新编程现象与诸多表观遗传表象相关。当体细胞在实验室里利用山中因子被重新编程时，只有非常小的一部分能转化为 iPS 细胞。而且这些细胞跟胚泡内细胞群里的真正的胚胎干细胞并不完全一样。位于波士顿的麻省总医院和哈佛大学的一个团队对小鼠 iPS 细胞和 ES 细胞（胚胎干细胞）进行了评估。他们对两种细胞中表达量不同的基因进行了研究。染色体上唯一表达量有差异的区域就是 $Dlk1 - Dio3$。有些 iPS 细胞能够通过跟 ES 类似的方式表达这些基因。而这些就是能够形成所有不同身体组织的最好的 iPS 细胞。

$Dlk1 - Dio3$ 是位于 12 号染色体上的印迹区域。作为印迹区域，也许听到它的重要性并不足为奇。山中的实验证明重新编程一般出现在精子和卵子融合时。基因组的印迹区域在一般情况下能够抵抗重新编程。看起来它们在山中的人工环境中对重新编程具有极高的抵抗力。

$Dlk1 - Dio3$ 区域已被研究者关注了一段时间了。在人类中，该区域的单亲二倍体与生长和发育缺陷密切相关，跟其他综合征一样。这个区域至少在小鼠中对于防止孤雌生殖而言非常关键。日本和南韩的研究者在小鼠中对该区域进行了基因调控。他们利用两个雌性前核重组了一个受精卵。其中一个前核的 $Dlk1 - Dio3$ 区域被替换，这样对该区域来说，就不是都来自母本，而是一条母本和一条父本。于是，第一只携带两个母源性基因组的胎生哺乳动物活着诞生了。

发生在原始生殖细胞的重新编程并不是那么全面彻底的。它在 IAP 反转录转座子上或多或少的留下了一些甲基化。小鼠精子里面 $Axin^{Fu}$ 反转录转座子上面的甲基化水平跟体细胞里面的水平完全一样。这说明在 PGCs 被再编程时，尽管基因组里面大部分区域的甲基化都丢失了，但这些修饰并没有被移除。$Axin^{Fu}$ 反转录转座子对两次重新编程（受精卵和原始生殖细胞阶段）的抵抗导致了前面章节提到过的卷尾畸形的跨代遗传现象。

我们知道并不是所有的跨代遗传都是通过同一机制发生的。在 $agouti$ 小鼠中，表型是仅仅通过母亲传递的。在这里，卵子和精子的 IAP 反转录转座子上的 DNA 甲基化在正常原始生殖细胞的重新编程过程中全部被移除了。然而，本来在反转录转座子上带有 DNA 甲基化的母亲将一个特殊的组蛋白标记传递给了它们的后代。这是个抑制性的组蛋白修饰，而且它可以作为一个发送给 DNA 甲基化元件的信号。这个信号吸引了那些添加抑制性 DNA 甲基化的酶到染色体的特定区域。最终的结果是一样的——母亲的 DNA 甲基化被传递给了子代。雄性 $agouti$ 小鼠无法将它们反转录转座子上的 DNA 甲基化或者抑制性组蛋白修饰传递给下一代，这就是为什么其表型仅仅能通过母系进行传递。

这是稍微间接一点的表观遗传信息的传递方法。与通过 DNA 甲基化直接携带信息不同，它是通过中间代理（抑制性组蛋白修饰）来实现的。这大概就是 $agouti$ 小鼠表型的母系遗传为什么有点"模糊"的原因。因为在重建 DNA 甲基化的时候信息被转了一道手，所以并不是所有的后代都跟母亲完全一样。

在 2010 年夏天，英国媒体报道了一些农用动物的克隆案例。从克隆后代而来的肉类已经进入了人类的食物链。不是克隆牛本身，而是其通过正常方式产出的后代。尽管有些关于人们不自主的吃下了"科学怪食"的耸人听闻的报道出现，但在主流媒体上正反两方面的力量还是势均力敌的。

从某种程度上说，这是源于一个相当有趣的现象，那就是科学家们最初对克隆后果的担忧得到了一定程度的平息。当克隆动物进行繁殖时，它们的后代往往比原始克隆个体更健康。可以肯定这是因为原始生殖细胞的重新编程的缘故。最初的克隆体是将体细胞核移植到卵子里面形成。这个细胞核只经历了第一轮的重新编程，就是当精子遇到卵子时通常发生的那个。有可能这个表观遗传重新编程并不那么有效——想让卵子对一个"错误"的细胞核进行重新编程是很严峻的挑战。这可能就是克隆动物往往都不怎么健康的原因。

当克隆动物剩生育下一代时,它们提供一个卵子或者一个精子。在克隆动物产生这些配子前,它的前体细胞就会通过正常原始生殖细胞的应走途径,经历第二轮的重新编程。这个第二次重新编程阶段似乎可以将表观遗传组进行正确的重置。配子们失去了从它们克隆父母那里来的异常表观遗传组修饰。表观遗传组学解释了为什么克隆动物有健康的问题,而他们的后代则没有。事实上,它们的后代在本质上跟自然出生的动物没什么区别。

人类的辅助生殖技术(比如体外受精)在一定程度上借用了克隆的相关技术。简单地说就是将多能性的细胞核在细胞间转移,并且经过实验室培养后植入子宫内。在学术期刊上对这些步骤是否导致畸形率的升高争执不断。一些作者认为辅助生殖技术会导致妊娠期间印迹紊乱比例的增加。也就是说,例如在体外培养受精卵等过程也许会破坏那控制重新编程的微妙而精细的通路,尤其是在印迹区域的。然而,值得注意的是,目前对此是否真的导致了临床上的问题尚没有达成共识。

在早期发育中的所有的基因组重新编程都具有很多作用。它让两种全然不同的细胞能够融合并形成一个多能细胞。它平衡了母源性和父源性基因组之间的诉求之争,而且保证了这种平衡能够在每一代得以重建。重新编程还防止了父母将不适当的表观遗传修饰传递给下一代。这意味着即使细胞具有潜在的危险表观遗传改变,在传递给下一代前也会被全部抹去。

这就是为什么我们一般不会遗传到获得性特征。但在基因组里面有一些特定的区域,比如 IAP 反转录转座子,它们对重新编程具有一定程度的抵抗能力。如果我们想要知道某些获得性特征——例如对烯菌酮和父母营养状态的反应——如何通过父母遗传给子代的话,关注这些 IAP 反转录转座子应该是一个好的开始。

第9章 X染色体的后代

> "一个吻的声音绝对没有加农炮那么大，但它的回响会持续得更久。"
>
> ——奥利弗·温德尔·霍姆斯（Oliver Wendell Holmes），
> 《早餐桌上的教授》（*Professor at thereakfast – Table*）

纯粹地从生物学角度，特别是解剖层次来考虑，男人和女人是截然不同的。关于某些行为，包括侵略性和空间想象能力，是否有其生物学基础目前还在进行争论。但是，至少男女之间有明确的与性别有关的某些物理特性存在。其中最根本的区别就是生殖器官。女性有卵巢，男性有睾丸。女性有阴道和子宫，男性有阴茎。

这些区别有明显的生物学基础，而且毫不意外的是，它源于基因和染色体。人类的细胞中有23对染色体，每对中的一条都是从父母那里各自遗传到的。其中22条（被命名为1到22号染色体）被称为常染色体，每对常染色体的两个成员间看起来很相似。请注意我说的"看起来"，确实仅仅是指看起来。

在细胞分裂的某一阶段，染色体的DNA会变得异常紧密地盘绕起来。如果我们使用正确的技术，就可以清楚地在显微镜下看到染色体。这些染色体可以被照下来。在没有数码技术的日子里，临床遗传学家从照片上用剪刀将人体的染色体剪开并按顺序重新一对对地排列出来。现在我们可以通过计算机的图像处理功能来完成该工作。但结果都一样，就是包括了细胞内所有染色体的图像。这个图像被称为染色体核型。

染色体核型分析让科学家们发现了唐氏综合征（Down's syndrome）患者具有3个拷贝的21号染色体。也就是我们常说的"21三体"。

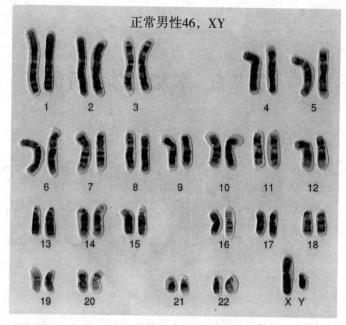

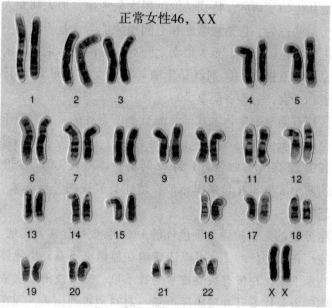

图9.1　男性（上半图）和女性（下半图）体细胞内所有染色体的染色体
　　　核型。请注意女性细胞拥有两条 X 染色体而没有 Y 染色体；男性
　　　细胞则有一条 X 染色体和一条 Y 染色体。同样请注意 X 和 Y 染色
　　　体在尺寸上的截然不同。照片来自：威塞克斯地区遗传学中心。

当我们观察女性染色体核型的时候，我们会发现 23 对染色体两两相同。但如果是男性的话，图像就不同了，如我们在图 9.1 所见。22 对常染色体两两配对，但最后我们会发现剩下的两条染色体看起来完全不像。一条偏大，一条则偏小，这被称为性染色体。大的那条被叫做 X，小的被称为 Y。描述正常人类男性染色体状态的符号是"46，XY"。女性因为没有 Y 染色体，而有两条 X 染色体被描述为"46，XX"。

Y 染色体上携带的活性基因很少。在 Y 染色体上大概只有 40 到 50 个编码蛋白质的基因，其中大概有一半是雄性特有的。这些雄性特有的基因仅仅出现在 Y 染色体上，所以雌性没有这些拷贝。这些基因中的大部分是雄性生殖所需要的。其中最重要的一个决定性别的基因被称为 *SRY*。SRY 蛋白在胚胎中决定了睾丸生成的信号通路。它会引起典型的雄性激素，睾酮的生成，而睾酮则使胚胎变得男性化。

偶尔，会有具有男性"46，XY"染色体核型的个体呈现出女孩子的表型。这往往是因为 *SRY* 基因的失活或者缺陷使胚胎误入女性发育的歧途而导致的。有时候，会出现其他的情况。有些外表是男孩子的人的染色体核型确是典型的女性"46，XX"。这些案例是因为其父亲形成精子时，Y 染色体上一个包含有 *SRY* 基因的很小的区域被转移到了另一条染色体上。而这足以让胚胎向男性的方向发育。这个从 Y 染色体来的区域因为太小而无法被染色体核型检查发现。

X 染色体则完全不同。X 染色体个头相当大且携带了大概 1 300 个基因。里面有很多基因参与了大脑的功能。许多基因也是形成卵巢或者睾丸以及生殖的其他方面所必需的。

得到正确的剂量

所以，X 染色体里面有 1 300 多个基因。而这就引起了一个有趣的问题。女性有两条 X 染色体而男性则只有一条。这意味着对 X 染色体里面的 1 300 多个基因来说，女性的拷贝量会比男性多整整一倍。我们也许能推测出，相对于男性，女性的细胞里面会生成两倍量的这些基因（X 染色体相关的基因）编码的蛋白质。

但对于类似唐氏综合征等疾病的认识告诉我们这不太可能。具有 3 倍拷贝（而不是正常的 2 倍）的 21 号染色体会导致唐氏综合征，而这会造成婴儿出生时就相当异常。其他染色体的三倍体则更严重，以至于在这些情况下因为胚胎无法正常发育而导致婴儿根本不能出生。例如，从来没有哪个细胞里携带了 3 个拷贝的 1 号染色体的儿童出生过。如果常染色体三倍体导致的基因表达 50% 的增量就会引起这么严重的后果的话，我们如何解释 X 染色体的情形呢？跟男性相比整整多了一倍量的 X 染色体基因的女性是如何活下来的呢？或者，我们换一个方式，跟女性相比仅仅有一半 X 染色体基因量的男性是如何生存的呢？

答案是，尽管大家染色体的数量并不一致，但 X 染色体相关基因的表达量在男性和女性之间是完全相同的，这个现象被称为剂量补偿（dosage compensation）。因为决定性别的 XY 系统在其他物种中并没有出现，所以 X 染色体的剂量补偿仅限于胎生哺乳动物中。

在 20 世纪 60 年代初，一位名叫玛丽·里昂（Mary Lyon）的英国遗传学家对发生在 X 染色体上的剂量补偿的机制进行了假设。下面是她的预测：

1. 正常女性的细胞仅有一条活化的 X 染色体；
2. 在发育早期会出现 X 染色体失活；
3. 失活的 X 有可能是母源性的，也有可能是父源性的，而这种失活在每个细胞中是随机发生的；
4. X 染色体失活在一个体细胞及其所有后代中都是不可逆转的。

这些预测已经被证实为是先见之明。所以，事实上，这些先见之明导致很多教科书将 X 染色体失活称为里昂化（Lyonisation）。我们来逐条解释这些预测：

1. 正常女性细胞确实仅仅表达来自一个 X 染色体拷贝的基因——另一个拷贝被有效地关闭了；
2. X 染色体失活出现在发育早期，就在胚泡内细胞群的多能细胞沿不同道路开始分化（接近沃丁顿假想图的顶点）的时候；
3. 平均来说，女性体内有 50% 的细胞母源性 X 染色体被关闭。而另外 50% 的细胞中则是父源性 X 染色体失活；

4. 一旦细胞关闭了一对 X 染色体中的一条，在这位女性的余生中，其所有的子代细胞中的该拷贝将永远不会开启，哪怕她活过 100 岁。

X 染色体的失活不是由突变导致的：它的 DNA 序列完全被保留下来。X 染色体失活是非常完美的表观遗传学现象。

X 染色体失活现象已被令人瞩目的生殖研究领域所证实了。其中有些机制可能跟其他某些表观遗传和细胞过程有相似之处。X 染色体失活的后续效应对许多人类疾病和治疗性克隆具有重要意义。然而，即使是现在，据玛丽·里昂的开创性工作已过去了 50 年，仍有很多关于 X 染色体失活是如何发生的奥秘等待解决。

当我们对 X 染色体失活思考得越多，我们就会越觉得它出现得如此不凡。首先，该失活仅出现在 X 染色体上，而不是任何一个常染色体，所以细胞一定有办法去区分 X 染色体和常染色体。进一步说，X 染色体失活的效果并不是向印迹一样仅作用于一个或者几个基因。不是的，在 X 染色体失活中超过 1 000 个基因被关闭长达几十年的时间。

我们可以想象一个汽车制造商，有一个工厂在日本而另一个工厂在德国。印迹的作用相当于为了不同市场而进行的规格调整。德国的工厂可能会开启组装方向盘加热器的机器却关闭了安装自动空气清新器的机器，而日本的工厂则相反。X 染色体失活则相当于关闭而且封存掉一个工厂，永远不会再开张，直到这家公司被一个新制造商购买。

革遗命传 随机失活

X 染色体失活和印记另一个重要的不同在于，在 X 染色体失活中没有亲源效应的影响。在体细胞中，X 染色体到底是来源于母亲还是父亲都没有问题。每一方都有 50% 的可能性被失活。这样的结果具有相当的进化意义。

印迹是母源性和父源性基因组竞争，尤其是发育竞争导致的平衡结果。印迹作用的靶点是与胚胎生长相关的特定的独立基因或者基因片段。而毕竟，在哺乳动物基因组中只有 50 到 100 个印迹基因。

但 X 染色体失活的工作量要大得多。它关乎超过 1 000 个基因的关闭，同时不可逆。1 000 个基因是个大数目，在所有编码蛋白质的基因里占到 5%，所以 X 染色体里总有可能会有什么基因出现突变。图 9.2 比较了左侧的印迹 X 染色体失活和右侧随机 X 染色体失活间的不同。为清楚起见，图中只标示了来自父系遗传的基因突变，与母源性 X 染色体印迹失活的情况。

通过使用随机 X 染色体失活，细胞可以将 X 染色体相关基因突变导致的影响控制到最小。

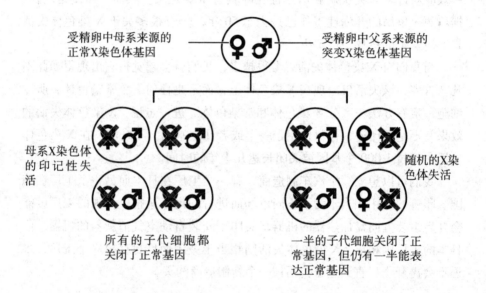

受精卵中母系来源的正常X染色体基因

受精卵中父系来源的突变X染色体基因

母系X染色体的印记性失活

随机的X染色体失活

所有的子代细胞都关闭了正常基因

一半的子代细胞关闭了正常基因，但仍有一半能表达正常基因

图9.2　每个圆圈代表一个女性细胞，包括了两条 X 染色体。来自母亲的 X 染色体用女性符号表示。来自父亲的包含了一个突变的 X 染色体用男性符号表示，且上面有一个白色的方形缺口。左手边的图描述了母系来源的 X 染色体的印记失活或导致所有的体细胞只能表达携带突变的来自父亲的 X 染色体。在右手边，X 染色体被随机失活，与它们的来源无关。结果是，平均下来，一半的体细胞会表达正常的 X 染色体。这使得与印记导致的 X 染色体失活相比，随机的 X 染色体失活在进化上会负担更小的风险。

记住，失活 X 染色体确实是被失活了是很重要的。几乎所有的基因被永久性关闭而且这种失活在正常情况下很难被打破。当我们提到活化的 X 染色体，我们其实使用的是一种有点模糊的简称。它并不意味着那条 X 染色体上的所有基因在每个细胞中的所有时间都是开启的。而是指，这些基因有被活化的潜力。它们会被赋予所有正常的表观遗传修饰并受到表达调控，这样，特定的基因就会在发育需求或环境信号的刺激下被开启或者关闭。

遗传革命　女人确实比男人复杂

X 染色体失活一个有趣的后果就是在表观遗传学上看，女性比男性更复杂。男性的细胞里仅拥有一条 X 染色体，所以他们不需要进行 X 染色体失活。但女性在她们的所有细胞里进行了随机的 X 染色体失活。结果就是，在非常基础的水平上，女性体内所有细胞根据失活的 X 染色体分成了两个阵营。对此的表达就是女性是表观遗传的嵌合物（epigenetic mosaics）。

女性这种复杂的表观遗传控制是一个繁杂而且高度调控的过程，而这正是玛丽·里昂的预测能提供如此有用的概念框架的地方。该过程可以通过以下四步来解释：

1. 定量：正常女性的细胞只能含有一条活性 X 染色体；
2. 选择：X 染色体失活发生在发育的早期；
3. 实施：失活的 X 染色体可以来自父母的任一方，对于每个细胞来说失活是随机的；
4. 保持：X 染色体失活在体细胞及后代细胞是不可逆转的。

为了弄清这四个步骤后面的机制让研究者忙碌了接近 50 年，直到今天仍在努力。这些步骤惊人的复杂，而且有时还包括了一些任何科学家都没法想象的机制在里面。不过这也想得通，因为里昂化确实非凡——X 染色体失活是一个细胞把两条完全一样的染色体用截然相反且相互排斥的方式进行处理的过程。

技术层面上，X染色体失活对研究者是一个挑战。它在细胞里面是一个完美的平衡，而一点点的技术上的偏差都会导致实验结果的巨大偏差。而且，对于使用什么作为最接近的种属进行研究也在不停地争论中。传统上，小鼠细胞是常用的实验系统，但我们现在意识到小鼠和人类在X染色体失活的机制上并不一致。然而，尽管迷雾重重，也有一些真相逐渐浮出了水面。

革遗命传 计数染色体

哺乳动物细胞一定有一套可以数出细胞里面有几条X染色体的机制。这样可以保证雄性细胞里的X染色体不会被关闭。该重要性由达沃·苏特（Davor Solter）在20世纪80年代予以展示。他通过将雄性前核移植到受精卵中制造胚胎。雄性具有XY染色体核型，他们产生的每个精子中会包含X或Y染色体。通过从不同的精子中获得前核并将之注射到"空"卵子中，这样就会得到XX，XY或者YY的受精卵。它们之中没有一个可以带来活着出生的生命，因为如我们之前介绍的，受精卵需要来自父母双方的供给。但是，这些结果还告诉了我们一些非常有趣的事情，我们在图9.3中对其进行了总结。

最早死亡的是那些由两个全部都包括Y染色体的雄性前核重组而得的胚胎。这些胚胎里根本没有X染色体，而这也如预期般的导致了早期的发育失败。这表明了X染色体对于生存的重要性。这也是为什么雄性（XY细胞）需要具备计数的功能，否则它们就不能发现自己只有一条X染色体，而不要去失活它。

清点了X染色体的数目以后，雌性细胞一定有什么机制来决定哪一条X染色体会被随机选中而失活。选中一条染色体后，细胞就开始了失活程序。

X染色体失活发生在雌性胚胎发育的早期，大概是ICM开始分化成为不同体细胞类型的时候。在实验技术上，使用每个胚胎里稀少的细胞进行研究有一定困难，所以一般的研究者都使用雌性ES细胞。在这些细胞里两条X染色体都是有活性的，就跟未分化的ICM一样。让ES细胞滚下沃丁顿假想图的山坡很容易，仅调整一下细胞培养的条件就可以了。一旦我

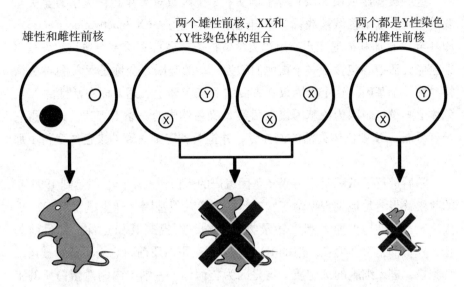

图 9.3　供体卵子重组实验中，卵子分别接受来自雄性和雌性各
　　　　一个前核或者来自雄性的两个前核。如第 7 章中图 7.2
　　　　一样，源自两个雄性前核的胚胎不能成活。当细胞核仅
　　　　包括了 Y 染色体而没有 X 染色体的时候，胚胎在非常
　　　　早期就死掉了。而那些含有至少一条 X 染色体的源自两
　　　　个雄性前核的胚胎在死亡之前仍然发育了一段时间。

们改变细胞培养条件刺激雌性 ES 进行分化，它们就开始失活一条 X 染色
体。因为 ES 细胞能够在实验室里无限扩增，这就为研究 X 染色体失活提
供了一个非常方便的模型系统。

涂盖 X 染色体

　　对 X 染色体失活的初步探索来自于结构重组染色体的小鼠和细胞株。
这些研究中的一些，是将 X 染色体中的不同片段删除。进而观察不同的片
段被删除后，X 染色体是否还能被正常失活。另一些实验中，从 X 染色体
上删除的片段被添加到了常染色体中。以观察哪些被转移的 X 染色体片段
能够导致结构正常的常染色体的失活。

这些实验显示在 X 染色体上确实有一个区域对 X 染色体失活有至关重要的作用。这个区域被戏称为 X 染色体失活中心（X Inactivation Centre）。1991 年来自加利福尼亚州斯坦福大学威拉德·亨特实验室的研究组发现 X 染色体失活中心包含了一个被他们称为 *Xist* 的基因，全称是 X 染色体失活特异性转录基因。这个基因仅在失活的 X 染色体上表达，而在活性的 X 染色体上则没有。因为该基因仅在两条 X 染色体中的一条上表达，这使得它极有可能是 X 染色体失活的调控者，并把两条完全一致的染色体变得不那么一致。

随后进行了试图鉴定由 *Xist* 基因编码的蛋白质的工作，但是到 1992 年的时候就很清楚地发现事情有些奇怪。它像其他基因一样生成了 RNA。剪接后，各种结构被加入到该转录物的两端，以提高其稳定性。到目前为止，一切都正常。但在一般的 RNA 分子编码蛋白质前，它们不得不被运出细胞核，进入细胞的细胞质。这是因为核糖体——细胞内制造蛋白质的工厂——仅在细胞质中存在。而 *Xist* RNA 却从未迁离出细胞核，这就意味着它不可能产生蛋白质。

这至少弄清了之前 *Xist* 刚被鉴定出来后就困扰科学家的一件事情。成熟的 *Xist* RNA 很长，大概包括了 17 000 个碱基对（17kb）。一个氨基酸是由三个碱基对编码的，我们在第 3 章提到过。因此，理论上，*Xist* 基因的 17 000 个碱基对应该能够编码一个包含 5 700 个氨基酸的蛋白。但当研究者使用蛋白预测系统分析 *Xist* 基因序列时，他们发现它根本不能编码这么长的东西。在 *Xist* 基因上有很多终止密码子（蛋白合成的终止信号），而且没有终止密码子的序列长度仅够编码 298 个氨基酸（894 个碱基对）。为什么一条能够转录长达 17kb 产物的基因仅仅使用了大概 5% 来编码蛋白？这绝对是对细胞里面能量和资源的极大浪费。

但是，既然 *Xist* 从未离开细胞核，它编码蛋白能力的缺失也就变得可以理解了。*Xist* 并不作为信使 RNA（mRNA）来传递蛋白的编码。它是一类被称为非编码 RNA（ncRNA）的分子。*Xist* 也许并不编码蛋白，但这并不意味着它没有活性。相反，*Xist* ncRNA 本身就是一个有功能的分子，而且对于 X 染色体失活非常重要。

在 1992 年 ncRNA 非常新奇，而且当时另外也仅仅有一条被确认。即使是现在，*Xist* 仍然有些非同寻常的特性。这不仅仅是它不离开细胞核的问题。*Xist* RNA 甚至根本不离开制造出它的染色体。当 ES 细胞开始分化时，仅有一条染色体产生 *Xist* RNA。这就是那条要被失活的染色体。*Xist* 不会从产生它的染色体上离开。而是与该染色体结合并沿着它伸展。

Xist 经常被描述为"涂抹"了失活 X 染色体，而这确实是很好的比喻。让我们再次回归到把 DNA 密码作为剧本的比喻。这一次，我们来想象剧本是写在墙上的，也许是一个教室里面鼓舞人心的诗篇或演讲稿。在夏季学期结束时，学校倒闭并将建筑销售转换为公寓。装修队来了，并用油漆涂抹了剧本。现在没有什么必要来告诉新住户"好好学习，天天向上"或他们究竟应该如何"面对胜利和灾难"。但实际上剧本仍然存在，它们只是被从视线中隐藏了。

当 *Xist* 结合了产生它的 X 染色体后，就会导致一种类似蠕动的表观遗传学上的麻痹。它会覆盖越来越多的基因，关闭它们。它首先似乎是充当了介于基因和将基因复制成 mRNA 的酶之间的屏障。但随着 X 染色体失活进一步确立，它会改变染色体上的表观遗传修饰。那些通常能开启基因的组蛋白修饰会被除去，并由关闭基因的抑制性组蛋白修饰来代替。

一些正常的组蛋白也会被移除。组蛋白 H2A 会被一个相关的但略有不同的分子 macroH2A 所代替，后者则与基因抑制密切相关。基因的启动子们接连被甲基化，这是一个更直接的关闭基因的办法。所有的这些改变都导致了更多的抑制性分子的结合，将失活 X 染色体的 DNA 层层覆盖以致能够转录基因的酶几乎不能与之靠近。最终，X 染色体上的 DNA 变得难以置信地紧密缠绕在一起，就像两端绞紧的湿毛巾一样，同时，整条染色体移动到细胞核的边缘。在此过程中，除了 *Xist* 基因像转录荒漠里面的一个小水洼一样还有活性外，X 染色体上几乎是一片死寂。

当细胞分裂时，失活 X 染色体上的修饰通过母代细胞传递给子代细胞，如此，同一来源细胞的后代全部保持着相同的 X 染色体失活。

尽管 *Xist* 的作用如此惊艳，上面的描述仍然遗留了很多未解之谜。*Xist* 的表达是如何控制的？为什么在 ES 细胞开始分化的时候它会被开启？*Xist* 是否仅在雌性细胞里有功能，还是它在雄性细胞里也有作用？

革命遗传 **一个吻的力量**

最后的那个问题是鲁道夫·詹尼士的实验室最先回答的，我们在第 2

章讨论山中伸弥关于 iPS 细胞的工作时介绍过它。1996 年，詹尼士教授和他的同事创建了携带基因工程 X 染色体失活中心片段（转基因的 X 染色体失活中心）的小鼠。该片段长度为 450kb，包括了 *Xist* 在内所有相关的基因。他们把该片段插入了一条常染色体（非性染色体），创建了雄性的携带该转基因的小鼠，并研究了来自这些小鼠的 ES 细胞。这些雄性小鼠只拥有一条 X 染色体，因为它们的染色体核型是 XY。然而，它们有两个 X 染色体失活中心。一个在正常的 X 染色体上，另一个被转基因到常染色体上。当研究者让这些 ES 细胞开始分化时，他们发现 *Xist* 能够在任意一个 X 染色体失活中心上表达。当 *Xist* 表达时，它将表达自己的染色体失活，即使该染色体是携带该转基因的常染色体。

这些实验显示，即使是正常的雄性（XY）细胞也能对它们的 X 染色体进行计数。事实上，更确切的说法是，它们能对自己的 X 染色体失活中心进行计数。这些数据也证实了对这个包括了 *Xist* 基因的 450kb 的 X 染色体失活中心的计数、选择和实施的严格性。

我们现在对染色体计数的机制有了进一步了解。细胞一般并不对它们的常染色体进行计数。例如，1 号染色体的两个拷贝是独立操控的。但是，我们知道在雌性 ES 细胞里面两个拷贝的 X 染色体会以某种方式相互联系。当 X 染色体失活进行的时候，一个细胞里面的两条 X 染色体做了一件怪异的事情。

它们亲吻了。

这种描述的方式相当拟人化，但这也确实是最恰当的描述方式。这个"亲吻"仅仅持续大概几个小时，而令人吃惊的是它能决定该细胞持续百年的特征，如果这个女人活得够久的话。这个染色体的亲吻首先由珍妮·李在 1996 年发现，她的研究生涯从在鲁道夫·詹尼士的实验室做博士后研究开始，现在她在哈佛医学院有自己的实验室，同时也是那里最年轻的教授之一。她在本质上显示了 X 染色体的两个拷贝如何找到对方并进行物理接触的。这个物理接触是通过整条染色体上很小的一个片段进行的，但这启动了失活作用。如果没有接触，X 染色体就会认为它在细胞里是唯一的，那 *Xsit* 永远不会开启，就不会出现 X 染色体失活。这是染色体计数的关键步骤。

珍妮·李的实验室也鉴定出了控制 *Xsit* 表达的关键基因之一。DNA 是由碱基在中间维持形状的双轨分子。尽管我们经常把它比喻成火车轨道，其实我们把它想象成两条对向而行的缆车更好一些。基于此想象，X 染色体失活中心就会看起来像图 9.4。

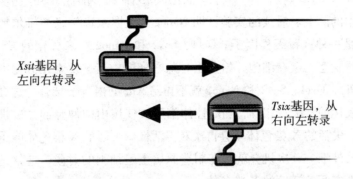

Xsit 基因，从左向右转录

Tsix 基因，从右向左转录

图 9.4　X 染色体上特定区域的两条 DNA 都能各自拷贝制造 mRNA 分子。两条骨架按相反的方向各自进行拷贝，以致在 X 染色体的同一区域能生成出 Xsit RNA 和 Tsix RNA。

在跟 Xsit 相同的 DNA 区域里，有另一条大概 40kb 长的非编码 RNA。它与 Xsit 重叠但却在 DNA 分子的另一条轨道上。它被转录为与 Xsit 方向相反的 RNA，也就是一条反义链。它的名字叫 Tsix。眼尖的读者一定已经注意到了 Tsix 就是 Xsit 的反向书写，这里有一种意想不到的优雅的逻辑性。

位于 Tsix 和 Xsit 之间的重复是它们相互作用的位点，但这也使决定性的实验变得很棘手。那是因为由于附带损害的存在，想将双轨中的一条进行突变而完全不影响另一条是非常困难的。尽管如此，我们对于 Tsix 如何影响 Xsit 有了一定的了解。

如果一条 X 染色体表达了 Tsix，就会抑制同一条染色体上 Xsit 的表达。惊人的是，相对于 Tsix RNA 来说，Tsix 表达的转录过程本身对 Xsit 的抑制似乎更有效。我们可以把它想象成为一把插芯锁。如果我在房间里面锁上这把插芯锁并把钥匙留在锁上，我的室友就没有办法从外面打开这扇门。我不需要一直锁着这扇门，我仅仅把钥匙留在那里就足以保证外面的人进不来。所以，当 Tsix 被开启，Xsit 就会被抑制，而 X 染色体就是有活性的。

这就是在 ES 细胞中的情形，在那里两条 X 染色体都是有活性的。一旦 ES 细胞开始分化，一条就会停止表达 Tsix。这将引起 X 染色体上 Xsit 的表达，并导致 X 染色体失活。

Tsix 自己可能不足以保持 *Xsit* 的抑制。在 ES 细胞中，被称为 Oct4、Sox2 和 Nanog 的蛋白质结合在 *Xsit* 的第一个内含子上，并抑制着它的表达。Oct4 和 Sox2 是山中伸弥将体细胞重新编程为多能性 iPS 细胞实验中四个因子中的两个。后续的实验证明 Nanog（根据永远年轻的凯尔特神话命名）也是一种重新编程因子。Oct4、Sox2 和 Nanog 在未分化的 ES 细胞中呈高表达状态，但在细胞开始分化时急剧降低。当这发生在分化中的雌性 ES 细胞时，Oct4、Sox2 和 Nanog 就不再与 *Xsit* 的内含子结合。这会移除一些 *Xsit* 表达的屏障。相反，当雌性体细胞被使用山中伸弥的办法进行重新编程时，失活的 X 染色体就会再次获得活性。失活的 X 染色体能重新获得活性的另外唯一一次机会就是在制造原始生殖细胞的时候，这就是为什么受精卵中有两条活性的 X 染色体。

我们对两条 X 染色体为什么没有同时失活还有一点糊涂。一个理论是这一切都是在两条 X 染色体亲吻时决定好了的。这发生在 *Tsix* 水平开始下降的发育节点上，与此同时山中的因子们也开始降低。该理论是这对染色体达成了某种协议。不是相关的 ncRNA 和其他因子相对的降低到什么程度，而是这些结合的分子全部转移到了其中的一条染色体上。并没有确切的证据来说明这是怎样发生的。可能是始于一条染色体偶然携带了比另一条多一点的某种关键因子吧。这致使它能吸引多一些的相关蛋白质。复合物能够自我维持，所以开始时拥有更多复合物的那条染色体就会吸引更多的蛋白质。从而，富者越富，穷者越穷……

很显然，在玛丽·里昂那开创性工作 50 年后的今天，仍然还有很多鸿沟横亘在我们理解 X 染色体失活机制的路上。我们甚至没有真正了解 *Xsit* RNA 是如何停止对产生它的染色体的覆盖工作的，或者它是如何募集所有这些抑制性表观遗传酶和修饰的。所以，也许我们应该从流沙中挣脱而回到坚实的地面上来了。

让我们回到本章前面说过的"一旦细胞关闭了一对 X 染色体中的一条，在这位女性的余生中，其所有的子代细胞中的该拷贝将永远不会开启，哪怕她活过 100 岁"。我们怎么知道的呢？我们怎么能如此肯定的说 X 染色体失活在体细胞中是稳定的呢？我们现在能够通过转基因动物，比如小鼠来进行确认。但是很久以前科学家就已经对这个问题相当肯定了。在这个问题上，我们要感谢的不是小鼠，而是猫。

从表观遗传猫那里学习

不是什么古董猫，就是普通的玳瑁猫。你可能知道如何鉴别一只经典的玳瑁猫。它是黑色和姜黄色条纹的混合体，有些则具有白色的底色。猫身上的每种毛色是由产生色素的黑色素细胞决定。黑色素细胞生长于皮肤，由特殊的干细胞发育而来。当黑色素细胞干细胞分裂时，子代细胞停留在相互靠近的位置，同一来源的细胞就形成了一片聚集区。

现在，就是见证奇迹的时刻了：如果一只猫的颜色是玳瑁纹的，它一定是雌的。

有一个基因通过编码黑色素或是黄色素来决定被毛的颜色。这个基因定位在 X 染色体上。一只玳瑁猫可能接受了来自它妈妈的 X 染色体上携带的黑色表型和来自于爸爸的 X 染色体上携带的黄色表型（或者反之）。图 9.5 展示了接下来发生的事情。

所以玳瑁猫身上的黄色条纹和黑色条纹取决于其黑色素干细胞中哪条 X 染色体被随机失活掉。该特征会在猫的一生中始终不变。这告诉我们 X 染色体失活在决定被毛颜色的细胞中保持不变。

我们知道有玳瑁纹的猫都是雌性，是因为决定被毛颜色的基因仅存在于 X 染色体上，而不是 Y 染色体。雄性猫只有一条 X 染色体，所以它要么是黑色，要么是黄色，不可能同时有两种颜色。

在人类中有一种罕见的疾病与之很近似，被称为 X 染色体连锁的少汗性外胚层发育不良（X – linked hypohidrotic ectodermal dysplasia）。该疾病是由 X 染色体上运载的一个叫做 *ectodysplasin – A* 的基因缺陷导致。具有该基因缺陷的男性因为只有唯一一条 X 染色体而会导致诸多症状，包括全身性的汗腺缺失。这可能听起来没什么大不了的，但其实非常危险。出汗是我们身体释放多余热量的主要方式，罹患该病的男性就有很高的风险会发生组织损伤或者中暑导致的死亡。

女性有两个拷贝的 *ectodysplasin – A* 基因，每条 X 染色体上一个拷贝。女性罹患 X 染色体连锁的少汗性外胚层发育不良的人中，一条 X 染色体上面有正常的该基因拷贝，而另一条是突变的。在不同细胞中，这两条 X 染色体会随机失活。这意味着一些细胞将会表达正常的 *ectodysplasin – A* 拷

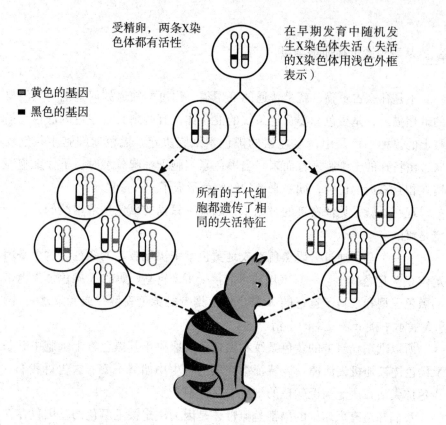

受精卵，两条X染色体都有活性

在早期发育中随机发生X染色体失活（失活的X染色体用浅色外框表示）

■ 黄色的基因
■ 黑色的基因

所有的子代细胞都遗传了相同的失活特征

图 9.5　在雌性玳瑁猫中，决定黄色和黑色毛发颜色的基因都存在
　　　　于 X 染色体上。决定于皮肤里哪种特征的 X 染色体失活，
　　　　细胞集落各自成长为具有黄色或者黑色毛发的特征。

贝。另一些被关闭了携带正常该基因拷贝的 X 染色体的细胞则无法表达
ectodysplasin－A 蛋白。因为皮肤发育是通过集落扩张的方式，就跟玳瑁猫
一样，这些女性会有一些皮肤的区域表达 ectodysplasin－A，而有些不表
达。没有 ectodysplasin－A 的地方，皮肤就不能形成汗腺。结果就是，这些
女性有些部位的皮肤能够出汗而散热，有些部位则不能。

　　随机 X 染色体失活能够显著地影响女性受 X 染色体上基因突变影响的
情况。这不仅取决于突变基因的类型，而且还依赖于表达和需要该基因编
码蛋白质的组织。有种叫做黏多糖 II（mucopolysaccharidosis II，MPSII）的
疾病是由 X 染色体上编码溶酶体艾杜糖醛酸－2－硫酸酯酶基因的突变引

起的。具有该突变病的男孩由于只有唯一的一条 X 染色体，所以只能承受某些大分子物质在细胞中积累直至到有毒的水平。主要症状包括呼吸道感染、身材矮小以及脾脏和肝脏肿大。严重的病例甚至出现精神发育迟滞，并可能会死于他们的青少年时期。

具有该基因突变的女性则往往很健康。艾杜糖醛酸 – 2 – 硫酸酯酶蛋白通常是被分泌到细胞外的，从而允许细胞从邻居那里获取。这样，X 染色体在某些细胞中的突变就不会引起特别大的麻烦了。对于每个将携带该基因正常表型 X 染色体失活的细胞而言，往往旁边的那个细胞就会失活另一条突变的 X 染色体而可以分泌该蛋白。这样的话，所有的细胞都能够获得艾杜糖醛酸 – 2 – 硫酸酯酶，不管是由谁制造的。

杜氏肌营养不良症（Duchenne muscular dystrophy）是由于 X 连锁的抗肌萎缩蛋白（dystrophin）基因的突变而引起的严重的肌肉萎缩病。这是一个编码巨大蛋白的大型基因，该蛋白的作用是作为肌肉纤维的重要减震器。该抗肌萎缩蛋白基因的突变往往会导致严重受损的肌肉出现，而患者通常导致在十几岁死亡。有相同突变的女性则经常是无症状的。其原因是，肌肉具有非同寻常的结构。它被称为合胞组织，这意味着大量的单个细胞会融合，并几乎像一个有很多独立细胞核的巨大细胞那样进行工作。这就是为什么大多数具有抗肌萎缩蛋白基因突变的女性是无症状的。因为有足够的将抗肌萎缩蛋白突变基因关闭掉的细胞能够表达正常的该蛋白，而保持这种合胞组织的健康运作。

也有一种偶然的情况，该系统会被打破。有一对女性同卵双胞胎，其中的一位患有严重的杜氏肌营养不良症，而另一位是健康的。在罹患疾病的那位双胞胎中，X 染色体失活变得不平衡。在组织分化早期，她的大多数生成肌肉组织的细胞，因为错误的原因关掉了携带抗肌萎缩蛋白基因正常拷贝的 X 染色体。因此，这个女人的大部分肌肉组织只表示抗肌萎缩蛋白的突变版本，从而出现严重的肌肉萎缩。这也算是一个随机表观遗传事件力量的极端证明。两个基因完全一致的个体，各自拥有两个相同的 X 染色体，却因为表观遗传平衡力量的改变而成为了完全不一样的表型。

然而有时候，重要的是单个细胞表达的蛋白量正确与否。你可能已经注意到，第 4 章的瑞特综合征仅仅会影响女孩。有人可能会假设男孩能通过某种方式来抵抗 MeCP2 突变的影响，但实际上情况正好相反。MeCP2 是由 X 染色体携带的，遗传了瑞特综合征突变基因的男性胚胎不可能正常表达 MeCP2 蛋白。在发育早期完全缺乏正常的 MeCP2 表达通常会致命，这就是为什么很少有男生是天生的瑞特综合征（因为基本上无法活着生出来）。而女性则有两个拷贝的 *MeCP2* 基因，每条 X 染色体上一个。在任何特定的细胞上，都有 50% 的机会灭活携带未突变 *MeCP2* 基因的 X 染色体，而导致该细胞不表达正常的 MeCP2 蛋白。虽然女性胚胎可以发育直至出生，但会因为神经元大量缺乏 MeCP2 蛋白质而导致出生后出现大脑发育和功能的异常，最终变成严重的疾病。

遗传革命 一个、两个、许多个

一些由 X 染色体引起的问题。我们需要回答的关于 X 染色体失活的问题之一就是，哺乳动物细胞计数的能力如何。2004 年纽约哥伦比亚大学的彼得·戈登（Peter Gordon）发表了他对巴西一个孤立部落，Piraha 部落的研究结果。这个部落的数字只有一和二。任何超过二的数字都用一个意思相当于"许多"的词来描述。是否我们的细胞一样只能数到二，还是可以数出超过二的数字？如果细胞核内包含两个以上的 X 染色体，X 染色体失活机制是否能够发现这个问题，并进行处理？各种研究表明，它可以。基本上，不管有多少条 X 染色体（或者严格地说是 X 染色体失活中心）存在于细胞核中，细胞都可以数出它们，然后灭活多个 X 染色体，直到具有活性的只剩一条为止。

这就是为什么跟常染色体异常的发生频率相比，X 染色体的数目异常在人类中相对频繁。最常见的例子示于表 9.1。

所有这些疾病的特征是都出现了不育症，部分原因是由于产生卵子或精子时出现问题，所以染色体保持成对的数目是非常重要的。如果性染色体数目不对，形成配子的过程就会出问题，导致很难有正常的配子产生。

撇开不育，我们还可以从这个表中得到两个明显的结论。第一个是，这些疾病的表型与，例如 21 三体（唐氏综合征）相比还是相对较轻的。这表明，细胞对具有过多 X 染色体的容忍程度比具有额外常染色体拷贝要高得多。但另一个明显的结论是，X 染色体数目异常确实对表型有一定的影响。

表 9.1　人类性染色体数量异常疾病常见主要特征总结

综合征名称	染色体核型 （染色体配置）	性别	发生率	常见症状
特纳氏	45，X	女性	1/2500	身材矮小，不孕，蹼颈，肾脏异常
X 三体	47，XXX	女性	1/1000	身材高达，不孕，面容异常，肌张力差
克氏	47，XXY	男性	1/1000	瘦高或矮胖体型，不孕，语言能力差

为什么会这样？毕竟，X 染色体失活能保证不管细胞里面有多少 X 染色体，只会在发育过程中保留一条有活性的。但是，如果是这样，那么"45，X"女性跟基因组一致的"47，XXX"女性和正常的"46，XX"女性相比在表型上应该没什么差异。类似的，具有"46，XY"染色体核型的男性跟基因组一致的"47，XXY"的男性也应该没什么区别才对。在所有这些情况下，应该只有一条有活性的 X 染色体才对。

对于这些染色体核型的人具有不同临床表现的一个解释是，也许 X 染色体失活在有些细胞里没那么有效，但这并不能解释这些现象。X 染色体失活是在发育的早期进行的，而且是所有表观遗传过程中最稳定的，所以我们需要另一个解释。

答案源于大约一亿五千万年前，就是 XY 性别决定系统在胎生哺乳动物中建立的时候。X 和 Y 染色体可能是常染色体的后代。Y 染色体发生了巨大的变化，X 染色体则变化不大。然而，它们的身上都还保留了常染色体的影子。在 X 和 Y 染色体上都有一些被称为假常染色体的区域。这些区域里面的基因在 X 和 Y 染色体中都有存在，就像常染色体里面那些配对存在的基因一样，遗传自父母双方。

当一条 X 染色体失活后，这些假常染色体区域则能逃过一劫。这意味着，跟大部分 X 连锁的基因不同，这些假常染色体区域的基因并没有被关闭。于是，正常细胞会表达两个拷贝的这些基因。正常细胞中会有两个拷贝的该基因表达，不管它们是来自女性的两条 X 染色体，还是来自男性的一条 X 染色体跟一条 Y 染色体。

但是，在特纳氏综合征（Turner's syndrome）中，患病的女性只有一条 X 染色体，所以她只能表达一个拷贝的假常染色体区域基因，只是正常水平的一半。在 X 三体中，与之相反，假常染色体区域的基因有三个拷贝。其结果是，该细胞将比正常情况多产生 50% 由这些基因编码的蛋白质。

X 染色体假常染色体区域中有一个基因叫做 *SHOX*。该基因突变的患者会导致身材矮小。这也可能是特纳氏综合征患者往往身材矮小的原因——他们无法在细胞中制造出足够的 SHOX 蛋白。相反，拥有三条 X 染色体的患者则会多制造出 50% 的 SHOX 蛋白，于是就往往变得身材高大。

并不是只有人类会出现性染色体三倍体的情况。也许有天当你信心十足的告诉你的朋友所有的玳瑁猫都是雌性的时候，你的朋友可能会反驳你说他家的玳瑁猫已经做过绝育手术，而且是个雄的。在这一点上，你可以得意地微笑着告诉他："这种情况下，它一定是染色体核型异常。它是个 XXY，而不是正常的 XY。"要是还觉得不过瘾的话，你还可以告诉他这只猫是不育的，根本不需要去挨一刀。这会让对方哑口无言。

第 10 章　信使不代表全部

"僵于教条的科学只有死路一条。"
——托马斯·亨利·赫胥黎（Thomas Henry Huxley）

对科学哲学最有影响力的书之一是托马斯·库恩（Thomas Kuhn）于 1962 年出版的《科学革命的结构》（*The Structure of Scientific Revolutions*）。库恩在书中有一个论断就是科学不会按照一条有规律的、线性的而又礼貌的道路前行，而且在这条道路上所有的新发现都不会被歧视。相反，在某个领域一定会有一个在当时非常流行的理论存在。当新的数据与之有冲突的时候，这个理论不会马上倒台。它会做出一些调整，而科学家们仍然会在很长的一段时间内坚信这理论，直至有不可动摇的证据来推翻它。

我们可以把理论想象成一个棚子，而新的与之有冲突的数据则是置于棚顶的奇形怪状的一些瓦砾。现在，我们的棚子能在这些瓦砾的压力下坚持相当长的一段时间，但最终会有一天，这个棚子会被无数瓦砾压垮。在科学上，当一个新的理论发展时，那些棚顶的瓦砾将成为这个新理论的基石。

库恩把这种推倒重建的过程称为模式转换，而该描述已被全世界的媒体宣传成陈词滥调了。这种模式转换不会单纯地基于纯粹的理性。它涉及到在当时的旧理论拥护者的情感和社会的因素。在托马斯·库恩的书出版前很多年，1918 年诺贝尔物理学奖得主，伟大的德国科学家马克斯·普朗克（Max Planck），把这个表达得比较简洁。他写道："科学理论不会因为旧科学家改变他们的想法而改变；它们只会因为旧科学家的死亡而改变。"

我们现在正处于生物学模式转变之中。

1965 年，诺贝尔生理学和医学奖被授予了弗朗索瓦·雅各布

（François Jacob）、安德烈·雷沃夫（André Lwoff）和雅克·莫诺（Jacques Monod），因为"他们有关的酶和病毒合成的遗传控制的发现"。在他们的工作中包括了信使 RNA（mRNA）的发现，我们在第 3 章中提到过。mRNA 是种相对短命的分子，它作为中间模板将我们染色体 DNA 上的信息传递用于蛋白质的合成。

多年以来，我们都知道我们的细胞里有一些其他种类的 RNA，比如转运 RNA（tRNA）和核糖体 RNA（rRNA）。tRNA 是一种能在一端携带特定氨基酸的小分子。当一条 mRNA 分子被翻译成蛋白时，一个 tRNA 就会将自己携带的氨基酸运送到正在合成的蛋白链的正确位置上。这个过程发生在细胞质内被称为核糖体的巨大分子复合物中。核糖体 RNA 就是核糖体的主要组成之一，它就像个巨大的脚手架一样把各种其他 RNA 和蛋白分子固定到位。到目前为止，RNA 的世界看起来很简单。这里只有结构性 RNA（tRNA 和 rRNA）和信使 RNA。

几十年中，生物学领域的明星们始终是 DNA（用于编码）和蛋白（有功能的分子）。RNA 只是一个相对无趣的中间分子，作用是将信息从蓝图运送到工厂的工人手里。

每个从事分子生物学的人都认同蛋白是非常重要的。它们负担着让生命成为可能的各种功能。因此，能够编码蛋白的基因也是很重要的。编码蛋白的基因上的一些小小改变都会导致灾难性的后果，例如导致血友病和囊性纤维化病的突变。

但科学界的这种世界观已经潜在地有点狭隘了。事实上，蛋白以及编码蛋白的基因，确实是非常重要的，但这不意味着基因组中其他的一切都不重要了。然而，这是目前已应用了几十年的理论。但有趣的是，我们多年来获得的数据表明，蛋白不可能是故事的全部。

遗传革命 为什么我们不扔掉我们的垃圾

科学家们已经意识到蓝图在被送到工人手里之前是被细胞编辑过的。原因就是内含子，我们在第 3 章提到过。它们被从 DNA 拷贝到 mRNA，但随即就在核糖体把信息翻译成蛋白序列之前被剪切掉了。内含子在 1975 年首先被确认，正因为内含子的发现，理查德·罗伯特（Richard Roberts）

和菲利普·夏普（Phillip Sharp）获得了 1993 年的诺贝尔奖。

回到 20 世纪 70 年代，科学家们对单细胞生物和复杂生物，比如人类，进行了比较。相对于生命类型的巨大差异，它们细胞中的 DNA 量看起来惊人的类似。这意味着一些基因组里面一定包含了很多事实上没什么用的 DNA，这些被称之为"垃圾 DNA"——因为不编码蛋白而没有任何用处的染色体序列。大概也在那个时间段，很多实验室发现大量的哺乳动物基因组包含着不断重复的 DNA 序列，而它们不编码蛋白（重复 DNA）。因为它们不编码蛋白，于是就被认定为对细胞功能没有任何贡献。它们似乎仅在自娱自乐。弗朗西斯·克里克等人创造了"自私 DNA"这个词来形容这些区域。它们有两种类型，"垃圾 DNA"和"自私 DNA"，一直被兴高采烈地描述为"基因组里面主要由遗传流浪汉和进化碎片组成的群体"。

我们人类很神奇，我们有亿万个细胞、数百种细胞类型以及各种各样的组织和器官。让我们将自己（也许带着一点小骄傲）跟一个远房亲戚比较一下，它是一种很小的蠕虫，学名叫秀丽隐杆线虫（*Caenorhabditis elegans*）。秀丽隐杆线虫大概只有 1 毫米长且生活在土壤中。它拥有很多跟高级动物一样的器官，比如胃肠道、嘴和生殖器。然而，它只有 1 000 个左右的细胞。正因如此，科学家可以在秀丽隐杆线虫发育过程中跟踪每一个细胞的成长。

这个小蠕虫是非常好的实验工具，因为它为细胞和组织的发育提供了一个路线图。科学家们能够先改变一个基因的表达，然后非常精确观察到这对正常发育的影响。事实上，正是因为秀丽隐杆线虫为发育生物学突破奠定了基础，2002 年诺贝尔委员会将生理学和医学奖颁给了悉尼·布雷（Sydney Brenner）、罗伯特·霍维茨（Robert Horvitz）和约翰·苏尔斯顿（John Sulston），以表彰他们对研究该生物所作出的贡献。

我们不能怀疑秀丽隐杆线虫的用处，但它显然不像我们自己那么复杂。为什么我们会这么复杂？考虑到蛋白在细胞功能方面的重要性，首先的假设就是复杂生物（如哺乳动物）较简单的生物（如秀丽隐杆线虫）具有更多的编码蛋白的基因。这是一个非常合理的假设，但它已经犯下了托马斯·亨利·赫胥黎（Thomas Henry Huxley）所描述过的错误。赫胥黎是达尔文理论在 19 世纪最伟大的发扬者，他首先描述了"一个美丽的假设，杀害了一个丑陋的事实"。

随着 DNA 测序技术变得越来越便宜而且更高效，全世界大量的实验室对不同物种进行了测序。他们能够使用各种软件对不同基因组中相似的蛋白编码基因进行比对。他们得到的结果着实令人吃惊。得到人类基因组的测序结果前，科学家预计应该有差不多 100 000 个基因。我们现在知道真实的数字在 20 000 到 25 000 之间。更有趣的是，秀丽隐杆线虫的基因数是 20 200 个，跟我们的差距非常小。

我们跟秀丽隐杆线虫之间不仅是类似的基因数目，而且这些基因似乎都编码了类似的蛋白质。如果分析人类细胞中一个基因的序列，我们也能在线虫那里找到一个大体类似的基因序列。所以蠕虫和人类表型的差异并不是因为我们这个物种拥有更多的，不同的或"更好的"基因。

诚然，复杂生物往往比简单生物有更多的途径来拼接它们的基因。我们再用第 3 章提过的 CARDIGAN 来举例。秀丽隐杆线虫可能只能制造 DIG 和 DAN 蛋白，而哺乳动物除了两种蛋白质外，还能得到 CARD、RIGA、CAIN 和 CARDIGAN。

这确实可以让人类比 1 毫米长的蠕虫产生更多的不同蛋白，但这也带来了一个新问题。复杂的生物如何调节他们那更加复杂的剪切特征呢？这种调节，理论上可仅靠蛋白来完成，但这反过来又造成了困难。在复杂网络中，细胞需要调控的蛋白越多，就需要越多的蛋白来进行这个调控。数学模型显示这很快就导致了一种级联放大效应，而我们需要的蛋白数量在现实中根本无法实现，显然这是不可能的。

我们有其他的替代方案吗？我们确实有，你们在图 10.1 可以看到。

在示意图的一端是细菌。细菌拥有非常小且高度压缩的基因组。它们的编码蛋白基因大概有 4 000 000 个碱基对，占基因组总量的 90%。细菌是非常简单的生命体而对基因的表达控制得非常严格。但当我们顺着进化树往上看的时候，情况就不一样了。

秀丽隐杆线虫编码蛋白的基因大概有 24 000 000 个碱基对，但这仅占了它们基因组的 25%。剩下的 75% 没有编码蛋白。我们来看看人类，编码蛋白的基因大概有 32 000 000 个碱基对，但在人类基因组中这只占 2%。我们有很多办法来统计编码蛋白的区域，但得到的结果都差不多。大概 98% 的人类基因组并不为编码蛋白而存在。似乎我们的基因组中除了那 2% 以外都是"垃圾"。

换句话说，基因的数量，或者这些基因的大小都不是衡量复杂性的指标。基因组里，随着生物复杂性而增加的特征竟然是不编码蛋白的那

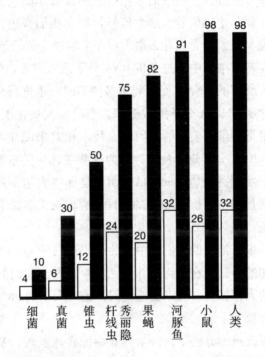

□　基因组内编码蛋白的碱基对数量（百万个）

■　基因组内不编码蛋白的碱基对的百分比

图 10.1　本图描述了在复杂生命体中，相对于基因组中编码
蛋白的碱基对数量（白柱），不编码蛋白碱基的百
分比（黑柱）更具有区别于简单生物的意义。

部分。

语言的暴政

　　所以，基因组里面这些非编码区是干什么的，为什么它们如此重要
呢？现在我们开始认识到语言和术语对我们思维的具有巨大影响。这些区
域被称为非编码区，但我们想要表达的意思是它们不编码蛋白。这跟什么
都不编码是不同的概念。

有条著名的科学谚语：没有证明（absence of evidence）跟证明没有（evidence of absence）是不同的。举例来说，在天文学中，当科学家们发明出红外线望远镜后，他们就能够检测到成千上万个以前从来没见过的星星。这些星星一直都在，但我们只用特定的仪器才能检测到。还有更贴近生活的例子，就是手机信号。这个信号始终在我们旁边，但我们很难察觉到。换句话说，我们能看到什么很大程度上取决于我们怎样去看。

科学家在特定细胞中通过分析 RNA 分子来鉴定表达的基因。具体方式是提取细胞中所有的 RNA，而后利用多种不同技术进行分析，这样就可以建立一个包含所有 RNA 分子的数据库。当研究人员在上世纪 80 年代首次开始检测特定类型细胞表达的基因时，技术相对来说并不敏感。它们也被设计成仅对 mRNA 分子进行检测，因为这些被认为是重要的部分。这些方法往往更利于发现高表达的 mRNA，而不是那些表达不那么多的序列。另一种混杂因素是用于分析 mRNA 的软件，它们被设置成会忽略那些由重复序列，也就是"垃圾"DNA，产生的信号。

这些技术很好地帮助我们对中意的编码蛋白的 mRNA 进行了分析。但如同我们所知的，这些在基因组中只占 2%。现在我们的新检测技术结合计算能力上的大幅提升，可以支持我们开始对剩下的 98%，基因组的非编码部分，进行探索了。

通过这些改进的方法学，科学界开始惊喜地发现，基因组里那些不编码蛋白的部分确实也在进行着大量转录。刚开始的时候这被误会成是"转录噪音"。也就是基因组表达时出现的基线杂音，可能是 DNA 的某些区域偶然产生了能够被检测出来的 RNA 分子造成的。虽然我们可以利用新的、更灵敏的仪器检测到这些分子，但它们不具备真正的生物学意义。

"转录噪音"这个词表达的是一种基础的随机发生事件。但是，这些不编码蛋白的 RNA 的表达特征在不同的细胞种属中大相径庭，这意味着它们的转录可不是随机出现的那么简单。例如，在大脑中有很多种类型的表达。现在我们知道这些表达在大脑的不同区域中各有特色。该表达在大脑不同区域之间的多样性在不同的个体中都能看到。如果这些低水平的 RNA转录是简单随机发生的，又怎么会出现不同呢？

我们逐渐意识到这些不编码蛋白的基因表达事实上在细胞功能中有非常重要的作用。然而可笑的是，我们现在仍然被自己制造的陷阱所局限。这些区域产生的 RNA，之前被我们的雷达忽略的 RNA，现在仍被称为非编码 RNA（ncRNA）。这绝对是不合理的，因为我们本来的意思应该是非编码蛋白的 RNA。ncRNA 事实上确实编码了些什么东西——它进行自我拷贝，本身就是有功能的分子。跟成熟 mRNA 的终点是蛋白不一样，ncRNA 的目标就是它们自己。

革遗命传 重新定义垃圾

这是观念的转变。分子生物学和遗传学对蛋白和编码蛋白的基因的钻研至少持续了 40 年。出现过例外，但我们仅把这些例外当成棚顶的瓦砾处理而已。但是现在，非编码 RNA 终于开始作为有功能的分子在蛋白旁边站稳了脚跟。与之不同但相互平等。

这些非编码 RNA 遍布基因组中。有些来自于内含子，最初人们认为从 mRNA 上剪切掉的来自内含子的片段会被细胞分解掉。现在看来更大可能的是，至少一些（如果不是全部的或大部分）作为功能性的 ncRNA 在确实各自的领域发挥着自己的作用。另外有些重叠基因，往往是从蛋白编码 mRNA 的反义链上转录而来的。然而，还有一些是从根本不编码蛋白的区域上产生的。

我们在上一章遇到过两个 ncRNA。就是 X 染色体失活必需的 ncRNA：*Xsit* 和 *Tsix*。它们都是非常长的 ncRNA，大概有几百万个碱基那么长。*Xsit* 是第二个被鉴定出的 ncRNA。目前估计在高等哺乳动物细胞里大概有成千上万个 ncRNA，已经报道了超过 30 000 个的"长"ncRNA（长度超过 200 个碱基）。长链 ncRNA 也许数目比编码蛋白的 mRNA 还要多。

除了 X 染色体失活，长链 ncRNA 还在印迹中起重要作用。许多印迹区域都包含有编码长链 ncRNA 的片段，而它能将周围的基因沉默掉。该作用类似于 *Xist*。表达长链 ncRNA 的染色体拷贝上的编码蛋白的 mRNA 被沉默。例如，有一种 ncRNA 被称为 *Air*，在胎盘表达，且仅存在于父系来源的小鼠第 11 号染色体上。*Air* ncRNA 的表达能够抑制邻近的 *Igf2r* 基因，但作用仅局限于该染色体上。该机制保证了表达的 *Igf2r* 基因仅能源自母系遗传。

Air ncRNA 为科学家认识长链 ncRNA 如何抑制基因的表达提供了重要参考。ncRNA 在印迹基因的局部滞留，并像磁铁一样将一种被称为 G9a 的

表观遗传蛋白吸引过去。G9a 将抑制性标记置于该区域 DNA 的组蛋白 H3 上。这种组蛋白修饰创建了一种抑制染色体的环境，并关闭了基因。

这些成果对于探明表观遗传学中令人迷惑的问题大有裨益。比如放上或者移除表观遗传标记的组蛋白修饰酶是如何定位到基因组特定区域的？组蛋白修饰酶不能直接识别出特定的 DNA 序列，那么它们是如何找到基因组上正确位置的？

不同细胞类型中的组蛋白修饰特征不尽相同，才能准确调节基因表达。例如，一种叫做 AZH2 的酶能将组蛋白 H3 上 27 位赖氨酸甲基化，但在不同的细胞类型中其在组蛋白 H3 上的靶点并不相同。简单地说，在白细胞中它可以将 A 基因上的组蛋白 H3 甲基化，但是在神经元则不能。或者，它能将神经元中 B 基因上的组蛋白 H3 甲基化，而在白细胞中不行。两种细胞中的酶是一样的，但瞄向了不同的靶点。

有证据证明，这些表观遗传修饰靶点中至少有部分跟长链 ncRNA 有交互作用。珍妮·李的团队已经发现长链 ncRNA 能与一个蛋白复合体结合。这个复合体被称为 PRC2，且会导致抑制性组蛋白修饰。PRC2 由很多蛋白组成，而其中能够与长链 ncRNA 相互作用的蛋白之一就是 EZH2。研究者发现在小鼠的胚胎干细胞中，PR2C 复合体能够与数千种不同的长链 ncRNA 相结合。长链 ncRNA 的作用相当于诱饵。它们会停留在产生它们基因组的特定区域上，并随后吸引抑制性酶以关闭基因表达。而成功钓上抑制性酶复合体的关键就在于 EZH2 这类蛋白能够结合 RNA。

科学家喜欢建立理论，而在某些方面围绕 ncRNA 正在建立一个不错的理论。看起来像是它们结合在被转录出来的区域上，且将同一条染色体上的基因表达进行抑制。但，如果我们回到本章开始时候的那个比喻，我们不得不说，我们显然已经搭建了一个漂亮的小棚子，并在它顶上也放了不少瓦砾。

有一个奇妙的基因家族，被称为 *HOX* 基因。它们在果蝇中的突变会导致不可思议的表型出现，比如从头上长出腿之类现象。有一个被称为 *HOTAIR* 的长链 ncRNA，它调控了一个被称为 *HOX－D* 的基因群。如同珍妮·李研究的长链 ncRNA 一样，*HOTAIR* 与 PRC2 复合体结合并将一个染色体区域进行抑制性组蛋白修饰。但是 *HOTAIR* 并不是从 12 号染色体上的 *HOX－D* 区域转录出来的。相反，它是由 2 号染色体上一个被称为 *HOX－C* 的基因簇编码的。没人知道为什么 *HOTAIR* 会跟 HOX－D 结合。

就算对已经研究得比较透彻的长链 ncRNA——*Xsit* 而言，还有一些未知的谜团。*Xsit* ncRNA 几乎铺满了失活的 X 染色体，但我们并不知道它是怎样做到的。一般说来，染色体不会被 RNA 分子给"憋死"。没有任何证据表明为什么 *Xsit* RNA 会以此方式结合，但是我们知道这跟染色体的序列无关。上一章的实验显示的 *Xsit* 可以将一条具有 X 染色体失活中心的常染色体失活，证实 *Xsit* 应该是一直在染色体上旅行。科学家们对这些研究了很久的 ncRNA 的基本特征仍是一头雾水。

还有一件令人吃惊的事情。直到最近，我们认为所有的长链 ncRNA 都应该是抑制基因表达的。2010 年，费城威斯塔研究所的拉曼·希尔克哈塔（Ramin Shiekhattar）教授在不同人类细胞中鉴定出了超过 3 000 个长链 ncRNA。这些长链 ncRNA 在不同类型的人类细胞中具有各自的表达特色，

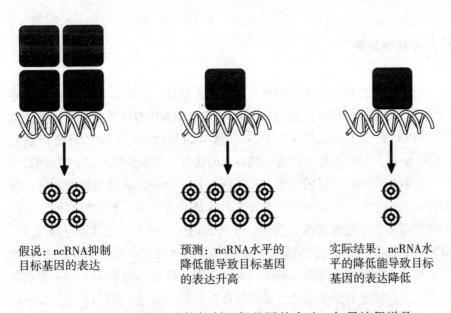

假说：ncRNA抑制目标基因的表达　　预测：ncRNA水平的降低能导致目标基因的表达升高　　实际结果：ncRNA水平的降低能导致目标基因的表达降低

图 10.2　ncRNA 被认为能抑制目标基因的表达。如果该假说是正确的，那么特定 ncRNA 表达的降低应该通过抑制能力的减少而引起目标基因表达的增加，如中间图所示。但，现在很清楚，许多 ncRNA 事实上促进了目标基因的表达。因为如右侧图所示，降低某个 ncRNA 的表达会导致靶基因表达的减少。

说明它们是有特定功能的。为探讨其功能，希尔克哈塔教授和同事对这些长链 ncRNA 中一小部分进行了鉴定。他们使用了稳定的基因敲除平台对所检测 ncRNA 进行敲除，并观察了它们周围基因的表达变化情况。预期的结果和实际的结果在图 10.2 中进行了展示。

在受检的 12 个 ncRNA 中，科学家们发现 7 个出现了右边的结果。这与预期是截然相反的，因为这些结果意味着有 50% 左右的长链 ncRNA 不但没有抑制周围的基因表达，反而还起到了促进作用。

而该论文的作者简洁地说，"我们的 ncRNA 促进基因表达的确切机制尚不明确。"这个说法无可辩驳。其最大的优点就是它清楚地表明，我们目前对此根本一无所知。拉曼·希尔克哈塔的工作令人信服的表明我们对长链 ncRNA 还知之甚少，我们还是不要太快下结论。

革遗
命传 **小的也很美**

我们习惯性地认为大小很重要而且越大越好。长链 ncRNA 显然在细胞功能中具有重要作用，但有另一种 ncRNA 在细胞中有同等重要的地位。这类 ncRNA 很小（一般是 20 到 24 个碱基的长度），而且它们的靶点是 mRNA 分子。它们最先是在我们最喜欢的蠕虫，秀丽隐杆线虫上发现的。

如我们之前讨论过的，秀丽隐杆线虫是一个非常有用的模型系统，原因是我们对它每一个细胞的正常发育过程都非常清楚。不同阶段的时长和顺序需要非常严格地调控。其中一个关键因子就是被称为 LIN – 14 蛋白。*LIN* – 14 基因在胚胎的极早期呈高表达状态（生成很多 LIN – 14 蛋白），而在从幼虫 1 期转变成幼虫 2 期的时候呈低表达状态。如果 LIN – 14 蛋白存在太久，虫体会开始重复进行早期发育的阶段。如果 LIN – 14 蛋白很早就消失，幼虫会过早进入晚期发育。不管哪一种异常，都会导致虫体发育紊乱，而使正常成虫结构不能发育。

1993 年，两个独立的实验室分别展示了 *LIN* – 14 的表达是如何被调控的。出人意料的是，关键因素竟然是结合在 *LIN* – 14 基因上的一个小 ncRNA。如图 10.3 所示。这是一个转录后沉默的例子，意思是成功生成了 mRNA 但没有被翻译成蛋白。这个基因表达的调控途径与长链 ncRNA 截然不同。

　　该工作的重要性在于他们提出了一个调控基因表达的全新模式。我们现在知道小 ncRNA 对基因表达的调控从植物到动物都存在。有相当多不同种类的小 ncRNA，这里我们主要关注小 RNA（miRNA）。

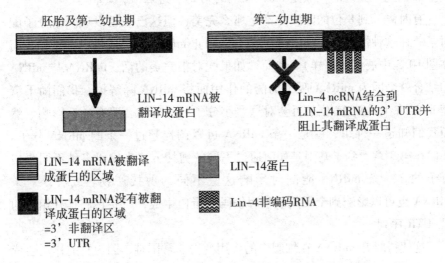

图 10.3　本图描述了小 RNA（miRNA）的表达如何在发育的不同阶段对目标基因的表达进行调控。

　　在哺乳动物细胞中有至少 1 000 种不同的 miRNA 被鉴定出来。miRNA 的长度一般是 21 个核苷酸（碱基）（有时长点，有时短点），其中绝大部分都作为基因表达的转录后调控因子。它们不抑制 mRNA 的生成，而是调节 mRNA 的行为。一般来说，它们通过与 mRNA 分子的 3'非翻译区（3'UTR）结合来实现其功能。该区域如图 10.3 所示。它位于成熟的 mRNA 上，但并不编码任何氨基酸。

　　当基因组 DNA 被拷贝成为 mRNA 时，初始的产物因为包括了外显子（编码氨基酸）和内含子（不编码氨基酸）而一般会比较长。如我们在第 3 章提到过的，内含子会被通过剪切移除而形成一个编码蛋白的 mRNA。在 RNA 上的起始端（5'UTR）和结束端（3'UTR）会有不编码氨基酸的区域存在，但它们并没有像内含子一样被切掉。相反，这些非编码的区域会留在成熟 mRNA 上并作为调控序列存在。3'UTR 的特定功能之一就是结合调控分子，包括 miRNA。

　　miRNA 是如何与 mRNA 结合，而且结合后发生了什么呢？miRNA 与

mRNA 3'UTR 的结合仅限于它们彼此识别的情况下。机制是碱基配对，跟双链 DNA 中的差不多。G 结合 C，A 结合 U（在 RNA 中，T 被 U 取代了）。尽管 miRNA 一般有 21 个碱基，但它们并不一定要与 mRNA 上的序列全部匹配。关键的区域是 miRNA 上的第 2 个到第 8 个碱基。

有时候 2 到 8 位的匹配并不是那么完美，但这已经足以让两条分子配对了。在这种情况下，miRNA 的结合会阻止 mRNA 翻译成蛋白（正如我们在图 10.3 中展示的那样）。然而，如果配对很完美的话，miRNA 与 mRNA 的结合就会因为 miRNA 吸引的酶的作用而将 mRNA 降解掉。我们尚不清楚 miRNA 上 9 到 21 位是否会对这些小分子与目标结合等有什么影响。然而我们知道一件事，就是一条 miRNA 可以调控超过一条的 mRNA 分子。我们在第 3 章看到了基因是如何通过不同的剪切方式来编码多种不同蛋白分子的。一条 miRNA 能同时影响这些不同的剪接产物。或者，一条 miRNA 也可以影响到全无关系基因编码的蛋白生成，只要它们具有相似的 3'UTR 序列。

这使得解开 miRNA 在细胞中的作用变得非常困难，因为它的作用会依赖于不同的细胞类型和细胞里面其他基因（包括编码和不编码蛋白的基因）在某个时间点的表达情况。这对实验研究，以及对健康和疾病的研究都非常重要。例如，在具有异常染色体数目的情况下，就不仅仅是编码蛋白基因的数目出问题了。同时，ncRNA（不论大小）的生成也会出现失常。因为 miRNA 具有调节大量其他基因的特殊能力，扰乱 miRNA 拷贝的数目会产生很多后果。

革遗 回旋的余地
命传

98% 的人类基因组不编码蛋白质的事实表明，出现复杂的 ncRNA 调控机制是进化进行的巨大投资。有些作者甚至推测 ncRNA 就是支撑了人类最大的进化特色——我们的高级思维过程的遗传特征。

我们最近的亲属黑猩猩的基因组在 2005 年被破解。我们没有一个简单、直接的平均值图表来展示人类和黑猩猩的基因组有多么相近。事实上统计工作是很复杂的，因为你不得不对不同的基因组区域（例如重复区域和单拷贝蛋白编码基因区域）进行独立统计。然而，我们有两件事是可以确认的。第一是，人类和黑猩猩的蛋白惊人的类似。大概三分之一的蛋白在我们和黑猩猩之间是完全相同的，而剩下的也只相差一两个氨基酸而已。另一件事就是，我们基因组中都有 98% 是不编码蛋白的。这意味着两个物种都使用 ncRNA 来创建复杂的调控基因和蛋白表达的网络。但是，我们和黑猩猩之间还是有件事截然不同。就是 ncRNA 在两个物种中被处理的方式。

这依赖于一个被称为编辑的过程。看起来人类的细胞不打算将 ncRNA 放任自流。当一条 ncRNA 产生出来后，人类细胞使用各种机制来对它进行修饰。尤其是，它们经常将 A 碱基变成被称为 I 的肌苷。A 碱基能够跟 DNA 中的 T 和 RNA 中的 U 结合。但是 I 碱基能和 A、C 或者 G 结合。这会改变 ncRNA 能结合的序列。

我们人类，比其他物种更精细地对我们的 ncRNA 分子进行编辑，甚至到了令人发指的地步。没有任何一个我们的灵长类亲属做得像我们这么极致。我们的大脑里也存在这种复杂的编辑。这使得对 ncRNA 的编辑可能成为解释我们比其他灵长类亲戚更有智慧的可能机制之一，尽管我们跟它们分享了相当接近的 DNA 模板。

这也正是 ncRNA 的美妙之处。它们为器官们建立了一种相对安全的用于细胞调节的方式。进化应该很心仪这种方式，因为通过改变蛋白来改善功能的方式太危险了。蛋白，你知道的，就像是细胞里面的玛丽·波宾斯（Mary Poppins）[①] 一样。它们太完美了。

锤子们看起来都很相似。有的可能大点，有的可能小点，但它们的基本设计都一样，你很难可能设计出一个更好的锤子来了。蛋白也是这样。我们体内的蛋白已经存在了数十亿年。让我们来举个简单的例子。血红蛋白是红细胞里面一种在全身运输氧气的色素。它具有完美的功能，能从肺里结合氧气，并在组织需要的地方释放氧气。没人能在实验室里造出一种比天然血红蛋白更有效的替代版本。

不幸的是，想造出比天然血红蛋白更差的蛋白分子却是很容易的。事实上，这就是在镰状细胞病中发生的事情，因为突变而制造了很差的血红蛋白。对大多数蛋白来说都有类似的情况。所以，除非环境因素有翻天覆

---

① 译者注：玛丽·波宾斯（Mary Poppins），1964 年美国电影《欢乐满人间》里的仙女。该片获得当年奥斯卡金像奖 13 项提名并斩获 5 项，在美国家喻户晓。

地的改变，否则蛋白的变化会导致不良的后果。绝大多数蛋白已经非常完美了。

所以，进化如何来解决创造更复杂而精密的器官所面对的问题呢？基本上，它选择的是改变蛋白的调节，而不是蛋白本身。就是通过使用 ncRNA 分子的复杂网络来影响蛋白如何表达、何时表达以及表达多少——有证据证实事实确实如此。

miRNA 在控制细胞多能性和分化中具有重要作用。ES 细胞在改变其培养环境的时候就会分化成其他类型的细胞。当分化开始的时候，一件很重要的事情就是 ES 细胞会关闭那些用来保持制造更多 ES 细胞（自我更新）的基因表达通路。在这个关闭过程中，有一个很重要的 miRNA 家族，叫做 let-7。

Let-7 家族使用的方式之一就是下调 Lin28 蛋白的表达。这提示 Lin28 是一种重要的促多能性蛋白。所以，Lin28 能成为山中的因子之一也不足为奇了。体细胞中 Lin28 蛋白的过表达能提高它们重新编程为 iPS 细胞的概率。

相反地，这里有一些其他的 miRNA 家族能帮助 ES 细胞保持多能性和自我更新。与 let-7 不同，这些 miRNA 促进多能状态。在 ES 细胞中，关键的多能性因子，比如 Oct4 和 Sox2 就是结合到这些 miRNA 的启动子上，并激活它们表达的。当 ES 细胞开始分化时，这些因子从 miRNA 的启动子上脱落，并停止促进它们的表达。跟 Lin28 一样，这些 miRNA 也能改善体细胞到 iPS 细胞的重新编程。

当我们对干细胞和它们的分化细胞进行比较时，我们发现它们表达了不同的 mRNA 分子类型。这看起来很合理，因为干细胞和分化细胞表达了不同的蛋白。但是，有些 mRNA 分子能够在细胞里存留很长时间。这意味着，当干细胞开始分化时，会有一段时期中，细胞里存在很多干细胞 mRNA。令人开心的事，当这些干细胞开始分化时，它会开启一套新的 miRNA。它们会靶向残存的干细胞 mRNA，并促进其降解。这种对先前存在的 mRNA 的快速降解保证了细胞能尽可能快而不可逆的转入分化阶段。

这是一个重要的安全保障。细胞保持着不适当的干细胞特征并不是好事情——这会增加它踏入成为肿瘤歧途的概率。该机制在那些胚胎发育非常快的物种，比如果蝇和斑马鱼中，甚至更显著。在这些物种中，该机制保证了在受精的卵细胞向多功能合子转变过程中，卵子中原有的母系来源的 mRNA 能被迅速降解。

在原始生殖细胞形成中，miRNA 在所有印迹调控重要阶段都发挥作用。生成原始生殖细胞过程中有一个关键阶段，就是我们在第 8 章中提到过的 Blimp1 蛋白的激活。Blimp1 的表达受 Lin28 和 let-7 活性之间复杂的相互作用控制。Blimp1 也调节一种能甲基化组蛋白的酶，以及一类被称为 PIWI 蛋白的表达。PIWI 蛋白反过来结合另一类被称为 PIWI RNA 的小 ncRNA 群。PIWI ncRNA 群和蛋白并不在体细胞中有什么作用，但对生成雄性生殖细胞至关重要。PIWI 事实上就是来自 P 元素导致的弱小睾丸（P element-induced wimpy testis）的缩写。如果 PIWI ncRNA 和 PIWI 蛋白不能正确地相互作用，雄性后代的睾丸就不能正常形成。

我们正在发现越来越多的 ncRNA 和表观遗传学现象间相互作用的证据。还记得那个基因入侵者吗？反转录转座子，一般在生殖细胞中被甲基化以防其活化。PIWI 通路在针对该 DNA 甲基化中起作用。大量的表观遗传蛋白能够与 RNA 相互作用。非编码 RNA 与基因组的结合可能是表观遗传修饰在特定细胞中正确识别染色体结合区域的一般机制。

最近的研究认为 ncRNA 与获得性特征的拉马克遗传有关。举例来说，受精的小鼠卵细胞被注入靶向心脏生长关键基因的 miRNA。从这些卵子发育出的小鼠会患有一颗变大的心脏（心肌肥大），说明早期注射的 miRNA 扰乱了正常的发育过程。值得注意的是，这些小鼠的下一代也有很高的概率患有心肌肥大。这显然是因为 miRNA 的异常表达在这些小鼠产生精子的时候被重建。这些小鼠的 DNA 编码没有任何改变，所以这是一个明确的 miRNA 导致表观遗传传递的例子。

革命遗传 **墨菲定律（事情如果有变坏的可能，它总会发生）**

但如果 ncRNA 在细胞功能中如此重要，我们应该能找到一些由它们出现异常而引起的疾病才对。除了印迹或者 X 染色体失活等情况以外，难道不应该还有很多因为 ncRNA 产生或者表达缺陷导致的临床疾病吗？好的，是，也不是。因为这些 ncRNA 主要是通过网络进行运作的调控分子，所以会有丰富的补偿机制。技术上的问题是，我们常用的通过表型来观察蛋白突变的实验方法，并不能用于观察到如此细微的改变。

在小鼠神经元中有一种被称为 BC1 的小 ncRNA。当德国明斯特大学（University of Munster）的研究者删除掉这个 ncRNA 以后，小鼠看上去没什么问题。但，随后科学家们将这些突变小鼠从实验室环境转移到更贴近自然的环境中。在这种环境下，突变小鼠就显示出了与正常小鼠的差别。它们不愿去探索周围的环境并表现得很焦虑。如果它们一直被放在笼子里，我们永远不会知道 BC1 ncRNA 的缺失会导致如此显著的行为改变。显然，我们能看到什么，取决于我们怎样去看。

至少在一些例子上，ncRNA 在临床上的作用已经开始被关注。有一种绵羊的品系被称为特克赛尔（Texel），而对它们最好的描述就是笨重。众所周知特克赛尔羊肌肉发达，对于肉用动物来说确实是件好事。现在知道该品系的肌肉化，至少部分与一个跟特定基因 3' UTR 结合的 miRNA 的变化有关。该基因编码的蛋白质被称为肌肉抑制素，它通常会减慢肌肉的生长。这个单碱基改变的影响在图 10.4 中展示。为了清晰地表示，特克赛尔羊的最终体形有所夸张。

抽动—秽语综合征是一种神经发育障碍，患者会频繁地进行不自主抽搐的动作（抽动），在某些情况下，会伴随着不自主的咒骂。该疾病中两种不相关的症状与一个被称为 SLITRK1 基因的 3' UTR 上相同的单基因改变有关。SLITRK1 基因似乎是神经发育所必需的。患者该碱基的改变产生了能与被称为 miR-189 的小 ncRNA 结合的位点。这表明，在发育的关键点上，SLITRK1 基因的表达可能会因为这个新出现的结合而异常下调。这种改变只出现在抽动症的一些病例中，但这提出了一个诱人的假设，就是在其他患者中可能也会出现神经元基因与 miRNA 结合位点的误调节。

我们在本章前面部分提到过关于 ncRNA 在提升人类大脑复杂性和精密度方面可能具有重要作用的假设。如果是这样，我们也许能够预测大脑在 ncRNA 活性和功能失常的时候会受到较显著的影响。事实上，在抽动—秽语综合征的例子上，对此有所提示。

人类中有种被称为迪乔治综合征（DiGeorge syndrome）的疾病，患者22 号染色体里一个或者两个拷贝上的大概 3 000 000 个碱基的区域缺失了。该区域包含了至少 25 个基因，所以患者包括生殖泌尿、心血管和骨骼系统在内的多种不同器官系统受到影响也不足为奇。迪乔治综合征患者中，40% 患有癫痫，25% 的会发展成精神分裂症，轻度至中度智力障碍也很常见。300 万个碱基区域中包含的不同基因可能对该疾病不同方面的表现各

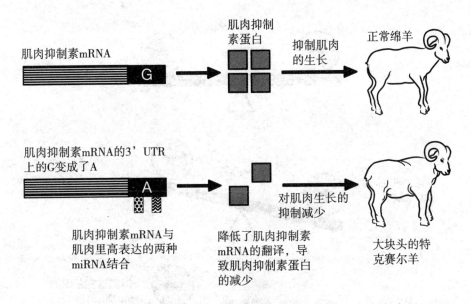

图 10.4　肌肉抑制素基因上非编码蛋白区域上的一个点突变导
　　　　致了特克赛尔羊惊人的表型改变。在肌肉抑制素
　　　　mRNA 上一个 G 被 A 替换，从而导致了两条特定
　　　　miRNA 的结合。这影响了肌肉抑制素的表达，并引起
　　　　羊身上非常显著的肌肉生长。

负其责。这些基因之一是 *DGCR*8，而 DGCR8 蛋白在正常 miRNA 的生产中
是非常必要的。已经建立了只有一个 *Dgcr*8 基因功能拷贝的转基因小鼠。
这些小鼠出现了认知障碍，尤其是在学习和空间处理方面。这为 miRNA 的
生成在神经功能方面有重要作用的理论提供了支持。

我们知道 ncRNA 在控制细胞多能性和分化中有重要作用。所以，也不
难联想到也许 miRNA 在肿瘤中也会有重要作用。肿瘤是一类细胞始终保持
增殖导致的疾病。这有点像干细胞。另外，通过显微镜观察肿瘤时，病变
细胞看起来往往都是相对未分化和混乱的。这与正常健康组织中完全分化
且秩序井然的细胞完全相反。现在有很强的证据可以证明 ncRNA 在肿瘤中
发挥了作用。该作用也许包括了特定 miRNA 的丢失或者其他 miRNA 的过
度表达，如图 10.5 所示。

慢性淋巴细胞性白血病是最常见的人类白血病。大概有 70% 的该病患

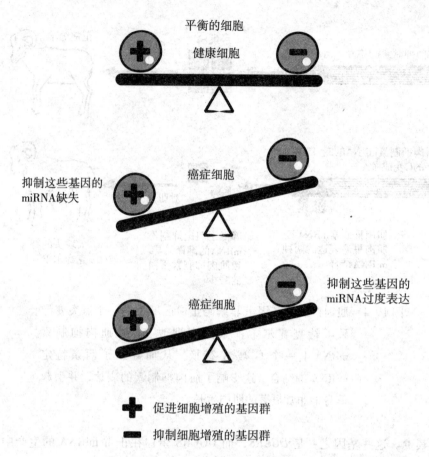

平衡的细胞

健康细胞

抑制这些基因的
miRNA缺失

癌症细胞

癌症细胞

抑制这些基因的
miRNA过度表达

+ 促进细胞增殖的基因群

- 抑制细胞增殖的基因群

图 10.5 某些类型 microRNA 的低水平，或者其他类型的高水
平，可能最终导致相同的结果。该结果也许会增高促
进细胞增殖的基因表达，而提高癌症发展概率。

者中缺失了被称为 $miR-15a$ 和 $miR-16-1$ 的 ncRNA。肿瘤是一种多阶段
的疾病，而且在一个细胞成为肿瘤之前需要很多环节都出错才行。事实
上，许多这种最常见的人类白血病患者中，这些 miRNA 的缺失一般发生在
该疾病发展的早期阶段。

另外一个关于 miRNA 在肿瘤中过表达的例子就是 $miR-17-92$ 群。该
群基因在大量的肿瘤中呈过表达状态。事实上，有大量的文献报告了肿瘤
中 miRNA 异常表达的情况。另外，有一种被称为 *TARBP2* 的基因在一些遗
传性肿瘤中是突变的。TARBP2 蛋白对正常 miRNA 生成有一定作用。这些

证据都进一步确定了 miRNA 在某些人类肿瘤发生和发展中的作用。

革遗命传 是希望，还是假设

随着越来越多的证据支持 miRNA 在肿瘤中的重要作用，科学家们自然而然地对使用这种分子来治疗肿瘤的可能性开始感兴趣。方案包括补充"缺失"的 miRNA 或者抑制过表达的那些。希望在于，我们可以对肿瘤病人进行 miRNA，或者人工合成类似物的治疗。这也可以使用在其他 miRNA 表达有异常的疾病之中。

大型制药公司理所当然的已经在该领域进行了大量工作。赛诺菲 - 安万特（Sanofi - Aventis）和葛兰素史克（GlaxoSmithKline）公司各自花了数百万美元与圣地亚哥的雷古拉斯治疗公司（Regulus Therapeutics）进行了合作。他们正在探索 miRNA 的替代品或抑制剂的开发，以用于从癌症到自体免疫疾病的治疗。

有一种与 miRNA 非常类似的分子叫做 siRNA（小干扰 RNA，small interfering RNA）。它们通过与 miRNA 一样的方式抑制基因的表达，尤其在降解 mRNA 方面。SiRNA 在实验室研究中已被广泛应用，因为它们能够将培养细胞中的特定基因为实验目的而关闭。在 2006 年，首先发明该技术的科学家，安德鲁·菲尔（Andrew Fire）和克雷格·梅洛（Craig Mello），获得了诺贝尔生理学或医学奖。

制药公司对于使用 siRNA 作为潜在新药非常感兴趣。理论上，siRNA 分子能够被用来抑制那些有害的蛋白质的表达。在菲尔和梅洛获得诺贝尔奖的同年，医药巨头默克（Merck）公司花费了超过十亿美元在加利福尼亚州建立了一家叫做西尔纳治疗公司（Sirna Therapeutics）的 siRNA 公司。

但在 2010 年，微凉的寒意开始向制药行业侵袭。瑞士罗氏（Roche）公司宣布已停止其 siRNA 项目，尽管他们已经花费了超过 5 亿美元和 3 年的时间。其他的邻居，瑞士诺华（Novartis）公司终止了与一家位于马萨诸塞州的叫做阿尔尼拉姆（Alnylam）公司的 siRNA 项目协作。尽管还有很多其他公司在坚守着这块阵地，但公平地说，该领域目前的处境确实大不如前。

使用这种新治疗手段面临的主要问题之一听起来似乎有点普通。核酸，包括 DNA 和 RNA，想要成功地成为药物很困难。大部分现有的药物——布洛芬、万艾可、抗组胺剂——都有些共同的特征。你可以吞下它们，它们会穿过你的消化道壁，在你的体内进行分布，而且不会被你的肝脏破坏得太快，它们被细胞摄取，从而在细胞里或者细胞上的分子中发挥作用。这些听起来都非常简单，但在开发新药过程中这些都是需要面临的最困难的事情。公司最少需要花费数千万美元才能达到这些，而且经常还要靠些运气。

而当你想利用核酸来做药物时，就更加麻烦了。部分原因是它们的大小。一般的 siRNA 分子比布洛芬一类的药物要大 50 倍以上。当制造药物时（尤其是用来口服而不是注射的），一般的原则是，越小越好。较大的药物意味着在患者体内更难达到需要的浓度，而且想在一段时间内保持有效浓度也更困难。这也许就是类似罗氏的公司会决定把钱投在其他更有效的领域的原因。这并不意味着 siRNA 就永远不能用于治疗疾病，这只是商业风险高低的问题。miRNA 也面临同样的问题，因为这两种 RNA 的分子太相似了。

幸运的是，通向罗马的道路不止一条，我们将会看到以表观遗传酶为靶点的药物已在临床上用于一些严重癌症患者了。

第 11 章　与内部的敌人战斗

"科学中预示着新发现的最令人振奋的话不是'我找到了!',而是'有趣的是……'"

——艾萨克·阿西莫夫（Isaac Asimov）

科学上有很多关于通过一个偶然事件导致了精彩突破的实例。可能最有名的例子就是亚历山大·弗莱明（Alexander Fleming）的发现，他观察到一种特定的霉菌偶然污染了一个实验培养皿，并杀死了生长在那里的细菌。就是这个巧合，导致了青霉素的发现和整个抗生素领域的发展。因为这显而易见的偶然发现的事件，数以百万计的生命得以被挽救。

亚历山大·弗莱明在 1945 年获得了诺贝尔生理学或医学奖，分享该奖项的还有改进了青霉素制造工艺以使得它能够用于治疗病人的恩斯特·柴恩（Ernst Chain）和霍华德·弗洛里（Howard Florey）。本章上面提到过的艾萨克·阿西莫夫的名言告诉我们亚历山大·弗莱明的成果并不是仅仅靠幸运就能达到的。他的成就绝非侥幸。我相信弗莱明的培养皿绝不是第一个被霉菌污染的。他的成绩在于认识到了有一些不同寻常的事情发生，并给予了关注。必要的知识和训练已经在弗莱明的脑子里为了这一刻准备了很久。他看到了可能很多其他人都曾经见过的事情，但做了别人没有进行过的思考。

即使我们能够接受巧合经常在研究起作用的事实，在科学过程中主要依靠的还是逻辑和秩序。在表观遗传学中也是这样。

表观遗传修饰控制着细胞的命运——因此让肝细胞保持自己的特色而不变成其他细胞。癌症破坏了对细胞命运的正常控制，从而让肝细胞不再是肝细胞而成为癌症细胞，提示癌症里面的表观遗传调控是异常的。我们因此应该针对这种表观遗传失调进行新药研发。这类药物可能会有助于治疗或者控制肿瘤。

这是一个干净整洁的过程，并且确实有道理。事实上，为了这个目的，全球制药业花了数以百万计的美元来研发表观遗传药物。但上面提到的简单明了的思维过程在抗癌药物的研发过程中就不那么好用了。

目前已经有通过抑制表观遗传酶活性而治疗癌症的药物被批准使用了。这些化合物在明确其作用靶点是表观遗传酶之前，就已经被证明能够有效对抗癌细胞。事实上，这些化合物的成功才确实激起了对表观遗传学治疗方法，以及对整个表观遗传学自身领域的兴趣。

偶然的表观遗传学家

回到上世纪 70 年代，一个名为彼得·琼斯（Peter Jones）的年轻南非科学家对一种叫做 5-阿扎胞苷的化合物展开了研究。人们已经知道该化合物有防癌作用，因为它可以阻止白血病细胞的分裂，并在儿童白血病患者测试结果中出现了积极的作用。

彼得·琼斯是目前公认的表观遗传学癌症治疗之父。高高瘦瘦、皮肤黝黑和厚厚的剪得很短的白发使他在任何会议中都能被轻易认出来。像许多本书中提到过的了不起的科学家一样，他在一个不断发展的领域研究了几十年。至今他仍然在努力探索着表观遗传基因组对健康的影响。目前，他正在积极致力于鉴定不同细胞类型中表观遗传修饰和疾病的关系。如今，他能够在技术上让他的团队分析从高度特异性和专用仪器上获得的数以百万计结果。但在上世纪 70 年代初，他利用的是令人难以置信的观察力和全面性做出了他的第一次突破——一个典型的因有准备的大脑而成功的例子。

40 年前，没人真正知道 5-阿扎胞苷的作用机制。它具有跟 DNA 和 RNA 链里面的碱基 C（胞嘧啶）非常相似的结构。人们推断 5-阿扎胞苷能够掺入 DNA 和 RNA 链中。此后，它就会干扰正常的 DNA 拷贝，以及 RNA 的转录或活性。白血病患者的癌细胞处于完全活化状态。它们需要合成大量蛋白质，也就意味着需要转录大量的 mRNA。另外它们的快速分裂也需要非常有效地复制 DNA。如果 5-阿扎胞苷能够干扰这些过程，它就应该能够抑制癌症细胞的增殖和分裂。

彼得·琼斯和他的同事当时在大量的哺乳动物细胞株里检验了5-阿扎胞苷的作用。使用从人类或者其他动物体内直接得到的细胞进行研究非常繁琐。甚至就算你能够让它们在实验条件下生长，它们也有可能在分裂几代以后停止生长并死亡。为了避免这种麻烦，彼得·琼斯利用细胞系进行研究。细胞系最初是从动物，包括人类中获得。但由于偶然或实验操作等因素，它们可以在培养基中无限生长，只要提供合适的营养、温度和环境条件。细胞系并不完全与体内细胞一样，但它们是有用的实验系统。

彼得·琼斯和他的同事们检测的细胞通常生长在一个平面的塑料瓶里。这看起来有点像威士忌或白兰地酒瓶的透明版本。哺乳动物细胞生长在培养瓶平坦的内表面上。它们形成排列紧密的单层细胞，但从来不生长在彼此头顶上。

一天早上，有人发现这些跟5-阿扎胞苷共培养了几周的细胞培养瓶里面出现了奇怪的块状结构。从肉眼来看，很像霉菌污染。一般说来，大部分人就会扔掉培养瓶，并在心里默默发誓下次操作的时候更小心一些，以防止再次污染。但彼得·琼斯做了与众不同的事。他仔细观察了这个块状物体并发现那根本不是霉菌污染。它是一大块融合到一起的拥有很多细胞核的细胞群。这些是小肌肉纤维，是我们在讨论 X 染色体失活的时候提到过的合胞体细胞。有时候它还会抽动一下。

事实上这非常奇怪。尽管该细胞株是从小鼠胚胎中得到的，但它从未形成过类似肌细胞一类的东西。它更倾向于形成上皮细胞——就是覆盖在我们大部分器官表面的细胞类型。彼得·琼斯的工作显示了5-阿扎胞苷能够改变这些胚胎细胞的潜力，迫使其成为肌细胞，而不是通常的上皮细胞。但为什么一种被认为是通过扰乱 DNA 和 mRNA 生成而杀死肿瘤细胞的化合物会具有这种作用呢？

彼得·琼斯将这项工作从南非带到了南加州大学。两年后，他和他的博士生雪莉·泰勒（Shirley Taylor）证明经5-阿扎胞苷处理过的该细胞系不仅能够形成肌肉，它们也可以生成其他细胞类型，包括脂肪细胞和软骨细胞。软骨细胞能够生成软骨蛋白质，使关节相结合的平面间能够光滑地相互移动。

这些数据证明5-阿扎胞苷不是一种特异性的肌细胞生成诱导因子。琼斯教授在他的文章中做了非常有先见之明的讨论，"5-阿扎胞苷……导致逆转到更多能的状态。"换句话说,这种物质把沃丁顿假想图里的球向上推动了一小段。而后这球又向谷底滚去,得到了不同的结局。

但到此为止仍没有理论能够解释5-阿扎胞苷具有此神奇作用的原因。彼得·琼斯本人讲述了转折点的所在,我们认为这是一个可爱的自嘲故事。他在南加州大学原来的职位任命是在儿科学,但他希望得到生物化学系的兼职任命。为获得这一兼职任命,他需要经过一个额外的面试,尽管他认为这毫无意义。彼得·琼斯在面试中描述了他对5-阿扎胞苷的研究情况,并解释说,没有人知道为什么该化合物能影响细胞的多能性。罗伯特·施特尔瓦根(Robert Stellwagen),另一位参与面试的同校科学家说,"你有没有想过DNA甲基化?"琼斯承认,他不仅没有想到,甚至都没有听说过DNA甲基化。

彼得·琼斯和雪莉·泰勒马上开始集中精力研究DNA甲基化,并很快得出结论,这就是5-阿扎胞苷作用的关键。5-阿扎胞苷能抑制DNA甲基化。彼得·琼斯和雪莉·泰勒制造了大量类似结构的化合物并检测了它们对细胞的影响。能够抑制DNA甲基化的结构也能够导致5-阿扎胞苷引起的那种表型的变化。而不能抑制DNA甲基化的也对表型没有影响。

甲基化的死胡同

胞嘧啶(碱基C)和5-阿扎胞苷在化学结构上非常近似。如图11.1所示,我们为简单起见仅标注了关键结构。

该图的上半部分与图4.1类似,展示了胞嘧啶能够被DNA甲基转移酶(DNMT1、DNMT3A或者DNMT3B)甲基化并形成5-甲基化胞嘧啶。而在5-阿扎胞苷中,氮原子(N)取代了通常被甲基化的碳原子(C)。DNA甲基转移酶无法将甲基添加到这个氮原子上。

回想一下第4章关于DNA甲基化区域的内容。细胞分裂时,DNA双螺旋的两条链分离并各自进行拷贝。但拷贝DNA的酶自己并不能拷贝DNA甲基化。结果就是形成的新的双螺旋里面一条有甲基化而另一条没有。被称为DNMT1的DNA甲基转移酶能够识别那条具有甲基化的DNA链并对那条空白链进行相应位点的甲基化。这样就能保持原始的DNA甲基化特征。

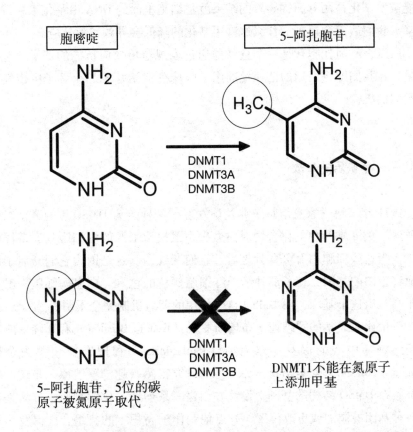

图 11.1　5-阿扎胞苷能够在细胞分裂前的 DNA 复制过程中被掺入
DNA。5-阿扎胞苷取代了胞嘧啶的位置，但是因为它上面
的氮原子取代了胞嘧啶相同位置上的碳原子，这个外源性
分子不能被 DNMT1 如图 4.1 中描述的那样被甲基化。

　　但如果细胞分裂时加入了 5-阿扎胞苷，这个异常的碱基就会被添加到
新拷贝生成的 DNA 链中。因为这个异常碱基用氮原子取代了碳原子，
DNMT1 酶就不能添加丢失的甲基基团。如果这种情况在细胞分裂中持续存
在，DNA 的甲基化就会逐渐消失。

　　在被 5-阿扎胞苷处理的分裂细胞中还有一些事情会发生。我们知道当
DNMT1 与含有被 5-阿扎胞苷取代正常碱基的 DNA 区域结合后，DNMT1 就
会被卡在那里。这个孤独的酶随后被送到细胞的其他地方处理掉。因此，
细胞里 DNMT1 酶的总量也会下降。结合 DNMT1 总量的降低和 5-阿扎胞苷

不能被甲基化这两方面，导致的结果就是细胞里面的 DNA 甲基化水平持续下降。我们后面会谈到为什么这种甲基化的降低会导致抗癌效应。

所以，5-阿扎胞苷是一个意外地通过表观遗传效应抗癌的例子。奇妙的是，在我们即将引用的已经批准用于临床癌症治疗第二个例子中也发生了类似的事情。

革遗命传 另一个快乐的事故

1971 年，科学家夏洛特·弗兰德发现了一种名为 DMSO（全名是二甲基亚砜）的非常简单的化合物对白血病小鼠模型来源的癌细胞具有奇怪的效果。当这些细胞用 DMSO 处理后，它们变红了。这是因为它们开启了制造血红蛋白的基因，就是那种给予红细胞颜色的色素。白血病细胞一般永远不会开启这个基因，而 DMSO 这个作用的背后机制完全不明了。

哥伦比亚大学的罗纳德·布瑞斯罗夫（Ronald Breslow）和斯隆－凯特琳纪念癌症中心的保罗·马克斯（Paul Marks）和理查德·里夫金德（Richard Rifkind）对夏洛特·弗兰德的研究很感兴趣。罗纳德·布瑞斯罗夫开始在 DMSO 结构的基础上设计并创建一系列新的化学物质，方法是进行各种基团的添加或更改位置，有点像制作乐高积木的新组合。保罗·马克斯和理查德·里夫金德则在不同的细胞模型上测试这些化学品。一些化合物具有跟 DMSO 不同的作用。它们能让细胞的生长停止。

经过从每个新的、更复杂的结构不断修正重复后，科学家找到了一个名为 SAHA（辛二酰苯胺异羟肟酸，suberoylanilide hydroxamic acid）的分子。该化合物能够真正有效地阻止肿瘤细胞株的生长或引起细胞死亡。然而，他们又花了两年才能够确定 SAHA 在细胞里干了什么。关键时刻发生在夏洛特·弗兰德突破性的文章出版超过 25 年后，当时保罗·马克斯团队里面的维多利亚·里雄读到了一篇日本东京大学研究团队发表在 1990 年的文件。

这个日本团队一直在研究一个叫做曲古柳菌素 A 或 TSA 的化合物。当时已经知道 TSA 能够阻止细胞增殖。日本团队的研究表明，TSA 能够改变肿瘤细胞系中组蛋白乙酰基修饰化的程度。组蛋白乙酰化是我们在第 4 章提到过的另一种表观遗传修饰方式。当细胞被 TSA 处理后，组蛋白乙酰化水平显著升高。这并不是因为该化合物能激活将组蛋白乙酰化的酶。而是因为 TSA 抑制了将乙酰基从组蛋白上移除酶。这些酶被称为组蛋白去乙酰化酶，或简称为 HDAC。

维多利亚·里雄将 TSA 与 SAHA 的结构进行了比对，如图 11.2 所示。

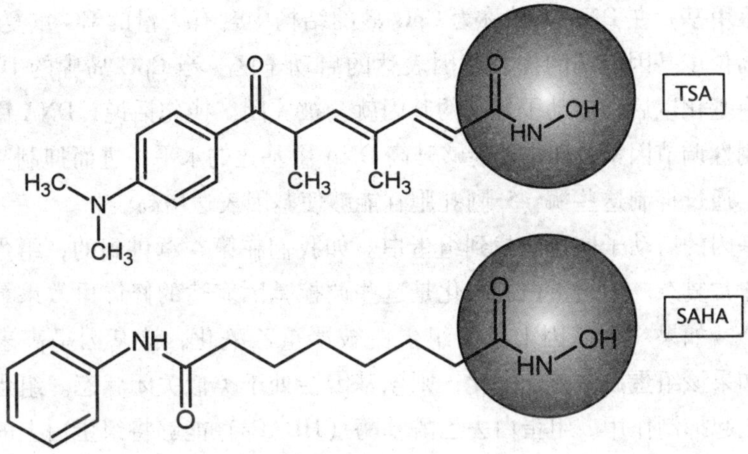

图 11.2　TSA 和 SAHA 的结构，被圈住的部分完全一致。C：
碳；H：氢；N：氮；O：氧。为简单化，一些碳原子
没有被用 C 标注出来，两条线的交叉处即为碳原子。

你不需要任何化学基础就可以看出 TSA 和 SAHA 的结构看上去非常相似，尤其是右手边的部分。维多利亚·里雄假设，跟 TSA 一样，SAHA 也是 HDAC 的抑制剂。1998 年，她和同事发表了一篇文章显示事实正是如此。SAHA 阻止了 HDAC 酶将乙酰基从组蛋白上移除的过程，从而导致，该组蛋白携带了大量的乙酰基团。

[革命遗传] **超越巧合**

所以，5-阿扎胞苷和 SAHA 都能降低肿瘤细胞的增殖，而且都能抑制表观遗传酶的活性。尽管我们可以很有把握地说表观遗传蛋白在肿瘤中很重要，但是也许我们直接跳到了结论上是不太合适的？也许这两种药物只是碰巧能够抑制表观遗传酶的活性而已。毕竟，这两种化合物的酶靶点是

截然不同的。5-阿扎胞苷抑制的是 DNMT1 酶，这是个将甲基基团加到 DNA 上去的酶。另一方面，SAHA 抑制了 HDAC 家族的酶，它们是移除组蛋白上乙酰基团的。表面上看，这两个过程大相径庭。也许，它两个都能抑制表观遗传酶只是巧合？

表观遗传学家坚信这绝不是巧合。DNA 甲基转移酶能够在胞嘧啶上添加一个甲基。在 DNA 上被称为 CpG 岛的结构中含有大量的 CG 重复序列。这些岛位于基因前端的控制基因表达的启动子区。当 CpG 岛中的 DNA 被严重甲基化以后，启动子控制的基因就会被关闭。换句话说，DNA 甲基化是抑制性调节因素。DNMT 能够升高 DNA 甲基化的水平，进而抑制基因的表达。通过抑制这些酶，5-阿扎胞苷能够使基因表达增高。

基因的启动子区也能找到组蛋白。如我们在第 4 章讲到的，组蛋白的修饰非常复杂。但组蛋白乙酰化是这些调控基因表达的修饰里效果最直接的一个。如果一个基因上游的组蛋白被严重乙酰化，该基因呈高表达状态。如果该组蛋白缺乏乙酰化，则该基因会处于类似关闭状态。组蛋白去乙酰化起抑制作用。组蛋白去乙酰基酶（HDACs）能够将组蛋白上的乙酰基基团移除，进而抑制基因的表达。通过 SAHA 抑制这些酶的活性，能够提高这些基因的表达。

所以，这是个相同的结果。我们这两个毫无关系但都能抑制癌症细胞生长并被批准临床使用的化合物，都能抑制表观遗传酶。并由此都能促进基因表达，而这，又引出了一个问题，就是为什么这样能治疗癌症。为了理解，我们需要一点肿瘤生物学的知识。

革遗 肿瘤生物学
命传

癌症是由异常而无法控制的细胞增殖引起的。一般情况下，我们身体细胞的分裂和增殖是有其正确节律的。这是由我们细胞里基因网络的复杂平衡调控实现的。有些基因促进细胞增殖。这些有时候被称为原癌基因。就是在前面章节里面的那个跷跷板示意图里标注了加号的那些。另一种基因则阻止细胞的过度增殖。这些基因被称为抑癌基因。它们在示意图里面标注的是负号。

不能简单地区分原癌基因和抑癌基因到底谁好谁坏。在健康细胞里，两类基因的表达呈平衡状态。一旦调节网络出现了问题，细胞的增殖就会出现失控。如果原癌基因过度活化，它会导致细胞向癌细胞靠拢。相反，如果抑癌基因失活了，它对细胞增殖的刹车作用就会消失。两种情形都会导致相同的结果——细胞会迅速增殖。

但是癌症并不是单纯的大量细胞的增殖而已。如果细胞分裂得太快，但它们都是正常细胞的话，它们会形成我们称之为良性肿瘤的结构。这也许会难看或者不舒服，但它们并不致命，除非长大到压迫实质器官并影响其功能的时候。恶性癌细胞并不仅仅是分裂频繁的问题，而且它们还是异常的细胞并能够入侵其他器官。

痣就是良性肿瘤。大肠内壁长出的很多突出物被称为息肉。痣和息肉本身都不危险。问题在于你长的痣和息肉越多，它们中能再前进一步的可能性就越大，从而变得异常并沿着成为癌症细胞的道路走下去。

这提示了一些很重要的事情，正如许多研究描述过的那样。癌症是一个多步骤的过程，每向前迈一步就会使细胞更靠近恶性肿瘤。这即使在有很强的家族遗传性肿瘤中也存在。其中一个例子就是绝经前乳腺癌，该病呈家族遗传。一个被称为 *BRCA*1 的基因突变后，如果遗传到女性，那么该女性会有很高的风险在很早就患有乳腺癌，而这很难治愈。但即使在这些女性中，也不是生来就有乳腺癌细胞的。在癌症发展前需要很多年，以募集其他缺陷共同作用。

所以，细胞在前往癌细胞的道路上需要聚集更多的缺陷。这些缺陷必须能够从母代细胞传递给子代细胞，否则在每次分裂的过程中就会丢失掉。在癌症发展过程中这些缺陷必须能够被遗传。所以，可以理解的是，在相当长的一段时间里，科学家们将精力集中在了鉴定肿瘤发展过程中哪些基因出现了突变。他们搜寻改变的目标是基因编码，那张基础的蓝图。他们尤其对肿瘤抑制基因感兴趣，因为在遗传的肿瘤疾病中这些基因往往都出现了突变。

人类每个抑癌基因都有两个拷贝，绝大多数位于常染色体上。当细胞开始癌化时，两个拷贝的抑癌基因常常都被关闭（失活）。在许多案例中，这是由于癌细胞中的该基因突变导致。这被称为体细胞突变——在正常生命过程中的某个时间点上发生在体细胞里面。称之为体细胞突变是为了与遗传突变进行区分，遗传突变是指从父母传递给孩子的突变。导致抑癌基因两条拷贝失活的突变有很多可能。有些是改变了氨基酸序列，所以基因再也不能产生有功能的蛋白。还有一些可能是在日益癌化的细胞中，染色体相关区域出现了缺失。在某个特定患者中，抑癌基因的一个拷贝可能会携带一个突变了的氨基酸序列，而另一条则可能已经遭受了微缺失。

非常清楚的是这些事件时有发生，而且相当频繁，但往往很难确定究竟是哪一个抑癌基因已经出现了变异。在过去的 15 年里，我们已经开始意识到，还有另一种方式可以将抑癌基因灭活。就是该基因可以通过表观遗传方式进行沉默。如果该抑癌基因启动子 DNA 被过度甲基化或组蛋白被抑制性修饰所覆盖的话，该基因就会被关闭。这个基因就能够在不改变基本蓝图的前提下被失活。

癌症表观遗传学前沿

大量的实验室已经确定了这种事情在癌症中确有发生。其中的第一个报告是关于肾透明细胞癌的。该类癌症发展的关键步骤是被称为 VHL 的抑癌基因失活。1994 年，来自位于巴尔的摩的约翰·霍普金斯医学院的由史蒂芬·贝林（Stephen Baylin）领导的课题组分析了 VHL 基因前面的 CpG 岛。19% 的透明细胞肾癌的样本中，CpG 岛上的 DNA 呈高甲基化。关闭该关键抑癌基因的表达，在这些患者的癌症发展中肯定有非常重要的作用。

启动子甲基化并不仅仅存在于 VHL 抑癌基因和肾癌之间。贝林教授和同事接着分析了乳腺癌中 BRCA1 抑癌基因的情况。他们分析的案例没有该疾病的家族遗传史，所以这些肿瘤不是由我们前面几段讨论的 BRCA1 基因突变引起的。这些乳腺癌病例中有 13% 的 BRCA1 的 CpG 岛被高度甲基化。DNA 甲基化在癌症更广泛的异常模式由休斯顿 MD 安德森癌症中心的让 - 皮埃尔·伊萨（Jean-Pierre Issa）进行了报道，他是史蒂芬·贝林的合作者。他们的合作工作结果显示，超过 20% 的结肠癌患者的许多不同基因同时具有启动子 DNA 的高水平甲基化。

后续的工作显示在肿瘤里面，DNA 甲基化不是唯一的变化。也有直接的证据证实组蛋白修饰也会导致抑癌基因的抑制。例如，在乳腺癌里面，与一种叫做 ARHI 的抑癌基因相关的组蛋白呈低水平乙酰化。类似的变化也出现在抑癌基因 PER1 与非小细胞肺癌之间。上面两个例子中，组蛋白乙酰化水平和抑癌基因的表达量之间具有一种联系——乙酰化水平越低，这些基因的表达越少。因为这些基因都是抑癌基因，它们的降低就意味着细胞很难找到刹住增殖脚步的办法。

对抑癌基因经常被表观遗传机制沉默的认识导致了该领域的极大兴奋，因为这可能成为治疗肿瘤的新途径。如果你能够将癌细胞里面的一个或多个抑癌基因重新启动，就可以控制那些细胞的疯狂增殖。失控的火车就可能不会那么快地冲出轨道。

当科学家认为抑癌基因的失活是由突变或者缺失导致的时候，我们没有什么好办法来让这个基因重获新生。想要把基因治疗带入临床使用还有很远的路要走。也许有一些证实基因治疗有效的例子，但并不具有什么确切的意义。人们一直努力地想把基因治疗这项技术使用在各种疾病中。但想把基因送到正确的细胞中并正确开启它们是非常困难的。即使能够做到这点，我们也会经常发现身体能处理掉这些额外的基因，使之丧失原有的功能。也有一些相对罕见的情况，即使基因治疗本身会导致癌症，因为它们可能具有刺激细胞增殖等预料之外的作用。科学界一直没有放弃基因治疗的希望，而某些条件下，这可能会被证明是正确的方法。但是，对于像癌症这种患者众多的疾病，价格过于昂贵而且困难重重。

这就是为什么研发表观遗传药物来治疗肿瘤能引起轰动的原因。根据定义，表观遗传改变并没有影响到 DNA 编码。如我们所见，有些病人是一个拷贝的抑癌基因被表观遗传酶沉默掉了。这些患者的正常抑癌基因蛋白的编码并没有因为突变而被破坏。所以，对他们来讲，通过正确的表观遗传药物就能逆转异常的 DNA 甲基化或者组蛋白乙酰化的特征。如果我们能做到这些，正常的抑癌基因机会被重新开启，并帮助癌症细胞再次回到我们的掌握中。

美国食品药品监督管理局已经批准了两个抑制 DNMT1 酶的药物作为抗癌药用于临床。它们是 5-阿扎胞苷（商品名维达扎，*Vidaza*）和紧密相关的 2-氮杂-5'-脱氧胞苷（商品名达珂，*Dacogen*）。还有两个 HDAC 抑制剂也被批准。一个是我们之前提到过的 SAHA（商品名容立莎，*Zolinza*），另一个是被称为罗米地辛的分子（商品名，*Istodax*），它的化学结构与 SAHA 完全不像，但也能抑制 HDAC 酶。

随着对 5-阿扎胞苷分子作用的成功解析，彼得·琼斯，以及史蒂芬·贝林和让-皮埃尔·伊萨在过去的 30 年里对将这些化合物从实验室推向临床治疗，并最终获得批准产生了巨大的影响。维多利亚·里雄在将 SAHA

成功推出的过程中起到了主要的作用。

这四个针对两种不同酶的化合物的成功获批，为整个表观遗传治疗领域起到了极大的推动作用。但它们并不是对所有癌症都有效的灵丹妙药。

革遗 命传 不再寻找奇迹

对于在癌症研究和治疗领域工作的人来说这并不奇怪。有时大众媒体的某些记者在写癌症治疗的时候似乎有点过于莽撞地使用了治愈这个词。一般来说，尽管科学家们尽量避免过于教条，但如果有一件事他们大多同意的话，那就是永远没有一种简单的方法可以治愈癌症。

那是因为癌症并不只有一种。被冠以癌作名字的疾病超过了 100 种。即使我们举一个简单的例子——乳腺癌——我们都会发现有很多种不同的类型。某些种类癌细胞的生长与被称为雌激素的雌性荷尔蒙相关。另一些则对被称为表皮生长因子的蛋白反应最强烈。*BRCA*1 基因失活或突变可能存在于某些乳腺癌患者中，而其他的则没有。一些乳腺癌不与任何已知的癌生长因子有关，但很可能对一些我们尚不知道的其他信号有反应。

因为癌症是多步骤的过程，两个表现很近似的患者都有可能源于完全不同的分子过程。她们的肿瘤也许会是由突变、表观遗传修饰和其他促癌因子与抑癌因子构成的全然不同的组合而导致。这意味着不同患者应该需要不同类型和组合的抗癌药物治疗。

即使接受了以上观点，临床上 DNMT1 和 HDAC 抑制剂的效果也是令人惊奇的。它们中没有一个对实体瘤，比如乳腺癌、结肠癌或者前列腺癌有明显效果。相反，它们对于由源自形成我们病理防御机制的循环白细胞的癌症效果很好。这些被称为血液肿瘤。我们并不清楚这些表观遗传药物为什么对实体瘤效果不好。也许是因为与血液肿瘤相比，实体瘤有不同的分子机制。或者说，也许是因为这些药物在实体瘤内部达不到需要的有效浓度。

即使在血液肿瘤中，DNMT 和 HDAC 抑制剂之间还有不同。两种DNMT 抑制剂都被批准用于治疗骨髓增生异常综合征上。这是一种骨髓的疾病。

两种 HDAC 则被批准用于另一种血液肿瘤，被称为皮肤 T 细胞淋巴瘤。在这种疾病中，皮肤因为被增殖的被称为 T 细胞的免疫细胞浸润而出现可见的斑块和大病灶。

并不是每一个骨髓增生异常综合征或皮肤 T 细胞淋巴瘤患者服用这些药物后都能获益。即使其中对药物最敏感的患者，也没有真的被这些药物治愈。如果患者停止服用药物，癌症马上卷土重来。DNMT1 抑制剂和 HDAC 抑制剂似乎可以通过控制癌细胞生长来延缓和抑制它。它们作为控制的作用大于治疗。

然而，该治疗通常能够对病患有显著改善，包括寿命的延长或生活质量的提高。例如，许多皮肤 T 细胞淋巴瘤患者饱受剧烈疼痛和皮损导致的难以忍受的瘙痒的困扰。而 HDAC 抑制剂往往对平复癌症患者这些症状非常有效，即使它并不能明显延长病人的生存时间。

一般来说，很难知道哪个患者会对什么特定的新型抗癌药物敏感。这是开发新型对癌症进行表观遗传治疗的公司所面临的最大问题之一。即使现在，FDA 已批准 5-阿扎胞苷和 SAHA 数年以后，我们仍不知道为什么它们在骨髓增生异常综合征和皮肤 T 细胞淋巴瘤中效果明显好于其他癌症。碰巧的是，在早期的临床试验中，这些癌症患者就是比其他类型癌症患者对药物更敏感。一旦开展临床实验的医生注意到了这一点，后来的实验设计就会着重围绕这些患者群体进行。

这听起来好像并不难。似乎很容易克服，企业开发出药物后，就可以在各种癌症中测试它们本身或者与各种其他抗癌药物的组合效果，并制定出如何最有效的使用它们。

问题是这很费钱。如果我们看看美国国家癌症研究所的网站，就可以看到很多药物正在进行临床实验。2011 年 2 月，共有 88 项试验在测试 SAHA。很难准确地得知临床实验到底需要多少成本，但根据 2007 年的数据，每名患者 20 000 美元应该是比较保守的估计。假设每组实验包括 20 例患者，这意味着仅仅在美国国家癌症研究所进行的检测 SAHA 的成本就要超过 35 000 000 美元。而这绝对是最低的理论估值。

哥伦比亚大学和斯隆－凯特琳纪念医院最先研制 SAHA 的研究人员申请了专利。然后，他们成立了一家名为阿顿制药的公司来开发 SAHA 作为药物。2004 年，在显示出对皮肤 T 细胞淋巴瘤有治疗价值后，阿顿制药公司被医药巨头默克制药公司用超过 1.2 亿美元收购。阿顿制药公司的前期工作则已花费了数百万美元。药物研究和开发是一项昂贵的业务。两家销售 DNMT1 抑制剂的公司被相对较大的制药公司收购时的价格大约每家都在 30 亿。如果一家公司付出了巨额资金来开发或购买了新的药物，它肯定不希望在临床实验时像无头苍蝇一样乱撞。

当然，如果我们能有一个更好的了解哪些患者能从中受益的实验系统，而不是凭运气在临床实验中乱碰的话，将是一个很大的进步。不幸的是，大部分研究者都认为，许多用于测试癌症药物的动物模型中在预测药物在人类中的效果方面的作用非常有限。公平地说，这不只是存在于以表观遗传学酶为靶点的抗癌药物，这在几乎所有的抗肿瘤药物中都是事实。

为试图解决这个问题，学术界和产业界的研究人员们正在寻找新一代的表观遗传学抗肿瘤靶点。DNMT1 是一个作用比较宽泛的酶。DNA 甲基化是全或无的方式——一个 CpG 岛要么被甲基化了要么没有。而 HDAC 往往没这么严格。如果它们可以接近组蛋白尾部的乙酰化赖氨酸，它们就会将乙酰基团移除。一条组蛋白尾部有很多的赖氨酸——在组蛋白 H3 上有 7 个，这还只是个开始。SAHA 可以抑制至少 10 种不同的 HDAC 酶。看起来这 10 个酶中的每一个都可以将 H3 尾部 7 个赖氨酸的任一个去乙酰化。这就是我们所谓的微调。

革遗 成功从来都不容易
命传

这就是为什么该领域要调整研究方向的原因，他们目前正在评估不同癌症中哪些作用相对局限的表观遗传酶会起重要作用。基本的理由是，作用局限的酶的细胞生物学功能更容易被确定，这会使什么患者更适合哪种药物的判断更简单。

要面对的第一个问题就相当棘手。我们应该研究哪些酶？能在组蛋白上添加或移除修饰（表观遗传编码的书写者和去除者）的酶至少有 100 种。可能阅读表观遗传编码的蛋白也有这么多。更糟的是，许多书写者、去除者和阅读者之间还有相互作用。我们怎么才能确定哪位候选者对于新药研发最有意义？

我们不再有像 5-阿扎胞苷和 SAHA 那样有意义地指导化合物了，所以我们不得不依靠我们相对局限的对癌症和表观遗传学的理解来进行。一个被证明有用的领域就是对组蛋白和 DNA 修饰究竟如何协同工作的研究。

　　基因组中的最严重的抑制区域是具有高度 DNA 甲基化且紧密压实的。这些 DNA 非常紧密地缠绕起来，导致基因转录酶无法访问该区域。但是，这些区域究竟如何变得如此沉重压抑是一个非常重要的问题，图 11.3 显示了该模型。

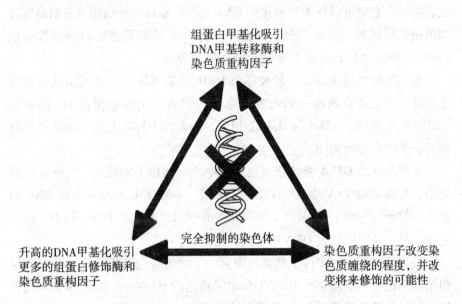

组蛋白甲基化吸引
DNA甲基转移酶和
染色质重构因子

升高的DNA甲基化吸引
更多的组蛋白修饰酶和
染色质重构因子

完全抑制的染色体

染色质重构因子改变染
色质缠绕的程度，并改
变将来修饰的可能性

图 11.3　该示意图展示了不同类型的表观遗传修饰如何通过共
　　　　　同作用，在染色体上创建一个具有不断升高的抑制和
　　　　　凝聚程度的区域，从而使细胞想表达该区域的基因变
　　　　　得非常困难。

　　在该模型中，一种负性循环导致了越来越多的抑制状态的产生。一个由模型得到的预测是，抑制性的组蛋白修饰吸引了 DNA 甲基转移酶，其导致了组蛋白周围 DNA 的甲基化。这个甲基化反过来吸引了更多的抑制性组蛋白修饰酶，并产生负性循环，导致对该区域基因的压迫越来越大。

　　实验室的数据证实在许多情况下该模型看起来是正确的。抑制性组蛋白修饰能够诱导抑癌基因启动子的 DNA 甲基化。一个关键的例子就是一种我们在前面章节遇到过的表观遗传酶，EZH2。EZH2 蛋白能在组蛋白 H3 第 27 位的赖氨酸上添加甲基基团。该氨基酸被称为 H3K27。K 是赖氨酸的单字母缩写（L 是另一种不同的氨基酸，亮氨酸的代码）。

H3K27 甲基化，本身就趋向于关闭基因表达。然而，至少在一些哺乳动物细胞中，这个组蛋白的甲基化能募集 DNA 甲基转移酶到该染色体区域。这些 DNA 甲基转移酶包括 DNMT3A 和 DNMT3B。这是非常重要的，因为 DNMT3A 和 DNMT3B 可以进行一种被称为从头 DNA 甲基化的过程。也就是说，它们可以将未甲基化的 DNA 进行甲基化，并创建全新的高度抑制的染色质区域。其结果是，细胞可以将一个相对不稳定的抑制性标记（H3K27 甲基化）转换成为更稳定的 DNA 甲基化。

其他的酶也很重要。一种被称为 LSD1 的酶可以将甲基基团从组蛋白上移除——它是表观遗传修饰的去除者。它的作用在组蛋白 H3 的 4 位（H3K4）上很强。H3K4 与 H3K27 相反，因为当 H3K4 上的甲基基团被移除后，基因会趋向关闭。

未甲基化的 H3K4 能结合蛋白，其中之一叫做 DNMT3L。也许在意料之中，它跟 DNMT3A 和 DNMT3B 有些关系。DNMT3L 本身不会将 DNA 甲基化，但是它能吸引 DNMT3A 和 DNMT3B 到未甲基化的 H3K4 那里。这又造就了另一条形成稳定 DNA 甲基化的道路。

很多情况下，许多位于抑癌基因启动子的组蛋白携带着这两种抑制性组蛋白标记——甲基化的 H3K27 和非甲基化的 H3K4——而这些又共同作用，更加强烈地诱导着 DNA 甲基转移酶。

在一些类型的癌症中，EZH2 和 LSD1 都呈上调状态，而且它们表达的水平与癌症的恶性程度和生存率有关。基本上，这些酶的活性越高，病人的情况就越不乐观。

所以，组蛋白修饰和 DNA 甲基化通路是相互作用的。这也许可以部分解释，出现在表观遗传治疗中的一个谜题。为什么像 5-阿扎胞苷和 SAHA 这样的化合物仅能够控制癌细胞，而不是彻底破坏它们。

在我们的模型里，5-阿扎胞苷的治疗能够在患者用药期间降低 DNA 甲基化。不幸的是，很多抗癌药物有严重的副作用而 DNMT 抑制剂也无法幸免。这些副作用甚至能够导致患者停止用药。然而，患者的癌细胞也许在抑癌因子基因上依旧还有组蛋白修饰。一旦患者停止使用 5-阿扎胞苷，这些组蛋白修饰几乎马上开始重新募集 DNMT 酶，重新对基因表达形成稳定的抑制。

一些研究者正试图在临床实验上将 5-阿扎胞苷和 SAHA 联合使用以打破这个循环，因为这样可以同时打破 DNA 和组蛋白对表观遗传沉默的作用。我们并不清楚他们是否会成功。如果他们不成功，也许是因为低水平的组蛋白甲基化在重构 DNA 甲基化中的作用并不那么重要。也许某些我们之前提到过的特殊的组蛋白修饰要更重要些。但我们现在没有药物能抑制任何其他的表观遗传酶，所以我们根本没有选择的余地。

将来，我们也许就不需要使用 DNMT 抑制剂了。癌症中 DNA 甲基化和组蛋白修饰之间的关系并不是绝对的。如果一个 CpG 岛被甲基化了，下游基因就会被抑制。但是，事实是有些抑癌基因在非甲基化 CpG 岛的下游，而且有些抑癌基因根本就没有 CpG 岛。这些基因也许仅仅靠组蛋白修饰就被持续抑制了。这已被休斯顿 MD 安德森癌症中心的让－皮埃尔·伊萨所证实，他一直致力于表观遗传治疗在临床上的作用。在这些情况下，如果我们能找到合适的表观遗传酶作为靶点来研发抑制剂，我们也许能够诱导抑癌基因的重新表达，而无需担心 DNA 甲基化的问题。

革命遗传 不易的妥协

被表观遗传修饰沉默的抑癌基因有什么特点呢？对此大概有两种理论。第一种就是这些基因没什么特殊的，而且这个过程是纯粹随机的。在这个模型中，抑癌基因会随机地被进行异常的表观遗传修饰。如果这种改变抑制了该基因的表达，就意味着携带这种表观遗传修饰的细胞会比它的邻居长得大一点和快一点。这给细胞提供了生长优势，而且它们会持续占据优势，募集更多的表观遗传和基因组的改变，使自己越来越向癌细胞靠拢。

另一个理论是此过程中抑癌基因的表观遗传抑制是通过某种靶向机制完成的。它不仅是随机的坏运气，这些基因事实上具有比平均值更高的被表观遗传沉默的风险。

近些年，随着技术的进步，我们能够对越来越多的细胞类型的表观遗传修饰特征进行了解，而且越来越多的证据逐渐开始支持第二种模型。有些基因确实看起来更容易让自己被表观遗传沉默掉。

首先，从直觉上来想这似乎是令人难以置信的。为什么在地球上历经数十亿年的进化会让我们变得更容易将细胞癌变？好了，我们就谈谈这个问题。大多数的进化压力与驱动的目的是使留下尽可能多的后代成为可能。对人类来讲，尽快度过早期发育而达到生育年龄是非常重要的。毕竟如果你从来没有度过胚胎阶段，就无法生育。一旦我们达到生育年龄，就会开始进行生育，此后我们再活的几十年对进化来讲就没什么用了。

进化更喜欢能够促进早期生长和发育的细胞机制，包括多种不同组织的产生。许多这种组织具有定位于该组织的干细胞池。我们的身体需要这些组织随着我们的成熟而生长，以及受伤后的组织再生。这些组织特异性的干细胞的命运被某些表观遗传修饰特征所控制。通过使用这些表观遗传修饰控制基因表达的方式，细胞的功能可以保持一定的弹性。例如，它们具有变成更多分化细胞的潜力。也许，甚至比癌变更重要的事情就是，这些表观遗传修饰允许细胞进行分裂并产生更多的干细胞。这就是为什么我们即使活上 100 年也不会耗尽皮肤细胞，或者骨髓细胞的原因。

该特征需要基因表达模式不能一成不变，也许这就是抑制基因表观遗传抑制不是随机过程的原因。我们不能双管齐下地调控。允许细胞具有灵活性的调控机制就有可能将细胞引入歧途。在进化看来，这就是我们要付出的代价。我们的表观遗传通路保证了我们体内的一些细胞不是完全的全能细胞或者彻底的分化细胞。相反，它们就在沃丁顿假想图的半山腰那里徘徊，随时准备滚到山脚去。

跟彼得·琼斯一样在美国南加州大学供职的彼得·莱尔德（Peter Laird），已经证实了该系统在肿瘤细胞中的连锁反应。他的研究小组分析了肿瘤细胞中的 DNA 甲基化模式，尤其是抑癌基因的启动子部分。ES 细胞中，被 EZH2 复合体将组蛋白甲基化了的抑癌基因的 DNA 甲基化水平跟没有被 EZH2 当做靶点的基因相比升高了 12 倍。彼得·莱尔德非常优雅地描述该结果，他说："可逆的基因抑制被替换为永久沉默，将细胞锁定在能够永久自我更新的状态中，从而诱发后续的恶变。"这是与干细胞在某方面是癌症的想法一致。如果细胞被锁定到干细胞样的状态，它们就不能分化成为表观遗传假想图里面处于山底的细胞。而这将是非常危险的，因为它们将保持持续分裂，并产生更多的跟自己一样的细胞。

让-皮埃尔·伊萨将那些结肠癌中被表观遗传沉默的基因成为看门人。它们正常的作用是将细胞从自我更新中带离，并成为完全分化的细胞类型。癌症中这些基因的失活则将细胞锁定在一个具有自我更新能力的干细胞样状态。这意味着细胞能够不断分裂、不断积累更多的表观遗传变化和突变，并保持缓慢发展直至成为成熟的癌症状态。

　　当我们在沃丁顿假想图进行想象时，很难接受那些萦绕在靠近顶部的细胞。因为我们本能地知道，这是一个非常不稳定的地方。已经开始向山下滚动的球总是倾向于继续滚下去，除非有某种力量把它们拉回来。即使那些球能够停顿下来，只要一有机会，它就会再次开始向山下翻滚。

　　是什么把细胞固定在这个摇摇欲坠的位置上的？2006 年，位于波士顿的布罗德研究所的埃里克·兰德团队发现，至少是部分发现了答案。在我们比较了解的一种多能细胞，ES 细胞中，他们发现了一种很奇怪的组蛋白修饰模式。这是对于控制 ES 细胞保持多能性还是进行分化非常重要的基因群。这些基因的组蛋白 H3K4 被甲基化，这通常会导致该基因表达的开启。而 H3K27 也被甲基化了。这通常是用以关闭基因表达的修饰。所以，哪一种修饰的作用会更强？该基因是会被开启还是关闭？

　　答案是两者都是。或者都不是，取决于我们看待的方式。这些基因是处于一种被称为"蓄势"的状态上。给它们一点点的鼓励——例如能将它们推向分化状态的培养条件的改变——就会导致某一方的甲基化丢失。这些基因则因表观遗传修饰而被完全开启，或者强烈抑制。

　　这一点在癌症中非常重要。史蒂芬·贝林跟彼得·琼斯和让－皮埃尔·伊萨一样，是让表观遗传治疗走向临床的第三位推动者。他证明这些蓄势的组蛋白修饰在早期癌症干细胞中就已经存在了，而且确实对于布置癌细胞中 DNA 甲基化模式非常重要。

　　当然，还有其他的一些问题。许多人不管活多久都不会罹患癌症。所以在那些癌症患者中一定发生了些什么，能让正常干细胞模式受到颠覆和强化，从而导致细胞被锁定在积极和异常增殖的状态。我们知道，环境可以对患癌症的概率产生重大影响（想想吸烟者中肺癌患者比例增加的程度就行了），但我们并不清楚环境是如何与这些表观遗传过程进行交互的。

　　另一方面，癌症患者也可能是纯粹的运气不好。我们体内具有能够定位、书写、阅读和移除表观遗传代码的蛋白质，而这些蛋白质的表达水平、活性和定位都有可能出现随机的改变，何况还有非编码 RNA 要参与其中。

　　DNMT3A 和 *DNMT3B* mRNA 的 3' UTR 都有能够跟一个被称为 miR－29 的 miRNA 家族结合的区域。正常情况下，这些 miRNA 们结合到 *DNMT3A* 和 *DNMT3B* mRNA 分子上并下调其表达。在肺癌中，这些 miRNA 们的水平下降并由此导致 *DNMT3A* 和 *DNMT3B* mRNA 表达上调，从而产生

更多的蛋白质。这很可能会增加抑癌基因启动子上的从头甲基化的量。

看起来如果 miRNA 和其调控的表观遗传酶之间的任一失调，都会产生一种反馈回路。这将加强细胞中的异常控制，从而导致另一个恶性循环，如图 11. 4 所示。在这个例子中，miRNA 调节某个特定的表观遗传酶，而这个酶则能修饰这个 miRNA 的启动子。在此情况下，表观遗传酶建立的是一个抑制性的修饰。

如果我们要开发新一代的表观遗传药物来治疗癌症的话，还有很多是需要我们了解的。我们需要知道哪些药物最适合使用在哪些疾病中，而哪些患者将获得最大受益。我们希望能解决这个问题，好让我们不用再进行如此大规模的临床实验。至少 5-阿扎胞苷和 SAHA 的例子让我们知道了表观遗传疗法在治疗癌症上是可行的，即使仍需要一些改进。

正如我们将在下一章看到，表观遗传的问题并不局限于癌症。但可悲的是，我们对如何在西方最迫切需要解决的临床问题之一——精神疾病上使用表观遗传疗法完全一无所知。

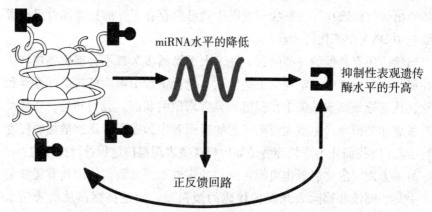

图 11.4　导致一个正常情况下能够控制某抑制性表观遗传酶的
miRNA 表达降低的正反馈回路。

第 12 章　全在头脑中

> "从天堂到地狱，或从地狱到天堂，都在一念之中。"
>
> ——约翰·弥尔顿（John Milton），
> 《失乐园》（*Paradise Lost*）

在过去十年中，最引人注目的一个出版趋势是关于"痛苦回忆"方面内容的不断兴起。在这一流派中，作者讲述了自己儿时的艰难时期，以及他们是如何不断奋斗直至成功并实现自我的。该流派可被细分为两类。首先是关于贫穷但是幸福的故事，类似于"我们什么都没有，但我们有爱"的故事。第二类，它可以包括或者不包括贫穷的问题，是更趋向于令人难过的过去。它着重于童年被忽视和虐待的悲惨经历，而其中的一些回忆录取得了巨大的成功。戴夫·佩泽（Dave Pelzer）的《一个被称为它的孩子》（*A Child Called It*）可能是这类书中最有名的，在《纽约时报》畅销书排行榜上占据了六年时间。

在这些回忆录中大量描述了如何在逆境中奋起反抗的故事。读者似乎能对故事中描述的从可怕的人生开端到终于成长为快乐的成年人的过程感同身受。我们对那些成为命运赢家的人感到赞叹。

这告诉我们了一些很说明问题的东西。它表明，作为具有社会属性的一员，我们认为发生在儿童早期的事件对影响成年人的生活极为重要。它也表明，我们相信，想要克服早期创伤的影响是很困难的。作为读者，我们可能去看重这些人成功的原因是什么，因为，成功在这些幸存者之中是相对罕见的。

大量的研究证明我们关于可怕的早期童年经历确实能对成人生活产生

169

巨大影响的假设是正确的。采用各种不同测量方法进行的研究获得的准确数字之间可能有很大差异。尽管如此，一些明显的趋势是毫无疑问的。儿童期受到的虐待和忽视导致他们在成年后的自杀概率比普通人群大三倍以上。受虐待的儿童跟一般人群相比，在成年后患严重抑郁症且难以治疗的比例至少高50%。曾在童年受到虐待和忽视的成年人在一些方面也有较高的风险，包括精神分裂症、进食障碍、人格障碍、双相情感障碍和广泛性焦虑。他们也更有可能滥用药物或酒精。

年少时的虐待或忽视显然是后来神经精神疾病发病的一个主要危险因素。在社会属性上我们很清楚这点，可是有时我们几乎忘了问，为什么会是这样。它似乎只是理所应当的。但事实并非如此。例如，为什么持续了两年的那些事件，会对个体产生长达几十年的不良影响？

人们常常给出的一个解释是，孩子们因为早期的经历得到了"心理创伤"。虽然是事实，但这并没有什么意义。之所以说这没有意义是因为"心理创伤"这个词并不是一个真正的解释——它只是一个描述。虽然听起来很有说服力，但实际上它并没有真正告诉我们些什么。

任何想解决这一问题的科学家都会在另一个层面进行描述和探讨。这所谓"心理创伤"背后的分子机制是什么？在受到虐待或忽视的儿童的大脑里到底发生了什么，能使他们成长为如此容易出现精神健康问题的成年人？

有时候，从具有不同概念框架的其他学科的角度来看，这是很困难的。似乎很令人费解，如果我们不认为这是由分子基础导致的生物学效应的话，还能怎么解释？一个宗教人士可能更喜欢引用灵魂的说法，就像弗洛伊德治疗师可以调用的灵力一样。这两个都是没有物理基础的理论。使用这样一个模型系统，绝不可能发展出目前深深吸引多数科学家的作为所有科学研究基石的假设检验。我们宁愿探究具有物理基础的机制，也不愿意默认一种作为我们一部分的无需任何物理存在的莫名其妙的东西。

这可能会导致文化的冲突，但该冲突是基于误解的。科学家希望所有观察到的事件都有一个物理基础。对于这一章的主题，我们提出的假设是，可怕的早期童年经历会在一个关键的发育时期导致大脑的某些物理变化。这反过来会导致成年期精神健康问题。这是一个机械论的解释。不可否认它缺乏细节，但我们会在本章中填补其中的一些细节。在我们的社会中，机械论的解释往往让人不舒服，因为它们听起来太确定。机械论的解释常犯的错误就是，将人类暗示为机器人，在受到某些刺激后就会导致现性的和程式化的反应。

但在这个问题上我们不是这样。如果一个系统具有足够的灵活性，那么一个刺激就不会总是产生相同结果。并不是每一个被虐待或忽视的儿童都会发展成为一个脆弱的、不良的成年人。一个现象可以在具有机械论基础的同时具有不确定性。

人类的大脑具有足够的灵活性以对类似的童年经历产生不同成年结果响应。我们的大脑包含一千亿个神经细胞（神经元）。每个神经细胞与一万个其他神经元相联系，形成一个令人难以置信的三维网络。因此，该网络包含的是 1 000 000 000 000 000（一千万亿）个连接。如果不好理解，让我们想象每个连接是一张 1 毫米厚的光盘。将一千万亿个光盘彼此叠起来，它们的长度可以从地球往来太阳 3 趟以上（从地球到太阳的距离是九千三百万英里）。

这是巨量的连接，所以完全可以想象我们的大脑具有极大的灵活性。但这些连接不是随机的。在这个巨型网络里面各个区域内部的细胞有相互连接的倾向，而不跟任何其他区域的连接。这样的组合具有巨大的灵活性，但仍具有相当的内部约束，该兼容系统是基于机械性，而不是完全确定性的。

革遗命传 儿童是成人（表观遗传）之父

科学家们的假设是，在早期儿童受到的虐待产生成人后遗症中可能存在表观遗传的机制，原因在于我们面对的是，一个触发事件在自己消失了很多年以后持续产生着后续作用的问题。童年创伤导致的长期后果很容易让人想起许多由表观遗传系统介导的事件。我们已经提到过一些这方面的例子。在那些告诉它们应该成为肾细胞或皮肤细胞的信号早已消失后，分化的细胞却始终记得自己是什么样的细胞类型。奥黛丽·赫本健康欠佳的情形，是她在荷兰饥饿冬天遭遇的少年营养不良对其一生的影响。印迹基因在发育的某些阶段会被关闭，并在整个余生保持关闭。的确，表观遗传修饰是目前已知的唯一一个能长时间将细胞保持在某一特定状态的机制。

表观遗传学家进行的假设是，儿童早期受到的伤害会引起大脑中基因表达的变化，这些变化被产生或保持（或都有）在表观遗传机制中。由此表观遗传因素介导的异常基因表达使成人患精神疾病的风险增加。

近年来，科学家已开始获得这个假说的证据。表观遗传蛋白在发育早期伤害中发挥了重要作用。不仅如此，它们与成年抑郁症、药物成瘾和"正常"记忆有关。

该领域大量研究的重点是一种名为皮质醇的激素。它是位于肾脏上面的肾上腺中产生。皮质醇是应对应激的产物。应激越大，我们就会产生越多的皮质醇。童年受过创伤的成年人的皮质醇平均水平趋向升高，即使在测量时这个人是健康的。这说明，那些在儿童期被虐待或忽视的成年人较同代人有较高的应激背景。他们的系统长期存在慢性应激。在许多情况下，精神疾病的发展似乎有点像癌症。在一个人出现临床症状之前，分子水平上要累积很多错误才行。受虐待的幸存者的慢性应激水平逐渐把他们推向那个阈值。这增加了他们患病的概率。

那么这个皮质醇的过表达是如何发生的呢？那是在远离肾脏的我们的大脑活动的结果。这涉及到一个整体的信号级联。产于一个大脑区域的化学物质能对其他区域产生影响。这些区域又能产生其他化学物质进行反应和处理。最终，大脑释放的化学物质将信号传递给肾上腺，并产生皮质醇。在一个被虐待的儿童身上，这个信号级联反应是非常活跃的。在许多虐待的幸存者中，该系统始终开启，就如同仍被困在虐待中一样。这是因为如果中央加热系统的恒温器出现故障的话，锅炉和散热器会基于先前二月份的气温而在八月份供给暖气。

这个过程开始于一个被称为海马（hippocampus）的大脑区域，它因形状很像海马而得名于古希腊语。海马是控制皮质醇系统激活程度的一个主开关。如图 12.1 所示。在该图中，正号表示能刺激链条中下一步发展的事件。负号则表示相反的效果，就是能抑制链条中下一事件发生的事件。

因为海马响应于应激变化的活动，下丘脑会产生和释放两种激素，称为促肾上腺皮质激素释放激素和抗利尿激素。这两种激素能刺激垂体，它释放一个叫做促肾上腺皮质激素的物质进入血中。当肾上腺细胞获取这种激素后，它们就释放皮质醇。

这系统有个聪明的设置。皮质醇在身体的血液系统中进行循环，其中的一些会回到大脑里面。我们图里面展示的这三个脑部结构都有能识别皮质醇的受体。当皮质醇结合到这些受体上，它会产生一个信号去告诉这些

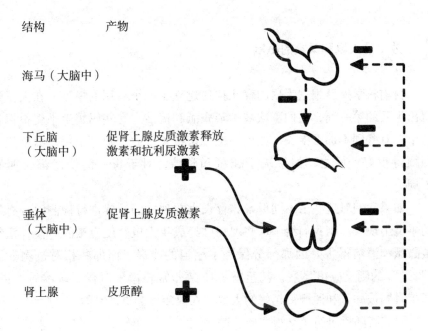

结构　　　　　产物

海马（大脑中）

下丘脑　　　　促肾上腺皮质激素释放
（大脑中）　　激素和抗利尿激素

垂体　　　　　促肾上腺皮质激素
（大脑中）

肾上腺　　　　皮质醇

图 12.1　面对应激时，大脑特定区域发生的级联信号反应并
　　　　　最终导致肾上腺里应激激素皮质醇的释放。正常情
　　　　　况下，该系统被一套负反馈调节通路所控制，以抑
　　　　　制和限制应激反应通路的活性。

结构安静下来。这对海马尤其重要，因为它在整条信号通路的最上游。这
是个典型的负反馈调节回路。生成的皮质醇在多种组织中进行反馈，而最
终的作用是其产量的下降。这可以防止我们持续处于过激状态。

　　但我们知道在童年受过虐待的成年人事实上就是处于过激状态中的。
他们一直在生成过多的皮质醇。这个反馈回路中一定有什么出了故障。很
多人体实验证实就是这么回事。这些实验检测了脑脊液里促肾上腺皮质激
素释放激素的水平。如预期一般，跟正常人相比，童年受过虐待的成年人
的促肾上腺皮质激素释放激素水平显著升高。即使在实验当时看起来很健
康的那些人中，也会有激素水平的升高。因为没有办法在人类身上进行更
深入的实验研究，所以很多该领域的突破来自于对跟人类某些情形相近的
特定条件中的动物模型的研究。

革遗命传 放松的大鼠和柔顺的小鼠

目前科学家已根据大鼠的育儿技巧建立了一个有用的模型。在大鼠幼崽出生后的第一周，它们喜欢被母亲舔舐和清洁。有些妈妈生来就很擅长这个，有些则不那么擅长。如果一位母亲擅长于此，她对于每一窝后代会照顾得很好。反之，如果疏于舔舐和整洁，对于每一窝幼崽都会照顾不周。

如果我们对这些由不同母亲养育长大并独立的后代进行检测时，有趣的事情出现了。当我们给予这些现在已经成年大鼠轻度应激的时候，童年被舔舐和清洁得很好的那部分保持了相当的冷静。而那些相对被剥夺了"母爱"的则反应很强烈，甚至就算应激非常轻微的时候。从本质上讲，童年时期被舔舐和照顾得越好的大鼠，在成年后会更加冷静。

研究者随后进行了交换实验，就是把"好"妈妈的孩子换给"坏"妈妈，反之亦然。结果显示，子代成年后的最终表现完全取决于生命第一周时受到的关爱和影响。由不擅长舔舐和照顾的妈妈生出的幼崽在被擅长抚养后代的妈妈带大以后，它们表现出很好的冷静程度。

幼儿时期被良好照顾的成年鼠在受到轻微刺激时表现出了较低的应激状态。他们还检测了激素水平，结果正如我们预期的那样。这些冷静大鼠下丘脑里促肾上腺皮质激素释放激素和血液促肾上腺皮质激素的水平都较低。跟被照顾得不好的同类相比，它们的皮质醇水平也较低。

导致这些被良好照顾大鼠产生低应激反应的关键因素是海马区皮质醇受体的表达。在这些大鼠中，该受体呈现高表达状态。其结果是海马区的细胞能够非常有效地捕获极微量的皮质醇，并以此为触发点，通过负反馈回路抑制下游的激素通路。

这说明在母亲进行那重要的舔舐和整洁后，这些大鼠幼崽海马的皮质醇受体保持了高表达状态。本质上，这些仅发生在出生后七天的事件对大鼠造成了持续一生的影响。

这些影响能够持续如此长时间的原因是因为最初的影响——被母亲舔舐和清洁——导致了皮质醇受体基因表观遗传的变化。这些变化出现在大脑最有"可塑性"的发育早期阶段。所谓可塑性，我们指的是这段时期里最容易对基因表达特征和细胞活性进行修饰。当动物长大的时候，这些特征仍保持在那里。这就是为什么大鼠的第一周如此至关重要的原因。

发生的变化由图 12.2 进行展示。当一只幼儿大鼠被经常舔舐和清理，它就会产生血清素，这是在哺乳动物的大脑里让其感觉良好的化学物质之一。这刺激了海马里面表观遗传酶的表达，并最终导致皮质醇受体基因 DNA 甲基化的降低。DNA 甲基化的降低与高水平的基因表达相关联。因此，海马里面的皮质醇受体呈高水平表达，并能让大鼠保持在相对放松的状态。

这是一个能够解释早期生命事件怎样影响长期行为的非常有趣的模型。但这看起来似乎不太可能只由一个表观遗传改变引起，即使是像 DNA 甲基化水平这种在大脑基因表达中具有显著重要地位的因素。上述工作五年后，另外一个研究组又发表了一篇文章。该研究也显示了表观遗传改变的重要性，但是是一个不同的基因。

后面这个研究组采用的是小鼠早期生命应激模型。在此模型中，小鼠在出生后的 10 天内每天被从母亲身边带离 3 小时。如同那些没有被好好舔舐和清理的大鼠幼崽一样，这些幼儿发育成了"高度应激化"的成体。跟它们的亲戚大鼠类似，这些小鼠的皮质醇水平升高，尤其在接受了轻微应激之后。

研究这些小鼠的科学家检测了抗利尿激素的基因。抗利尿激素由下丘脑产生，并刺激垂体的分泌，如图 12.1 所示。那些因在生命早期遭受母子分离而导致容易应激的小鼠的抗利尿激素基因 DNA 甲基化是降低的。这会导致遇到应激刺激后抗利尿激素生成的增加。

这些大鼠和小鼠的实验研究向我们展示了两件事情。第一件就是不止一个基因参与了早期生命事件对成年应激的影响。皮质醇受体和抗利尿激素都对啮齿动物的表型有影响。

第二，研究也显示特定的一类表观遗传修饰并不确定好坏。这取决于该修饰发生在哪里。在大鼠模型中，降低的皮质醇受体基因 DNA 甲基化是件"好"事。它使该受体的表达增加，并抑制了应激反应的强度。在小鼠模型中，抗利尿激素 DNA 甲基化的降低则是件"坏"事。它导致了该激素水平的上升和对应激反应的促进。

小鼠模型中抗利尿激素基因 DNA 甲基化的降低跟大鼠海马激活皮质醇受体基因表达的 DNA 甲基化降低具有不同的通路。

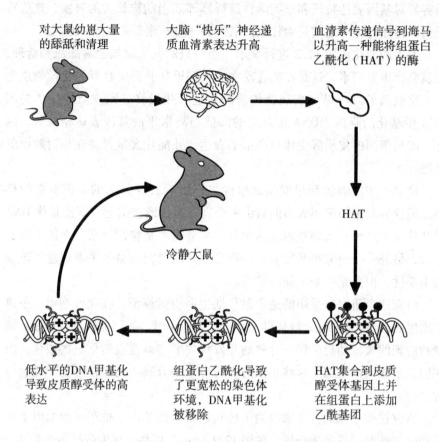

对大鼠幼崽大量的舔舐和清理

大脑"快乐"神经递质血清素表达升高

血清素传递信号到海马以升高一种能将组蛋白乙酰化（HAT）的酶

HAT

冷静大鼠

低水平的DNA甲基化导致皮质醇受体的高表达

组蛋白乙酰化导致了更宽松的染色体环境，DNA甲基化被移除

HAT集合到皮质醇受体基因上并在组蛋白上添加乙酰基团

图 12.2　被良好照顾的大鼠幼崽产生了一系列的分子级联反应，从而升高了大脑里面皮质醇受体的表达。该升高的表达使大脑非常有效地对皮质醇进行反应，并通过图 12.1 所示的负反馈通路降低应激反应。

　　在小鼠的研究中，与母亲分离导致了下丘脑神经元的活性增强。这引起了影响 MeCP2 蛋白表达的信号变化。我们在第 4 章提过，MeCP2 能结合到甲基化 DNA 上，并帮助抑制基因表达的蛋白。这也是在毁灭性的神经系统疾病瑞特综合征中突变的蛋白。阿德里安·伯德的结论是 MeCP2 蛋白在神经元中呈难以置信的高表达。

　　一般情况下，MeCP2 蛋白与抗利尿激素甲基化的 DNA 结合。但在被刺激的小鼠幼崽中，前面提到过的信号通路被加上了一个被称为磷酸的小化学分子到 MeCP2 蛋白上，从而使 MeCP2 蛋白从抗利尿激素基因上脱落下来。MeCP2 的重要作用之一是吸引其他表观遗传蛋白到其结合的基因区域。这些蛋白协同作用给该基因组区域加上越来越多的抑制性标记。当磷酸化的 MeCP2 从抗利尿激素基因上脱落下来时，它再也无法募集这些不同的表观遗传蛋白了。正因为此，染色体失去了它的抑制性标记。相反激活修饰开始占据上风，比如高水平的组蛋白乙酰化。最终，甚至连 DNA 甲基化都永久丢失了。

惊人的是这一切都发生在小鼠出生后的 10 天之内。而后，神经元就会失去其可塑性。在这段时间末期形成的 DNA 甲基化特征则成为该区域永久的特征。如果 DNA 甲基化水平变低，就会导致抗利尿激素基因的异常高表达。因此，早期生命事件导致的表观遗传改变就会有效地"稳住"。基于此，动物就会在异常激素分泌的作用下持续地处于高度应激，即使在最初的刺激已经消失了很久以后。事实上，该反应在恢复被正常照顾后很久都一直持续着。毕竟，小鼠并不会赡养自己的父母。

革遗 | 深入一些
命传

研究人员逐渐收集了一些关于啮齿动物模型中早期应激变化可能与人类相关的证据。如前面提到的，有逻辑方面的，但更重要的是道德方面的，这使得不可能在人体进行相同的研究。即便如此，一些有趣的相关性仍不断涌现出来。

在大鼠模型中的初始研究工作由蒙特利尔麦吉尔大学的迈克尔·米尼（Michael Meaney）教授进行。他的研究小组随后对人脑样本进行了一些有趣的研究，可悲的是，这些样本来自自杀身亡的人。该小组分析了这些案例中海马里面皮质醇受体基因 DNA 甲基化的水平。他们的数据表明，DNA甲基化水平往往在那些曾受过幼儿期虐待或忽视的人中较高。通过对比，该基因 DNA 甲基化水平在那些没有受过童年创伤的自杀者中较低。虐待受害者的高水平 DNA 甲基化将导致皮质醇受体基因表达的降低。这使得负反馈回路的效率较低，并升高了循环中皮质醇的水平。这是与在大鼠中的研究结果一致，即那些被母亲照顾得不好的易激惹的动物的海马区内皮质醇受体基因的 DNA 甲基化的水平较高。

当然，不是只有那些有悲惨童年的人才会患精神疾病。抑郁症在全球的数字是惊人的。据世界卫生组织（WHO）估计，全球超过 1.2 亿人正在经受抑郁症的困扰。抑郁症相关的自杀人数已经达到每年 85 万人，预计到 2020 年将成为全球第二大疾病负担。

在 20 世纪 90 年代初，随着美国食品和药物管理局批准一类被称为 SSRIs（选择性血清素再摄取抑制剂）的药物上市后，抑郁症的有效治疗向前迈进了一大步。血清素是一种神经递质分子——它在神经元之间传递信号。血清素在响应愉快的刺激时被释放到大脑：就是我们在开心大鼠幼崽中提到过的感觉良好分子。抑郁症患者大脑中血清素水平偏低。SSRI 类药物能够提高大脑中血清素的水平。

通过能增加血清素水平的药物来治疗抑郁症是有道理的。但有一些古怪现象。患者用 SSRI 类药物治疗时，大脑中的血清素水平迅速上升。但仍然至少需要 4—6 周时间才能缓解严重抑郁症的那些可怕症状。

也许理所应当的，这提示了抑郁症不可能仅由大脑里面一种简单的化学物质水平变化而引起。一夜之间就得了抑郁症是很少见的——这跟流感可不一样。现在有很多数据显示在抑郁症发展过程中大脑里出现了很多长时程改变。这些变化包括了神经元相互之间连接数量的改变。反过来与被称为神经营养因子的化学物质水平紧密相关。这些化学物质支持了脑细胞的健康生存和功能。

抑郁症领域的研究人员已摒弃了基于神经递质水平的简单模型，而进入了一个更复杂的网络系统进行探索。这涉及到神经元活性和整个其他因素之间复杂的相互作用。包括应激、神经递质的产生、基因表达的影响和神经元的长时效应以及它们如何彼此交互。当这个系统处于平衡状态时，大脑功能健康。如果系统运行失去平衡，这种复杂的网络就会开始瓦解。这会使脑的生物化学和功能进一步远离健康，从而更靠近功能障碍和疾病。

科学家们已经开始关注表观遗传学在该领域的作用，因为表观遗传具有能够建立和维持基因表达长时效特征的潜力。啮齿类是进行这些研究最常用的模型系统。因为一只小鼠或者大鼠没办法告诉你它的感觉，研究者建立了一些行为学测试对人类抑郁症的不同方面进行模拟。

我们认识到了不同的人对应激有不同方式的反应。有些人似乎相当强烈。有些则对同样的刺激反应淡漠，甚至发展成抑郁症。在不同的近交系小鼠中也是这样。研究人员发现了两个对轻度应激刺激反应不同的种系。

在应激刺激下，研究人员评估了小鼠能模拟人类抑郁症某些方面的行为学变化。一个种系相对不焦虑，而另一个则相对焦虑。这两个种系被称为 B6 和 BALB，我们因为方便的缘故会将他们称为"冷静"和"跳跃"。

　　研究人员的工作集中在被称为伏隔核的大脑区域。这个区域在有关情绪的脑功能方面具有重要作用。这些包括侵略性、恐惧、快乐和奖励。研究人员分析了伏隔核的各种神经营养因子表达情况。得到的最有趣的结果之一是一个名为 *Gdnf*（神经胶质细胞源性神经营养因子，glial cell – derived neurotrophic factor）的基因。

　　在冷静小鼠中，应激能够导致 *Gdnf* 基因表达的增高。在跳跃系的小鼠中则是降低的。现在，不同种系小鼠可能会有不同的 DNA 编码，所以研究人员对控制 *Gdnf* 基因表达的启动子区进行了分析。结果显示 *Gdnf* 启动子的 DNA 序列在冷静小鼠和跳跃小鼠中是一样的。但当科学家检测该启动子的表观遗传修饰时，他们发现了不同。跳跃小鼠的组蛋白跟冷静小鼠的组蛋白相比具有更少的乙酰基团。正如我们已知的，组蛋白的低水平乙酰化与基因表达的低水平有关，所以这个结果能够解释跳跃小鼠 *Gdnf* 基因的低表达。

　　于是科学家们想知道在伏隔核的神经元里到底发生了什么。为什么跳跃小鼠 *Gdnf* 基因的组蛋白乙酰化水平会下降？科学家们研究在多能组蛋白上添加或者除去乙酰基团的酶的水平。他们发现这两个品系的小鼠之间只有一个区别。与冷静小鼠相比，一种被称为 Hdac2 的组蛋白脱乙酰基酶（能够移除乙酰基团的蛋白中的成员）在跳跃小鼠的神经元里呈高表达状态。

　　其他研究人员使用了不同的抑郁症小鼠模型，所谓的社交溃败模型。在这些实验中，小鼠被进行欺凌。它们被投入的环境中有一个更大、更可怕的小鼠在那里，当然它们会在受到身体伤害前被移开。有些小鼠感到非常有压力；有些则似乎没啥感觉。

　　受试的成年小鼠要进行 10 天的这种社交溃败。结束时，根据对环境的反应，它们被归类为敏感类或耐受类。二周后，将这些小鼠进行了研究。耐受类小鼠具有正常水平的促肾上腺皮质激素释放激素。这是由下丘脑释放的化学物质，其信号通路的最终产物是应激激素，皮质醇。敏感小鼠则具有高水平促肾上腺皮质激素释放激素及较低的该基因启动子的 DNA 甲基化水平。这跟该基因的高水平表达是一致的。它们也具有较低 Hdac2 水平和高水平的组蛋白乙酰化，这与促肾上腺皮质激素释放激素的表达水平也契合。

一个模型系统里敏感小鼠的 Hdac2 水平升高而另一个模型系统里的则下降似乎有点怪异。但，请记住在所有的表观遗传事件中，环境背景是很重要的。调控 Hdac2 水平（或者其他表观遗传基因）的方式肯定不止一个。这种控制依赖于大脑的区域以及响应于该刺激的精确的信号通路。

革遗命传 有用的药物

还有些证据能支撑表观遗传在应激反应中的显著作用。天然的跳跃 B6 小鼠伏隔核里面的 Hdac2 呈高表达状态，而 *Gdnf* 基因呈低表达。我们可以使用组蛋白脱乙酰基酶抑制剂 SAHA 来处理这些小鼠。SAHA 的处理导致了 *Gdnf* 基因启动子乙酰化的增高。这与 *Gdnf* 基因表达的升高相关。关键的发现是，被处理过的小鼠不再敏感而变得冷静——改变基因的组蛋白乙酰化水平能导致小鼠行为的变化。这支持了组蛋白乙酰化在调节这些小鼠的应激反应中起非常重要的作用。

一种用于研究小鼠因应激变得何等抑郁的测试被称为蔗糖偏好实验。正常小鼠非常喜欢糖水，但它们郁闷的时候则没有那么感兴趣。这种对愉悦刺激反应的降低被称为快感缺乏（anhedonia）。这似乎是动物中作为人类抑郁症的最佳替代指标之一。多数已经罹患严重抑郁症的人都对生病前感兴趣的东西失去了兴趣。当应激小鼠被 SSRI 类抗抑郁药治疗后，其对糖水的兴趣逐渐增加。但是，当它们被 SAHA，HDAC 抑制剂治疗后，对自己最喜欢的饮料的兴趣的恢复要快得多。

组蛋白去乙酰化酶抑制剂不只是在跳跃或冷静小鼠中具有改变动物行为的作用。在没有得到太多的产妇舔舐和清理的大鼠幼崽中也有作用。这些幼崽因为皮质醇产生途径的过度激活而通常长大后成为慢性应激状态。如果这些"没人爱"的动物用 TSA，第一个被确定的蛋白去乙酰化酶抑制剂处理后，它们长大后的应激要弱得多。它们的反应更像是那些受到了产妇的良好照顾的动物一样。海马皮质醇受体基因的 DNA 甲基化水平下降，提高了该受体的表达，同时也提高了该重要负反馈回路的灵敏度。该推定源于组蛋白乙酰化和 DNA 甲基化途径之间的相互关系。

在小鼠社交溃败模型中，敏感动物被给予一种 SSRI 抗抑郁药物处理。3 周后，它们的行为基本上跟那些耐受小鼠相差无几。但这种抗抑郁的药物并不仅仅导致大脑里血清素水平的升高。这种抗抑郁治疗也可以升高促肾上腺皮质激素释放激素启动子的 DNA 甲基化水平。

这些研究也符合瞬时神经递质信号与表观遗传酶调控的长时细胞功能之间具有联系的模型。当抑郁症患者被给予 SSRI 药物以后，大脑里的血清素水平开始升高，并给予神经元更强的信号。前面的动物实验显示几周以后，这些信号触发了所有最终导致细胞中表观遗传修饰特征变化的那些信号通路。这一阶段是恢复正常脑功能必不可少的。

对于重度抑郁症的另一种有趣但令人痛心的特征来说，表观遗传学也可以作为一个合理的假说进行解释。如果你已经患上抑郁症，你在未来一段时间内再次罹患的可能性比平均值要显著增高。这可能是因为某些表观遗传修饰是非常难以逆转的，所以会在神经元留下一些萌芽使之更易受感。

革遗 陪审团的决定
命传

到目前为止，一切都很好。一切看起来都非常符合我们的理论，就是生活经历能通过表观遗传学对行为产生持续而持久的影响。然而，问题是：这整个领域，有时也被称为神经表观遗传学，可能是在整个表观遗传学研究中最有争议的科学领域。

为了了解这个争议的程度，我们举个例子。我们在这本书前面提到过阿德里安·伯德教授。他被公认为是 DNA 甲基化领域之父。在 DNA 甲基化学科中另外一位声誉非常良好的科学家蒂姆·贝斯特（Tim Bestor）教授来自纽约的哥伦比亚大学医学中心。阿德里安和蒂姆具有差不多的年龄，类似的外形，而且都是有思想的和低调的。他们似乎对彼此关于 DNA 甲基化的几乎每一个观点都持异议。不管走到哪里，只要他们在任何会议上被安排在同一个讨论组，我可以保证你能见到两人之间那令人振奋且充满激情的辩论。然而，有一件事，他们似乎都公开同意，就是他们对一些神经表观遗传学领域的研究报告有所怀疑。

这里有三个原因为什么他们以及许多同行会如此多疑。首先是他们发现的许多表观遗传变化相对较小。怀疑者不认同如此轻微的分子变化能够导致那么显著的表型改变。他们怀疑这些变化仅仅是存在在那里，并不意味着一定有功能学上的影响。他们担心表观遗传修饰的改变只是简单地相关，而不是原因。

那些一直研究啮齿动物在不同系统中行为反应的科学家们的应对是，分子生物学家都太习惯于人工实验模型，在那里他们可以通过类似于全和无的读数方式来研究大量的分子变化。这些行为学家怀疑这已经使分子生物学家相对缺乏解释真实世界实验的经验，因为其中的读数更趋于"模糊"，更容易发生较大的实验变异。

怀疑者的第二个疑惑在于表观遗传变化的过于局部化。婴儿应激影响了大脑的特定区域，如伏隔核，而不是其他的区域。表观遗传标记只改变一些基因的表达，而没有其他的。这似乎没有什么怀疑的理由。虽然我们长说的是"大脑"，但它是经过数亿年进化的产物，其中有许多高度专业化的中心和区域。通过某种方式，这些区域被单独建立，并保持发育和维护，从而对刺激做出不同方式的反应。这也是我们所有组织中的所有基因具有的特征。我们确实不知道表观遗传修饰如何能够定向得如此精确，或者类似神经递质的化学物质中如何实现这种靶向的。但我们知道，正常发育过程中出现过类似的现象，所以，为什么在应激或其他环境干扰的不正常时期就做不到呢？不能仅仅因为我们不知道机制是什么，就断定该事件不存在。毕竟，约翰·格登也不知道成体细胞核如何在卵细胞胞浆内被重新编程，但是这并不意味着他的实验结果是无效的。

第三个理由也许是最重要的，而且它与 DNA 甲基化本身有关。大脑中靶基因的 DNA 甲基化被建立的非常早，在啮齿动物中可能在出生前，至少在出生一天后就建立了。这意味着实验中大鼠幼崽或者小鼠幼崽的生命开始时，它们海马区的皮质醇受体基因已经具有一定程度的 DNA 甲基化了。该启动子上的 DNA 甲基化水平在生命第一周出现变化，通过被舔舐和梳理的程度。如我们所见，被忽视那组的 DNA 甲基化水平比被疼爱的更高。但这不是因为 DNA 甲基化水平在被忽视的动物中升高了。这是因为在被经常舔舐和梳理的动物中，DNA 甲基化水平降低了。这对于那些被从母亲身边移走的小鼠幼崽体内抗利尿激素基因是一样的。这在那些经受社交溃败的成年小鼠的促肾上腺皮质激素释放激素基因上也一致。

所以，在每个案例中，科学家们检测到的都是刺激导致的 DNA 甲基化的降低。而这就是分子水平上的问题所在，因为没人知道这是如何发生的。在第四章，我们知道了甲基化 DNA 的复制怎样防止了一条链上有甲基化而另一条上没有。DNMT1 酶沿着新合成的链移动并以原始链为模板添加甲基基团以保存甲基化特征。我们也可以推测，在实验动物中表达的 DNMT1 较少从而导致基因上甲基化水平的下降。这被称为被动 DNA 去甲基化。

问题是这在神经元中是不可行的。神经元是终末分化细胞——它们在沃丁顿假想图的最下方而且不能分裂。因为它们不能分裂，神经元就不会拷贝它们的 DNA。它们没有这么做的理由。作为结果，它们不能通过第四章描述的方法失去它们的 DNA 甲基化。

一个可能性是，也许神经元就是简单地将甲基基团从 DNA 上移除了。毕竟，组蛋白去乙酰化酶能够将组蛋白上的乙酰基移除。但是 DNA 上的甲基基团是不一样的。在化学水平上，组蛋白乙酰化就像是在一个大的乐高积木上加一块小积木。想分开它们两个是很容易的。DNA 甲基化不是这样的。它更像是用强力胶把两块积木粘在一起了。

甲基基团和染色质之间的化学结合相当坚固，多年来它被认为是完全不可逆的。2000 年，一个来自柏林马克斯普朗克研究所的团队证实，事实可能并非如此。他们发现在发育极早期，哺乳动物父系基因组经历了广泛的 DNA 去甲基化。我们在第七章和第八章能找到相关的描述。我们当时提过这个去甲基化发生在受精卵未开始分裂之前。换句话说，该除去 DNA 甲基化的过程并没与伴随着任何的 DNA 复制。这被称为主动 DNA 去甲基化。

这意味在非分裂细胞中去除 DNA 甲基化确有先例。也许神经元中也有类似的机制。但是对于即使在行之有效的早期发育中，DNA 甲基化是如何被主动去除的仍有争议。对于其在神经元如何作用更是少有共识。研究如此艰难的其中一个原因是，主动 DNA 去甲基化可能会涉及到多步骤活化的很多不同的蛋白质。这使得很难在实验室中重现该过程，以创建这类研究的金标准。

将沉默者沉默掉

如我们经常重复的，科学研究经常会得到一些非常意想不到却确实存在的发现。当很多表观遗传研究者正努力寻找能移除 DNA 甲基化的酶时，一个团队发现了一种能向甲基化 DNA 上添加另一种东西的酶。图 12. 3 对此进行了展示。非常令人吃惊，这导致了很多类似于核酸脱甲基化的后果。

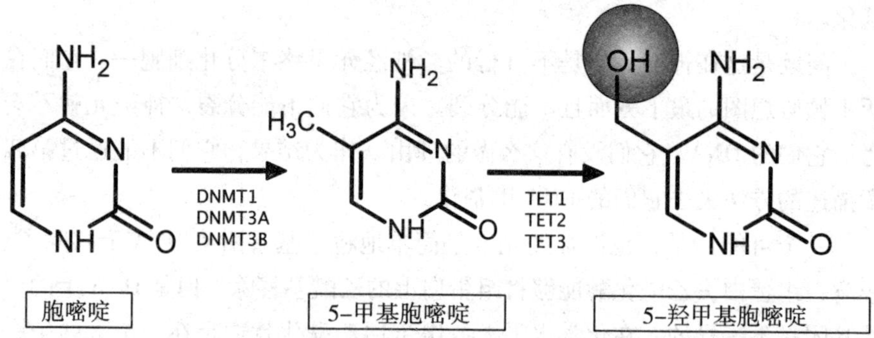

图 12.3　5-甲基胞嘧啶向 5-羟甲基胞嘧啶的转化。C：碳；H：
　　　　 氢；N：氮；O：氧。为简单化，一些碳原子没有用 C
　　　　 标注出来，两条线的交叉处即为碳原子。

一个由一个氧原子和一个氢原子组成的被称为羟基小分子，被添加到甲基上，形成了 5-羟甲基。该反应是由被称为 TET1、TET2 和 TET3 的酶催化的。

这是与 DNA 去甲基化高度相关的问题，因为它对 DNA 甲基产生了非常重要的影响。胞嘧啶的甲基化影响基因表达，是因为甲基化胞嘧啶能够结合某些蛋白，如 MeCP2。MeCP2 与其他抑制基因表达的蛋白共同作用，并募集像脱乙酰化组蛋白之类的抑制性修饰。当一种如 TET1 的酶向甲基胞嘧啶上添加羟基以形成 5-羟甲基胞嘧啶分子后，它就改变了表观遗传修饰的性状。如果甲基化胞嘧啶像一个粘着葡萄的网球的话，5-羟甲基胞嘧啶就像是一个上面粘着豆子的葡萄粘在网球上一样。因为这个形状的变化，上面提到的 MeCP2 蛋白不能再结合到被修饰的 DNA 上。细胞因此将 5-羟甲基胞嘧啶作为未甲基化的 DNA 进行阅读。

最近有很多的实验方法都是检测 DNA 甲基化的存在的。它们往往不能识别非甲基化和 5-羟甲基胞嘧啶之间的差异。这意味着很多认为 DNA 甲基化降低的文章可能并不知情地检测到的是 5-羟甲基胞嘧啶的升高。尽管并没有证实，但在某些发表的行为学研究中，我们也许可以用神经元转换5-甲基胞嘧啶为5-羟甲基胞嘧啶的行为代替脱甲基化酶的作用。研究5-羟甲基胞嘧啶的技术尚处于开发阶段，但我们确实知道，神经元中比其他细胞类型含有更高水平的这种化学物质。

记忆、记忆

尽管有这些争议，研究者仍继续对表观遗传修饰在脑功能中的重要作用进行探索。该领域中一个吸引了大量关注的方面就是关于记忆的研究。记忆是一种极其复杂的现象。海马和被称为皮层的大脑区域以不同的方式参与了记忆的形成。海马主要涉及巩固记忆，因为我们的大脑需要决定我们应该记住什么。海马的运作方式具有相当的可塑性，而这似乎与DNA甲基化的瞬间变化及一些未知机制有关。皮质的作用是较长期保存记忆。当记忆被存储在皮质，就会出现DNA甲基化的长时变化。

皮质就像是计算机里能存储千兆字节的硬盘。海马更像是内存芯片，其将数据临时处理后，会决定是将其删除，还是传送到硬盘进行永久性存储。我们的大脑利用不同解剖区域的细胞群体，分离出不同的功能。这就是为什么记忆力减退几乎是全方位的。例如，根据临床状态，短期或长期记忆中的任一种都可以相对失去或保持相对不变。将这些不同的功能在我们的大脑中进行分离是非常有意义的。只要设想一下如果我们能记住曾经发生的一切——我们拨打的每一个电话号码，火车上一个沉闷的陌生人对我们说的每一个字，或三年前一个周三的食堂菜单等——将会导致怎样的生活就知道了。

我们记忆系统的复杂性是导致该领域的研究相当困难的一个原因，因为目前难以建立可以让人信服的能够表征我们记忆的实验技术。但有一点我们可以肯定，记忆涉及到了基因表达的长期变化，以及因此导致的神经元的相互连接。所以再一次，我们想到了表观遗传可能在其中起一定作用的假说。

在哺乳动物中，DNA甲基化和组蛋白修饰都在记忆和学习中有作用。对啮齿类的研究表明这些改变也许会如我们期望的那样，是靶向大脑不同区域中特异基因的。例如，海马中的DNA甲基转移酶蛋白DNMT3A 和

DNMT3B 在成年大鼠一个特定的学习和记忆模型中显著增加。相反地，利用 DNA 甲基转移酶抑制剂，例如 5-阿扎胞苷处理这些大鼠能阻止记忆的形成，并同时影响到海马和皮质。

在人类鲁宾斯坦－泰必氏综合征（Rubinstein – Taybi syndrome）中，一种特殊的组蛋白乙酰基转移酶（向组蛋白上添加乙酰基团的蛋白）基因产生了突变。智力障碍是该病的一种常见症状。具有该基因突变的小鼠也在海马区具有组蛋白乙酰化水平偏低的现象，正如我们所预料的那样。它们还在海马处理长期记忆方面有很大问题。当使用 SAHA（治疗性组蛋白去乙酰化酶抑制剂），处理这些小鼠后，其海马区乙酰化水平上升，并且记忆的问题得到了显著改善。

SAHA 能够抑制许多种不同的组蛋白去乙酰化酶，但在大脑中有些靶点看起来比其他的更重要一些。这里有两种高表达的酶叫做 HDAC1 和 HDAC2。在大脑中它们的表达方式并不相同。HDAC1 主要表达在神经干细胞，以及起支持性和保护作用的被称为神经胶质细胞的非神经元细胞中。HDAC2 主要表达在神经细胞中，所以显而易见的是，这种组蛋白去乙酰化酶在学习和记忆中是最重要的。

神经元过表达 Hdac2 的小鼠具有很差的长期记忆，尽管其短期记忆并不差。神经元不表达 Hdac2 的小鼠则有相当好的记忆。这些数据提示我们 Hdac2 在记忆储存中起到的是负作用。过表达 Hdac2 神经元的连接与正常相比显著减少，而缺少 Hdac2 的神经元则正相反。这支持了我们关于表观遗传导致的基因表达变化最终改变了大脑复杂网络的模型。我们推测 SAHA 在 Hdac2 过表达小鼠中能改善记忆的机制，是与其降低 Hdac2 对组蛋白乙酰化和基因表达的影响有关。而且，在正常小鼠中 SAHA 也有改善记忆的作用。

事实上，在脑中增加乙酰化水平似乎与改善记忆相关。学习和记忆的改善能使小鼠在丰富的环境条件下保持良好的状态。它们闯过两个旋转的阻碍并进入卫生纸卷筒里是一种很有趣的游戏。那些充分享受游戏的小鼠脑中海马和皮质的组蛋白乙酰化水平显著增加。即使在这些小鼠中，利用 SAHA 处理后，其组蛋白乙酰化水平和记忆能力还能进一步提高。

我们可以看到一个一致的趋势浮现出来。在各种不同的模型系统中，当动物被用 DNA 甲基转移酶抑制剂，尤其是组蛋白去乙酰化酶抑制剂处理后，学习和记忆力会得到改善。正如我们在上一章中提到过的两类药物，例如 5-阿扎胞苷和 SAHA，已经获准在临床使用。这里有一个非常诱人的推测，就是合理使用这些抗癌药物后，能够治疗以记忆力低下为重要临床表现的疾病，如阿尔茨海默氏病等。或许，我们可以把它们作为一般的记忆增强剂在更广泛的人群中使用。

不幸的是，这样的做法其实并不现实。因为这些药物具有副作用，包括严重的疲劳、恶心和增高感染风险等。这些副作用在那些不可避免在短期内死亡的癌症患者中被认为是可以接受的。但它们在那些患者仍有相对较高生活质量的早期老年痴呆症患者中可能不会被认可。而在普通人群中是肯定不会被接受的。

这里还有另外一个问题。大部分的药物都很难进入大脑。在许多啮齿类动物实验中，药物之间被注射到大脑，而且经常是直奔目标，比如海马区。这种方式并不适用于人类使用。

的确，有一些组蛋白去乙酰化酶抑制剂能够进入大脑。一种被称为丙戊酸钠的药物几十年来一直在用于治疗癫痫，显而易见的是它必须能够进入脑部才可能治疗该疾病。近年来，我们已经认识到该化合物也是一种组蛋白脱乙酰酶抑制剂。这鼓舞了对我们在阿尔茨海默氏病中使用表观遗传药物的想法，但不幸的是，丙戊酸钠抑制组蛋白脱乙酰化的作用非常弱。所有关于学习和记忆的动物实验数据表明，强效抑制剂扭转这些缺陷的效果比弱效的要好得多。

如果我们能够开发出适合的药物，表观遗传治疗的应用范围不只局限在阿尔茨海默氏病而已。5% ~ 10% 的可卡因使用者对该药上瘾，陷入对这种兴奋剂无法控制的欲望中。如果被允许无限制地摄取药物，类似的现象在啮齿动物中也存在。上瘾的兴奋剂，例如可卡因，是对大脑中的记忆和奖赏回路进行不适当修改的典型例子。这些不适修改是由基因表达的长期变化来调节的。改变 DNA 甲基化，以及 MeCP2 读取甲基化的方式，导致了这种成瘾性。它通过一组知之甚少的相互作用发生，其中包括信号因子、DNA 和组蛋白修饰酶及阅读器，还有小 RNA 等。相关通路在安非他明成瘾中也起主要作用。

如果我们回到本章的原点，可以肯定的是，我们需要想办法让那些在童年受到虐待的儿童发育到成年后不再具有罹患精神疾病的高风险。一个非常有吸引力的想法就是，我们也许能够使用表观遗传药物进行治疗，以改善他们的生活质量。不幸的是，问题之一是，为曾受到虐待或忽视的儿童设计治疗方案时，实际上非常难确定谁将来会成为永久受损的成年人，而谁就会拥有健康、快乐和充实的生活。如果我们不能确定孩子是否真的需要治疗的话，对儿童进行药物治疗就面临了巨大的伦理困境。此外，确定该药物是否真的能够为患者带来好处的临床试验需要持续数十年，这使得没有哪家制药公司愿意对此进行投资。

但我们不会就这么悲观地结束本章内容。这里有一个很好的关于表观遗传和行为的故事。有个被称为 Grb10 的基因在很多信号通路中起作用。它是个印迹基因，大脑仅表达来自父本的那个拷贝。如果关闭这条父本拷贝，小鼠就不能再产生任何 Grb10 蛋白，从而导致动物出现非常奇怪的行为。它们会将同笼小鼠脸上的毛发和胡须蚕食掉。这是一种侵略性的行为，有点像确定地位的意思。另外，如果面对的是不认识的个子更大的小鼠，这些 Grb10 基因突变小鼠也不会退缩——它们坚持自己的立场。

大脑中 Grb10 基因的关闭产生了一种相当令人印象深刻的暴力指数爆棚的小鼠。也许奇怪的是这个基因在大脑中通常是处于开启状态的。为什么小鼠不关掉 Grb10 而成为最粗暴、最成功的老鼠呢？实际上，这样的小鼠很可能会使自己遭殃。在世界上有很多小鼠，它们彼此的相遇相当频繁。如果你无差别地进行攻击，最终倒霉的一定是自己。

当大脑中 Grb10 基因被关闭时，对小鼠来说就像是个糟糕的周五晚上。为了易于理解，让我们把这种情况移植到人类中。你进入酒吧后，一个有你两倍大小体型浑身肌肉的人撞到你，并弄洒了你的酒。如果这个基因是关闭的，就会像是有个朋友在你旁边怂恿，"上啊，你能放倒他/她，千万别怂了。"我们都知道接下来的后果会有多悲惨。所以，让我们用印迹的 Grb10 基因给你的忠告来结束这一章，"就这样吧，那么做不值得。"

第13章 走下斜坡

"我想我不会过于在意变老，我只是不愿意变得又老又胖。"

——本杰明·富兰克林（Benjamin Franklin）

时光荏苒，一去不回。我们的身体也会随着年龄的变大而出现变化。我们中的大部分都会同意，一旦超过而立之年，就越来越难以保持我们体质的水平了。不论是我们能跑多快，能一口气骑多久的自行车，抑或是熬个通宵以后要多久才能恢复都如此。我们越老，每件事情就会变得越困难。我们会发现有新的疼痛出现，而且更容易受到小感染的困扰。

年龄是一种在人群中很容易辨识的东西。即使是很小的儿童也能说出年轻人和老人之间的区别，即使他们对中年人之间的差异有些模糊。成年人可以轻易分辨出 20 岁和 40 多岁的人，或者 40 岁和 65 岁的人。

我们可以本能地将人们归类到大概的年龄组里面，不是因为他们给了我们什么关于生存了多久的无线电信号，而是由于老化的体征。这包括了导致我们不再有"吹弹可破"面容的皮下脂肪的流失。还有皱纹、松弛的肌肉以及轻微弯曲的脊柱。

整容手术行业蓬勃兴起似乎无情地说明了我们在与衰老抗争中是如何的绝望。2010 年，由国际美容整形外科学会发布的一项涵盖 25 个国家的调查数据显示，在 2009 年有超过 850 万人进行了整形手术，另外还有相同数量的非外科类整形操作，包括注射肉毒杆菌和磨皮等。美国高居榜首，巴西和中国在第二的位置不相上下。

从社会属性上出发，我们似乎并不真的在意存活的年数，我们只是讨厌随之而来的体质的下降。这不仅是一些琐事的问题。一个最大的危险因

189

素就是癌症的发生概率会随着年龄增长而增加。相同的情况也发生在诸如阿尔茨海默病和中风等疾病上。

目前为止，大部分健康领域的突破能同时延长生命的长度和改善生命的质量。部分原因是因为很多重大的进步针对的是幼儿的死亡。预防诸如脊髓灰质炎等严重疾病的疫苗接种极大地改善了儿童死亡率的数字（减少儿童死亡）和幸存者的生活质量（更少的孩子因小儿麻痹症而终身残疾）。

现在对于延长人类生命的争论越来越多，因为对生命的延长会导致老龄化的问题。人类生命的延长一般是指我们通过干预，使个体能活到更大的年龄。但这将把我们带入社会学和科学上的困境。要理解为什么这样，重要的是要明确衰老到底是什么，为什么它比仅仅活很长一段时间更有意义。

衰老的一个有用的定义是"组织功能的进行性功能减退，并最终导致死亡"。这种功能衰退正是让大多数人感到郁闷的方面，而并不是最终目的地。

一般来说，我们中的大部分能认识到生命质量的重要性。例如，2010年一个在 605 名澳大利亚人中进行的调查显示，大概有一半的人说如果有抗衰老药物问世的话，他们会服用。他们选择的出发点就是关于生存质量的。这些受访者不相信有能延长健康寿命的药。如果是随着疾病和残疾的简单地活着不再对他们有吸引力。这些受访者并不希望延长自己的生命，除非能够同时改善晚年的健康情况。

因此这里就有了任何关于衰老的科学讨论的两个独立的方面。就是生命长度本身，和与衰老相关的疾病的控制。至少在人类身上，我们还不清楚这两个方面能够在什么程度上可能或者合理地分开。

表观遗传肯定参与了衰老的过程。它不是唯一重要的因素，但却是显著的因素。最近，表观遗传学和衰老领域的研究已经导致了一个制药界最激烈的争端，我们将在这章的结尾处提到。

我们不得不问问为什么随着变老我们的细胞会失去功能，使我们更容易罹患癌症、2 型糖尿病、心血管疾病和老年痴呆等诸多疾病。有一个原因是因为我们身体细胞中的 DNA 脚本开始变坏。它积累着编码序列的随机改变。这些是体细胞突变，能够影响机体的组织细胞，但不是生殖细胞。许多癌症具有 DNA 序列的改变，通常是由两个染色体之间遗传物质相互交换导致的相当巨大的重排造成的。

革遗
命传 **相关性的罪过**

但是，如我们所见，我们的细胞有多种功能来尽力保持 DNA 蓝图的正确性。在任何可能的情况下，细胞的默认设置都是尽一切努力来保持基因组的原始状态。但是，表观遗传基因组则不同。它在自然状态下就比基因组更加有弹性及可塑性。因此，表观遗传修饰随着动物衰老而变化也就不让人奇怪了。在衰老的过程中，表观遗传基因组也许最终会比基因组表现出更大的变化，因为表观遗传基因组本来就比基因组更加多变。

我们在第 5 章提到过一些例子，并讨论了基因型一致的双胞胎随着年龄增长会出现表观遗传基因组的不一致。随着年纪变化的表观遗传基因组改变的方式甚至已经被直接进行了测定。研究者对来自冰岛和犹他的两个大规模人群进行了研究，该研究是一个正在进行的长期人群研究的一部分。DNA 分别来自于该人群 11 岁和 16 岁时的血液样本。血液包含了红细胞和白细胞。红细胞在身体里运载氧气，其本质上就是个装满了血红蛋白的小袋子。白细胞能够对感染产生免疫反应。这些细胞拥有自己的细胞核并保存着 DNA。

研究者发现一些人白细胞中 DNA 甲基化的总水平随着时间而发生了变化。这些变化并不都一样。一些个体中，DNA 甲基化水平随着年龄增高，而另外一些则下降。变化的方向似乎具有家族性。这也许意味着随年龄变化的 DNA 甲基化具有遗传性，或者能够被家族中的环境因素所影响。科学家们也对基因组中超过 1 500 个特定 CpG 位点的甲基化细节进行了观察。他们发现这些特定位点的甲基化变化跟总体水平变化具有一致的趋向。在一些个体中，特定位点的 DNA 甲基化升高，而有些则下降。研究中，至少有十分之一的人 DNA 甲基化水平有超过 20％ 的升高或者降低的变化幅度。

作者的结论声称"这些数据支持了关于正常表观遗传特征因衰老而导致的丢失是生命晚期发生常见人类疾病诱因的观点"。没错，这些数据与那些因表观遗传学机制导致迟发性疾病的模型是一致的，但我们应该铭记在心的是它有其局限性。

这类研究往往特别强调表观遗传改变跟老年疾病重要的相关性，但他们并没有证实其具有因果关系。溺水死亡的数量往往在防晒霜卖得最好的时候达到最多。据此可能有人会认为防晒霜对人有什么影响而导致了溺水人数的增加。事实上，原因是防晒霜往往在炎热的天气里卖得更多，而这时选择去游泳的人群则大大增加。平均说来，游泳的人越多，溺水的人数就会越多。我们监控的两个因素（防晒霜的销售量和溺水死亡人数）确实具有相关性，但并没有因果关系。

因此，尽管我们知道表观遗传修饰随时间而改变，但这并不说明这些变化导致了老年的疾病和退行性变。理论上，这些变化仅能够产生没有功能变化后果的随机改变。在很多例子中，我们甚至不知道这些表观遗传修饰特征的变化能否导致基因表达的变化。解决这个问题是极大的挑战，在人群中尤其难以评估。

革遗 不止是相关性有罪过

如之前提到过的，有些表观遗传修饰被证明确实在疾病的发生和发展中有作用。最有力的例子就是癌症，如同我们在第 11 章提到过的。这些证据包括了表观遗传药物能够治疗特定类型的癌症。也包括了大量的由实验得来的数据。它们显示，细胞中表观遗传调节的变化升高了细胞成癌的可能性，或者使一个已经癌变的细胞变得更有侵略性。

我们在第 11 章提到过的领域就是经常出现在抑癌基因启动子上的 DNA 甲基化水平的升高。该升高的 DNA 甲基化关闭了抑癌基因的表达。奇怪的是，与这些特定位点 DNA 甲基化的升高相反，同一细胞里其他基因组区域平均 DNA 甲基化水平往往是降低的。这些甲基化的降低可能是由维护性 DNA 甲基转移酶 DNMT1 的表达或者活性降低导致的。这种整体的 DNA 甲基化水平下降可能也跟癌症的发展有关。

为对此进行研究，鲁迪·詹尼士繁育了细胞里只表达 10% 正常水平 Dnmt1 蛋白的小鼠。其细胞中 DNA 甲基化的水平与正常小鼠相比非常低。除了出生后发育相当迟缓外，这些 Dnmt1 基因突变小鼠在四到八个月大的时候会出现免疫系统的恶性肿瘤（T 细胞淋巴瘤）。这与某些染色体重排相关，尤其是肿瘤细胞中 15 号染色体的一个额外拷贝。

詹尼士教授推测，DNA 甲基化水平降低能使染色体变得不稳定，并容易出现破损。这样就把染色体置于了不恰当的状态而增高了风险。就像将粉红色的条形糖果跟绿色的条形糖果都从中掰断，这样一共就有了 4 块糖果。你可以使用熔化的糖将这些糖果再粘和起来，以重建两个完整的条形糖果。但如果你在黑暗中这样做的话，就会发现，有时你会创建出"混合"的糖果，其中一部分是粉红色的，另一部分是绿色的。

在鲁迪·詹尼士的小鼠中，因染色体不稳定性的增加而导致的最终后果是异常的基因表达。这反过来又导致了高度侵略性和攻击性细胞的过度增生，并诱发癌症。这些数据也是为什么 DNMT 抑制剂不太可能被用作除癌症外任何疾病的治疗药物的原因之一。令人担心的是，这些药物会导致正常细胞 DNA 甲基化水平的降低，从而也许会使一些细胞具有向癌细胞转变的能力。

这些数据表明，DNA 甲基化水平本身并不是关键问题。重要的是，这些 DNA 甲基化发生在基因组中的什么位置上。

除了人类和小鼠以外，这种随年龄增长而总体降低的甲基化水平在其他物种里也被发现，从大鼠到驼背鲑鱼。目前我们并不清楚甲基化水平的降低为什么会跟基因组不稳定有关。可能是因为高水平的 DNA 甲基化可以导致 DNA 结构变得非常密实，使其结构上更稳定的原因。毕竟，用剪刀剪断一根电线比较容易，但想剪断一团揉成金属球的电线就没那么容易了。

我们要知道细胞付出了多大的努力来照顾它们的染色体。如果一条染色体被破坏了，细胞会尽可能的对其进行修复。如果修不了，细胞就会启动一个自我破坏机制，最终导致细胞自杀。这是因为损坏的染色体可能会很危险。与其让一个细胞运载着损坏的遗传物质活着，不如直接杀掉它。为直观起见，想象一下在一个细胞里，一个拷贝的第 9 号染色体和一个拷贝的第 22 号染色体同时出现断裂的情况。它们也许会被很好地修复，但有时修复会出问题，从而使一部分第 9 号染色体加到了第 22 号染色体上。

这个第 9 和 22 号染色体重排的发生实际上常在免疫系统的细胞里面发生。事实上其发生得如此之频繁以至于 9:22 混合体有一个特定的名字。它被称为费城染色体，用以纪念它首次被发现的城市名称。慢性粒细胞白血病患者中有 95% 的人的癌症细胞中具有费城染色体。这种异常的染色体因为基因组的断裂和重组导致了这种免疫细胞的癌症。这两个染色体区域的融合导致一种被称为 *Bcr – Abl* 的混合基因的产生，其对细胞的增殖有非常强的促进作用。

我们的细胞因此开发了一个非常复杂和快速地尽快修复染色体断裂的

方法，以期能防止这类融合的发生。要做到这点，我们的细胞必须能够识别 DNA 的松散端头。这些端头在染色体断裂的时候就会出现。

但有个问题。我们细胞里每个正常染色体的 DNA 两端都各有一个松散端头。一定有什么机制能够防止 DNA 修复功能把这些正常端头当做需要修复的目标。该机制就是一种被称为端粒的特殊结构。在每个染色体的端头都有一个端粒，所以人类每个细胞中总共有 92 端粒。它们能阻止 DNA 修复工具把正常染色体端头当做目标。

革遗 尾巴末端
命传

端粒在衰老的控制中起非常重要的作用。细胞分裂次数越多，这些端粒就会变得越小。也就是说，随着年龄变大，这些端粒会越来越短。最终，它们变小到无法再有任何功能为止。唯一不同的就是那些最终形成卵子或者精子的生殖细胞。这些细胞中的端粒始终保持一定长度，以至于下一代细胞不会因此而短寿。2009 年，诺贝尔生理或医学奖被授予了揭示端粒功能的伊丽莎白·布莱克本（Elizabeth Blackburn）、卡罗尔·格雷德（Carol Greider）和杰克·绍斯塔克（Jack Szostak）。

既然端粒在衰老中如此重要，所以了解其与表观遗传系统的相互作用是很有意义的。脊椎动物的端粒 DNA 包含了数百个重复的 TTAGGC 序列。端粒不编码任何蛋白。我们也能从该序列看出在端粒中也没有 CpG 岛，所以这里不会有任何 DNA 甲基化。如果表观遗传作用能够对端粒产生影响，其一定是通过组蛋白修饰达到的。

在端粒与染色体主体之间的部分被称为亚端粒区。这里包含了大量的重复 DNA。这些重复的序列没有端粒里面的序列那么保守。这些亚端粒区包含了一个低重复的基因。它们拥有一些 CpG 修饰，所以可以被除了组蛋白修饰以外的 DNA 甲基化进行修饰。

在端粒和亚端粒区常见的表观遗传修饰的类型一般是高抑制性的。因为这些区域里面几乎没有什么基因，这些修饰似乎并不用于关闭某些基因。相反，这些抑制性的表观修饰可能参与染色体末端的"挤压"。这些表观遗传修饰吸引覆盖染色体末端的蛋白，并帮助它们牢固地附着，从而尽可能的致密和难以接近。这有点像在管线的两端覆盖绝缘层。

对细胞来说有个潜在的问题，就是其所有端粒都具有相同的 DNA 序列，因为细胞核里相同序列倾向于相互寻找和结合。因此可能会出现一个很大的风险，就是不同染色体的末端相互连接，尤其是在受到损害和开放的时候。这会导致细胞为保护染色体而不愿见到的所有形式的错误，而且可能会产生"混合"染色体，如同导致慢性粒细胞白血病的一样。通过用抑制性修饰覆盖端粒末端，可以使染色体末端紧密折叠，导致不同染色体不会相互错误结合。

事实上，如图 13.1 所示，细胞的处境很艰难。

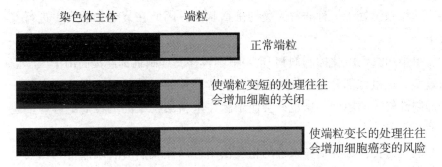

图 13.1　对细胞而言，异常的过短和过长的端粒都有潜在的严重后果。

如果端粒过于短小，细胞就会被关闭。但如果端粒长得太长，就会增加不同染色体连接而产生新的促肿瘤基因的机会。细胞进行自我关闭可能是一种保护机制，以减少产生新的促癌基因的机会。这就是我们想要制造无促癌性而能延长端粒长度的药物是如此困难的原因。

当我们创建新的多能细胞时发生了什么呢？它可以通过第 1 章提到的体细胞核转移或者第 2 章提到过的创造 iPS 细胞而获得。我们也许可以使用这些技术来创造非人类的克隆动物，或治疗退行性疾病的人类干细胞。在两者中，我们都希望所得到的细胞具有正常长度的端粒。毕竟，如果我们培育出新的种马或者能够治疗糖尿病的移植细胞由于端粒过于老化而活不了多久的话，就没有什么意义了。

这意味着我们需要创造出跟正常胚胎细胞具有一样长度端粒的细胞。这在自然情况下是存在的，正如生殖细胞染色体被从端粒缩短的作用中保护了一样。但，如果我们从相关的成年细胞中繁育多功能细胞，我们面对的细胞核的端粒的长度已经是相对缩短了的，因为这些细胞染色体里端粒已经随衰老而变短了。

幸运的是，在我们在实验中创建多能细胞的时候发生了一些非常规事件。当 iPS 细胞被创建时，它们开启了一种叫做端粒酶的基因。端粒酶通常情况下保持端粒处于一个健康的长度。然而，当我们变老的时候，细胞里的端粒酶的活性开始下降。在 iPS 细胞中开启端粒酶基因是非常重要的，否则细胞就会只有很短的端粒而不能产生很多代的子细胞。山中教授的因子们能够诱导 iPS 细胞中端粒酶的表达处于高水平。

但我们不能使用端粒酶来逆转或者减缓人类的衰老。即使我们可以利用基因治疗的方法将这种酶导入到细胞中，其诱导肿瘤的可能性是非常大的。端粒系统处于一种非常完美的平衡状态，因此在衰老和肿瘤中进行着权衡。

组蛋白去乙酰化抑制剂和 DNA 甲基转移酶抑制剂都能提高山中因子们的效率。这也许部分是因为这些化合物帮助移除了端粒和亚端粒区上的一些抑制性修饰的原因。这也许会使细胞在重新编程中的端粒酶更容易创建端粒。

表观遗传修饰和端粒系统的相互作用可以让我们对表观遗传学和衰老之间关系的认识更进一步。它使我们更接近一个模型，在其中，我们能够开始自信地发现表观遗传机制可能至少在衰老的某些方面起到调控作用。

遗传革命 你的啤酒变老了吗？

为了更好地探索，科学家们正广泛地使用一种我们在日常生活中每天都能见到的生命体，不管是吃一片面包还是喝一杯啤酒的时候。这个模型生物的学名是酿酒酵母（Saccharomyces cerevisiae），但我们一般都称之为啤酒酵母，或者更简短地称之为酵母。

尽管酵母是一种简单的单细胞生命体，但它事实上在一些非常基础的层面上跟我们很相似。它有细胞核（细菌没有），而且有一些跟高等动物，如哺乳动物，一致的蛋白和生化系统。

因为酵母是如此简单的生命体，它们很容易被用于实验研究。酵母细胞（母代）能够通过一种相对直接的方式产生新的细胞（子代）。母代细胞拷贝自己的 DNA。新的细胞就从母细胞的侧面芽生而出。该子代细胞包含正确的 DNA 量,并作为一个完全独立的新的单细胞生命脱离母体。酵母分裂形成新细胞的速度很快,意味着实验周期可以是几周,而不是像在一些高等动物中,特别是哺乳动物中那样需要以几个月或者几年。酵母既可以生长在液体中,也可以接种到培养皿中,这使它们很容易被处理。想对感兴趣的基因创建一些突变也非常简单。

酵母有一个特征使它成为表观遗传科学家们最喜欢的模型系统之一。酵母从来不会甲基化它们的 DNA,因此所有的表观遗传作用必须是通过组蛋白修饰来实现的。酵母另外还有一个有用的特征。一个酵母妈妈每次生成一个子代细胞后,都会在母亲的出芽位置留下一个瘢痕。这使我们很容易知道一个细胞分裂了多少次。酵母有两种衰老的方式,而且每一种都与人类的衰老有各自的对应,如图 13.2 所示。

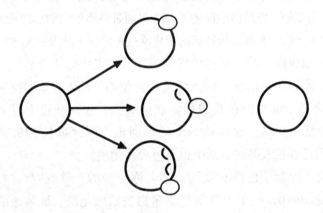

复制衰老:母代细胞在失去分裂能力前能产生多少子代?

时间衰老:神经元细胞等不能分裂的人类细胞的衰老模式

图 13.2 酵母两种衰老的模式,对应分裂和不分裂细胞。

衰老研究的大部分重点集中在复制的衰老上,而且都想尽力理解为什么细胞会失去其分裂能力。哺乳动物中的复制衰老明确地跟一些因衰老导致的显著症状有关。例如,骨骼肌中有一类特殊的干细胞被称为卫星细胞。这些细胞能够仅仅分裂几次。一旦份额用完了,你就不能再创建新的肌肉纤维。

酵母复制衰老的理解已经取得了实质性的进展。控制该过程的一个关键的酶被称为 Sir2，而这是一个表观遗传蛋白。它通过两种途径控制着酵母的复制衰老。一个看起来是酵母独有的，但另一个则出现在进化树上很多的物种里，包括直至人类。

Sir2 是一个组蛋白去乙酰化酶。过表达 Sir2 的突变酵母跟正常的比较会获得较长的生命期限，大概要多 30%。相反，不表达 Sir2 的酵母的生命长度则显著缩短，大概比正常的减少 50%。2009 年，在分子表观遗传领域很有影响力的宾夕法尼亚大学的杰出科学家雪莱·伯杰（Shelley Berger）教授团队，发表了一些非常优雅的酵母遗传和分子实验结果。

她的研究证实 Sir2 蛋白通过将乙酰基团从组蛋白上移除而影响衰老，而不是通过该酶可能的其他活性。这是一个关键的实验，因为跟许多组蛋白去乙酰化酶一样，Sir2 的分子作用并不那么特异。Sir2 能从细胞里至少 60 种其他蛋白上移除乙酰基团。很多这些蛋白对染色体或者基因表达没有任何作用。雪莱·伯杰的工作严格地描述了 Sir2 仅通过对组蛋白的作用而对衰老产生影响。这种组蛋白上表观遗传特征的变化反过来影响了基因的表达。

这些数据显示组蛋白上的表观遗传修饰确实在衰老中起主要作用，这给予了该领域科学家相信自己没有误入歧途的自信心。Sir2 的重要性看来并不仅局限于酵母。如果我们在我们最喜欢的蠕虫，秀丽线虫上过表达 Sir2 的话，它就会活得更久。过表达 Sir2 的果蝇也会因此延长 57% 的寿命。因此，该基因是否在人类的衰老中也有重要作用呢？

哺乳动物中有 7 个版本的 Sir2 基因，其名称为 SIRT1 到 SIRT7。在人类中最受重视的是 SIRT6，一个不寻常的组蛋白去乙酰化酶。该领域的突破来自于斯坦福长寿研究中心年轻助理教授卡特琳·蔡（Katrin Chua）的实验室，她也是那本流传甚广的母亲回忆录《虎妈战歌》（Battle Hymn of the Tiger Mother）的作者艾米·蔡（Amy Chua）的姐姐。

卡特琳·蔡培育了即使在发育期也不表达 SIRT6 蛋白的小鼠（就是 SIRT6 敲除小鼠）。这些动物出生时看起来很正常，就是外形有点小。但两星期后，它们就会出现一系列广泛的衰老特征。包括皮下脂肪的失去、脊柱弯曲和代谢障碍。这些小鼠在一个月左右死亡，而正常小鼠在实验室条件下可以存活两年。

大部分组蛋白去乙酰化酶作用非常混杂。我的意思是它们会移除所有能见到的乙酰化组蛋白上的乙酰基。事实上，如之前提到过的，它们的作用甚至不局限于组蛋白，而将触手伸向所有乙酰化的蛋白。然而，SIRT6

蛋白并不是这样。它仅仅对两个特定的氨基酸上的乙酰基下手——组蛋白 H3 上的 9 号赖氨酸和 56 号赖氨酸。该酶似乎也对处于端粒位置的组蛋白有偏好。当卡特琳·蔡在人类细胞中敲除 SIRT6 基因后，她发现这些细胞的端粒被破坏了，而且染色体开始出现聚集。细胞失去了分裂的能力并且关闭了它们的大部分活性。

这意味着人类细胞需要 SIRT6 蛋白来保持健康的端粒结构。但这不是 SIRT6 蛋白唯一的作用。组蛋白 3 上 9 号氨基酸的乙酰化与基因表达相关。当 SIRT6 蛋白移除这些修饰时，该氨基酸就会被细胞里的其他酶类甲基化。组蛋白该位置的甲基化能够抑制基因的表达。卡特琳·蔡后续的实验证实了改变 SIRT6 蛋白的表达水平能够改变特定基因的表达。

SIRT6 蛋白通过与特定蛋白形成复合体而靶向特定的基因。一旦它在这些基因上出现，SIRT6 蛋白就会参与一个保持该基因表达降低的反馈弧，一个典型的负性循环。当 SIRT6 基因被敲除后，这些基因组蛋白上的乙酰基水平就会因为该反馈弧没有被开启而保持较高水平。这导致 SIRT6 敲除小鼠中目标基因的表达升高。这些目标基因参与促进自动破坏或者使细胞计入永久停滞的衰老状态。这些效应解释了为什么 SIRT6 敲除小鼠会出现早衰。这是因为在早年的时候，启动衰老过程的基因被开启得过于频繁，或者过于强烈。

这有点像狡猾的制造商在产品里安装一个内置的老化装置。通常，该装置在几年内不会被开启，因为要是如果激活得太早，制造商将获得一个假冒伪劣商品的头衔而消费者则不会再买他们的任何东西。在细胞里敲除 SIRT6 有点像是激活内在老化途径的软件出现故障，只不过是在一个月后而不是两年。

其他 SIRT6 靶基因与引发炎症和免疫反应相关。这也与老化有关，因为一些随着我们年龄增长而出现的状况与这些通路的活化水平增高有关。这些状况包括某些心血管疾病和慢性疾病，例如类风湿性关节炎等。

有一种被称为沃纳综合征（Werner's syndrome）的罕见遗传性疾病。罹患该病的患者在生命早期较健康人老化得更快。该疾病是由一个基因的突变引起的，该基因参与了 DNA 三维结构的形成，能在特定细胞中保持正确的构象和适当的折叠角度。该基因表达的正常蛋白与端粒相结合。在端粒的组蛋白 H3 上的第 9 号氨基酸失去其乙酰基修饰后，该蛋白能有效地与端粒进行结合。该乙酰基修饰是由 SIRT6 酶进行精确移除的。这进一步证实了 SIRT6 确实在衰老控制中起重要作用。

鉴于 SIRT6 是一种组蛋白去乙酰化酶，那么来看看组蛋白去乙酰化酶抑制剂在衰老中的作用应该很有趣。我们大概可以预测其作用应该跟抑制 SIRT6 酶表达有相同的效果，比如能够促进衰老等。这也许能够在我们打算利用 SAHA 等组蛋白去乙酰化酶抑制剂治疗患者之前，给我们一个喘息的时间去进行一些思考。毕竟，一种能够使你衰老得更快的抗肿瘤药物并不是那么有吸引力。

幸运的是，从治疗癌症患者的角度来看，SIRT6 属于一类特殊的组蛋白去乙酰化酶称为沉默信息调节蛋白类似酶（sirtuins）。跟我们在第 11 章里面见过的酶不同，这类酶并不会被 SAHA 或其他任何组蛋白去乙酰化酶抑制剂影响。

革命遗传 吃少点，活久点

所有这些都会归于一个问题，就是我们能否在寻找使人们延长寿命药物的道路上更进一步。这些数据目前并没有任何帮助，尤其是基于许多延长生命的机制都与诱发肿瘤有关的事实。如果一种治疗能够使我们的寿命延长 50 年，但却要在未来 5 年内就罹患肿瘤而要了我们的命的话，我想这没有任何意义。但是，这里确有一种延长生命的方法不伴有那些致命的副作用，不论是在酵母还是果蝇，抑或蠕虫直至哺乳动物中。这就是热量限制。

如果你只给自由采食的啮齿类动物 60% 左右热量的话，这会对寿命和与衰老相关疾病的发展产生巨大的影响。限制热量的摄入必须在生命早期开始进行并持续整个生命周期才能达到这种显著效果。在酵母中，将培养基中葡萄糖的含量（燃料）从 2% 降低到 0.5%，就会延长其大约 30% 的寿命。

对于这种热量限制效应是否由沉默信息调节蛋白类似酶，比如酵母中的 Sir2 或者其他动物中 Sir2 的其他版本所介导的尚有巨大争议。Sir2 部分由一种关键化合物进行调节，而该化合物的水平受细胞接受的营养水平所影响。这就是一些作者认为两者是有关联的原因，而且这确实是一个非常吸引人的假说。毫无疑问 Sir2 在长寿中有非常重要的作用。热量限制也显然是非常重要的。问题在于两者是一同工作的，还是相互独立的。目前对此并没有达成共识，而且这些实验结果受所选择的模型系统的影响非常严重。这些可能取决于那些乍看似乎微不足道的细节，如使用的是哪一株啤酒酵母菌株，或者培养液中有多少葡萄糖等。

热量限制的作用机制研究看起来似乎并没有它的确切作用那么重要。但机制问题对于我们寻找抗衰老策略是非常重要的，因为热量限制这种手段对人类而言有严重的局限性。在目前的人类中，食品具有巨大的社会性和文化性，其作为生命燃料的作用反而没那么大。除了这些心理和社会问题，限制热量的摄入还有一些副作用。最明显的是肌肉萎缩和性冷淡。所以显然，如果必须承担这些副作用，就算能够提供延长生命的机会，对大部分人而言并不是那么有吸引力。

这是为什么一篇 2006 年发表在《自然》杂志上的文章能够引起轰动的本质原因，该文章由哈佛大学医学院的大卫·辛克莱（David Sinclair）牵头完成。科学家们研究了一种被称为白藜芦醇的化合物对小鼠健康和生存的影响作用。白藜芦醇是一种复杂的由植物合成的化合物，包括葡萄等。它是红葡萄酒的成分之一。在那篇文章之前，白藜芦醇已被证明能够延长酵母、线虫和果蝇的寿命。

辛克莱教授和同事利用非常高能量的饮食饲养小鼠 6 个月，并同时给予白藜芦醇。6 个月后，他们检测了小鼠所有的健康指标。所有的高热量饮食的小鼠都发胖了，不管有没有被给予白藜芦醇。但是给予了白藜芦醇的小鼠却比模型组小鼠更健康。它们的脂肪肝很少，它们的运动能力更好，它们几乎没有糖尿病症状。在饲养到 114 周的时候，给予了白藜芦醇的小鼠死亡率较模型组降低了 31%。

我们马上就能意识到这篇文章为什么会受到如此的关注。如果在人类中也有相同的效果的话，白藜芦醇就是一张"肥胖特赦"卡。你想吃多少就吃多少，你想长多胖就长多胖而且一样可以活得又长又健康。不用每顿饭都少吃三分之一，也不会受到肌肉萎缩和性冷淡的困扰。

白藜芦醇是怎么做到这些的？同一课题组之前的文章展示白藜芦醇激活了一种沉默信息调节蛋白类似酶，在这里是 Sirt1。Sirt1 被认为对控制糖脂代谢有重要作用。

辛克莱教授成立了一家名为 Sirtris 的制药公司，继续以白藜芦醇的结构为基础来制备新的化合物。2008 年葛兰素史克公司支付了 7.2 亿美元收购了 Sirtris 制药在治疗衰老相关疾病方面的业务。

许多行业观察家认为这笔交易买贵了，它确实存在一些问题。2009年，作为其竞争对手的制药公司——安进集团发表了一篇论文。他们声称白藜芦醇并没有激活 Sirt1，原来的结果是由技术问题造成的假象。不久之后，来自另一个制药巨头，辉瑞公司的科学家们发表了跟安进集团发表的非常类似的结果。

大型医药公司专门为了反对另一家公司的研究结果而发表论文真的很不寻常。因为没有什么必要这样做，制药公司的药物能上市成功才是最终的判断标准，在药物研发的早期阶段就批评竞争对手并不能给他们带来任何的商业优势。事实上，无论是安进公司，还是辉瑞公司公开他们的发现只是一个白藜芦醇的故事如何引人争议的示例而已。

白藜芦醇的作用机制真的很重要吗？难道最重要的问题不是它到底是否具有那神奇的效果吗？如果你想要研发治疗人类疾病的新药的话，很不幸，这确实很重要。负责药品注册的专家更倾向于通过那些知道如何工作的化合物。这部分是因为如果你知道药品作用机制的话，会更容易控制其副作用。但另一个问题是，白藜芦醇本身也许并不适合作为药品。

包括白藜芦醇在内的从植物中提取的天然产物往往都有一个问题。这些天然产物也许需要改构以获得更大或者更小的体积，以使它们在体内的循环更好，且不会产生恼人的副作用。举个例子，青蒿素是从能杀死疟原虫的青蒿中提取的化合物。青蒿素自身在人体的摄取并不好，于是研究人员在原有的天然产物结构的基础上合成了一系列化合物。这些衍生物能杀死疟原虫，而且跟青蒿素相比，能够更好地被我们的身体吸收。

但如果我们不能确切地知道某个特定化合物的作用机制，就很难去设计和检验新的结构，因为我们不知道如何去简单地检测出新化合物是否依然能够影响正确的蛋白。

葛兰素史克始终坚持其原有的方案，但由于肾毒性问题，他们进行的白藜芦醇治疗多发性骨髓瘤的临床试验不得不停止。

沉默信息调节蛋白类似酶组蛋白去乙酰化酶激动剂的进展已经引起了医药界巨头们的浓厚兴趣。事实上，我们并不知道这些表观遗传修饰物在延长寿命或者对抗老年疾病方面到底会有怎样的表现。所以现在，我们应该仍然坚持一些老套路：大量吃蔬菜，多锻炼，尽量避免熬夜工作。

第14章 女王万岁

"我愿意用所有的财产换取片刻生命。"

——伊丽莎白女王一世

营养对哺乳动物健康和寿命的影响确实非常神奇。如我们在前一章所见，长时间的热量限制能够延长小鼠三分之一的寿命。我们也在第6章了解了，我们的健康和寿命会受父母和祖父母的营养状态所影响。这些确实是耀眼的发现，但自然界给了我们一个神奇得多的关于营养对寿命巨大作用的例证。想想看，如果你可以的话，在一个物种身上，饮食控制能够将生命延长约二十倍。整整二十倍。如果这发生在人类身上，英国可能仍然由伊丽莎白女王一世进行统治，并有希望再持续400年。

显然这不是发生在人类身上的，但它发生在一个常见的物种身上。我们在春天和夏天经常见到它。我们使用它们的劳动成果来制造蜡烛和家具上光剂，从人类历史的极早期我们就开始吃它们辛勤工作的产物。它就是蜜蜂。

蜜蜂，是一个真正的非凡生物。这是一个具有社会性的昆虫。它生活在包含数万成员的群落里。它们中大部分是工人。这些是不育的雌性，承担一系列特殊的工作，包括采集花粉、建设住宅和照看幼虫。只有很少数量的雄性，如果它们幸运的话，除了交配就几乎不用做什么事情。同时，还有一个女王。

为形成一个新的群落，一个处女蜂后带着一大群工蜂离开蜂巢。她会与一些雄性交配，并定居下来形成一个新的群落。女王将生产成千上万的卵，其中大部分将孵化和发育成更多的工蜂。一些卵能孵化和发育成新的蜂后，并将这个过程重复进行。

因为建立群落的蜂后需要交配很多次，所以并不是群落里所有蜜蜂的基因组都是一致的，原因是它们可能源自不同的父亲。但在任何群落里面都会有成千上万的蜜蜂拥有相同的基因组。这种基因的一致性不仅仅是对工蜂而言的。群落里面的新蜂后会跟数千只工蜂拥有一样的基因组。我们可以称它们为姐妹，但这并不能确实地描述它们之间的关系。它们全是克隆体。

然而，新蜂后和它的克隆工蜂姐妹相互之间有着截然不同的区别，不管在外貌上还是行动上。蜂后的体积可以达到工蜂的两倍大。当它首次离开一个群落并交配，经过所谓的婚飞之后，蜂后几乎就永远不会离开它的巢穴了。它待在巢穴内的黑暗中，在夏天期间每天生产 2 000 枚卵。它没有螫刺、没有蜡腺，也没有花粉篮（你要是从不离家的话确实也不需要购物袋）。工蜂的生命长度基本上是以周来计算的，而蜂后的生命则是以年为单位的。

相反，工蜂能够做很多蜂后不会做的事情。其中最主要的就是收集食物，而且随后告知群落里其他工蜂具体位置。这信息通过著名的"摇摆舞"进行传递。蜂后生活在奢华的黑暗中，但是它从来都不会跳舞。

所以，一个蜜蜂的群落里面有上千只基因型相同的个体，但是它们之间确实存在着巨大的表型和行为差异。这些差异是由蜜蜂在幼虫时吃东西的不同所导致的。早期食物的模式完全决定了一条幼虫将来是发育成工蜂还是蜂后。

对蜜蜂来说，DNA 蓝图是完全一样的，但是产出却不尽相同。产出由早期事件（食物特征）来控制，而且其产生的表型将在蜜蜂的一生中进行维持。这种情形简直就是在尖叫着"是表观遗传作用在我们上"，在过去的几年里，科学家们开始解开整个过程背后的分子机制。

对蜜蜂至关重要的骰子游戏发生在其出生后的第三天，那时候的它们已是一个相当稳定的幼虫或幼体了。在前三天里，所有蜜蜂幼虫都被给予了同样的食物。这是一种叫做蜂王浆的物质，它是由一类特殊的工蜂产生的。这些年轻的工蜂被称为护理蜂，它们通过头上的腺体分泌蜂王浆。蜂王浆是一种高营养的食物来源，由很多种不同物质构成，包括关键氨基酸、异脂肪酸、特殊蛋白质、维生素和其他还没有被确认的营养物质。

一旦长到三天大，护理蜂就会停止将蜂王浆喂给其中的大部分幼虫。取而代之的是，大部分幼虫的掉价儿食谱变成了花粉和花蜜。这些就是将来要成为工蜂的幼虫。

出于不为人知的原因，护理蜂会选择很少一部分特定的幼虫继续喂食蜂王浆。我们并不知道这些幼虫是如何被选出来的。从基因型来说，它们跟那些被改变了食谱的个体是一样的。但是这一小群被继续喂食蜂王浆的幼虫将成长为蜂后，而且在余生中将一直享用相同的食物。蜂王浆对蜂后成熟卵巢的生成非常重要。雌性工蜂没有卵巢的发育，这也是它们不孕的原因之一。蜂王浆也能防止蜂后发育出它并不需要的器官，比如那些花粉篮。

我们对该过程背后的机制已经有了一些了解。蜜蜂幼虫有一种跟我们的肝脏有类似功能的器官。当一条幼虫持续服用蜂王浆，该器官就会处理该复合食物资源并激活胰岛素信号通路。这跟哺乳动物中控制血糖水平的激素通路非常相似。在蜜蜂中，激活该通路会升高另一种被称为保幼激素的物质的表达。保幼激素反过来会激活其他途径。其中的一些能刺激卵巢等组织发育成熟。其他则关闭蜂后不需要的器官生成。

革遗命传 效仿皇家

因为蜜蜂成熟过程跟表观遗传现象有如此多的相似，所以研究人员推测其中应该会有表观遗传机制的参与。首先确定该事实的时间是在 2006 年。当年，研究人员对这一物种的基因组进行了测序，并确定其基本基因蓝图。他们的研究表明，蜜蜂基因组包含其他高等动物，如脊椎动物的 DNA 甲基转移酶基因相似的基因。蜜蜂基因组也包含了大量的 CpG 岛。该核苷酸重复序列往往是 DNA 甲基化转移酶的靶点。

同年，在伊利诺斯工作的吉恩·罗宾逊（Gene Robinson）领导的研究组表明，那些在蜜蜂基因组编码的被预测是 DNA 甲基转移酶的蛋白质确实具有活性。该蛋白质能够在 DNA 的 CpG 岛上添加甲基。蜜蜂也表达了能够结合到甲基化 DNA 上的蛋白质。综合这些数据可以表明，蜜蜂的细胞可以对表观遗传编码进行"读"、"写"。

在这些数据发表以前，没人愿意去探究蜜蜂是否具有一套 DNA 甲基化系统。这是因为大部分用于实验的昆虫系统，如我们在本书前面提到过的果蝇等，并不能甲基化其 DNA。

所以，发现蜜蜂有一套强大的 DNA 甲基化系统是非常有趣的。但这并不能证实 DNA 甲基化在幼虫对蜂王浆的反应或者食物对成熟蜜蜂外貌和行为的持续影响中有作用。这个问题被来自位于堪培拉的澳大利亚国家大学的理夏德·马莱斯卡（Ryszard Maleszka）博士实验室的一些漂亮工作所证实了。

马莱斯卡博士及其同事在蜜蜂幼虫中通过关闭 Dnmt3 基因来抑制该 DNA 甲基转移酶的表达。Dnmt3 蛋白的作用是在没有被甲基化的 DNA 区域上添加甲基基团。该实验结果如图 14.1 所示。

当科学家们降低了蜜蜂幼虫中 Dnmt3 基因的表达后，产生的结果跟被喂食了蜂王浆是一样的。大部分幼虫长成了蜂后，而不是工蜂。因为敲出 Dnmt3 基因具有跟喂食蜂王浆一样的效果，这提示蜂王浆的主要作用之一应该跟改变重要基因的甲基化特征有关。

为支持该假说，研究者们也检测了不同实验组间 DNA 甲基化和基因表达模式的情况。他们发现蜂后和工蜂的大脑中具有不同的 DNA 甲基化特征。在被敲除了 Dnmt3 基因的蜜蜂的大脑中，其 DNA 甲基化特征跟那些由蜂王浆诱导的正常蜂后相似。这也是两组具有相同表型的一部分。正常蜂后跟 Dnmt3 基因敲出蜂后的基因表达特征也很相似。作者的结论是持续喂食蜂王浆导致的营养效应是通过 DNA 甲基化介导的。

在营养条件如何导致蜜蜂幼虫改变 DNA 甲基化特征的问题上，我们还有很多不明之处。基于上述实验的一个假说就是，蜂王浆抑制了 DNA 甲基转移酶的活性。但到目前为止，没有人能够在实验中对此进行证实。因此，很可能的情况是蜂王浆对 DNA 甲基化的影响是间接的。

我们知道的是蜂王浆能够影响蜜蜂的激素信号通路，并改变了基因表达特征。改变一个基因的表达水平经常会导致该基因的表观遗传修饰。一个基因被开启得越高，其组蛋白就会被修饰得越厉害，以促进基因的表达。也许在蜜蜂中也有类似的事件发生。

我们也知道 DNA 甲基化系统和组蛋白修饰系统经常协同工作。这引起了科学家对于组蛋白修饰酶在控制蜜蜂发育和行为中作用的兴趣。当蜜蜂基因组测序完成时，我们发现了四种组蛋白去乙酰化酶。

有趣的是我们一段时间以前就已经知道了蜂王浆中含有一种叫做丁酸苯酯的化合物。这种小分子可以抑制组蛋白去乙酰化酶，但作用很弱。2011 年，休斯敦安德森癌症中心的马克·贝德福德（Mark Bedford）博士

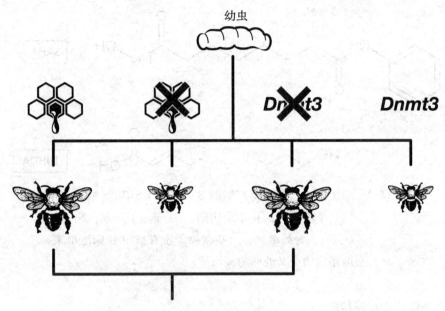

用蜂王浆喂食或者敲出*Dnmt3*基因的
表达会导致更多的蜂后出现

图 14.1　当幼虫被喂食更长时间的蜂王浆，幼虫就会发育成蜂
　　　　 后。在停止喂食蜂王浆但是实验性减低 *Dnmt3* 基因的
　　　　 幼虫中也会导致相同的后果。Dnmt3 蛋白能够在 DNA
　　　　 上添加甲基基团。

发表了一篇对蜂王浆另一个组分的有趣研究。该文章的作者之一是资深教
授让－皮埃尔·伊萨，其在促进表观遗传药物治疗癌症方面很有影响力。

　　研究者分析了蜂王浆中一种被称为（E）－10－羟基－2－癸烯酸，或
简称为10HDA 的组分。该化合物的结构如图 14.2 所示，图中也展示了
SAHA，我们在第 11 章中见过的被允许用于癌症治疗的组蛋白去乙酰化酶
抑制剂。

　　这两种结构怎么看都是不同的，但它们确实有一些相似点。两者都有
一条碳原子长链（看起来像鳄鱼背部的侧面），而且它们的"右手"边看
起来也相当的类似。马克·贝德福德和他的同事假设，10HDA 可能也是组
蛋白去乙酰化酶抑制剂。他们进行了大量的化学和细胞实验表明，这的确
是事实。这意味着，现在我们知道了蜂王浆中的一个主要成分能够抑制一

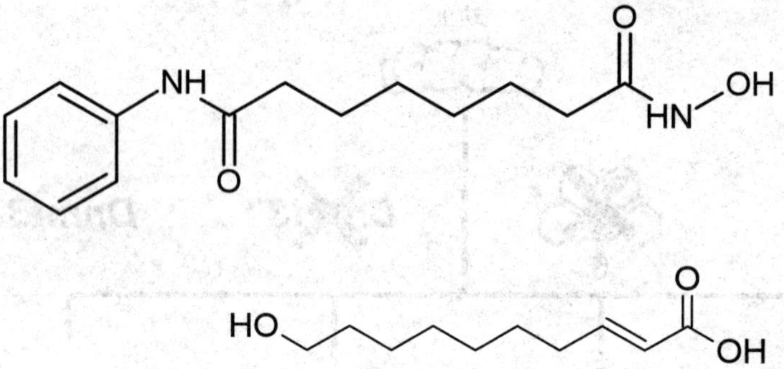

图 14.2　组蛋白去乙酰化酶抑制剂 SAHA 和 10HDA（蜂王浆中的一个组分）的化学结构图。C：碳；H：氢；N：氮；O：氧。为简单化，一些碳原子没有被用 C 标注出来，两条线的交叉处即为碳原子。

类关键的表观遗传酶。

革遗 命传　健忘的蜜蜂和灵活的工具

　　表观遗传学的影响并不局限于蜜蜂是发育成工蜂还是蜂后。理夏德·马莱斯卡的研究还表明，DNA 甲基化参与了蜜蜂的记忆过程。当蜜蜂找到一个好的花粉或花蜜的来源，它们就会飞回蜂巢，告诉群落的其他成员去前往该丰盛的食物区。这告诉了我们一些关于蜜蜂的真正重要的东西：它们能记住信息。它们肯定能记住信息，否则它们不会告诉其他蜜蜂去哪里吃饭。当然，同样重要的是，蜜蜂还能够忘记信息，并用新数据进行替换。因为如果你告诉同事的是上星期发现的花园的话，那里的花很有可能早就被一头驴吃光了，而这样的信息没有任何意义。所以蜜蜂需要忘记上周的蓟草所在，而记得这周发现的薰衣草的位置。

　　事实上训练蜜蜂对事物刺激产生反应的可行的。马莱斯卡博士和他的同事曾说，当蜜蜂受到该类训练后，它们大脑中与学习紧密相关的区域的 Dnmt3 蛋白水平会升高。如果使用药物抑制 Dnmt3 蛋白的表达，就会改变蜜蜂保持记忆的方式以及记忆遗忘的速度。

　　尽管我们知道 DNA 甲基化在蜜蜂的记忆中非常重要，但是，我们不知道其确切的机制是什么。这是因为我们并不清楚在蜜蜂学习和获得新的记忆时，到底哪些基因出现了甲基化。

　　目前为止，我们可以认为蜜蜂以及更高等一些的生物，包括我们和我们的哺乳动物亲戚，都利用相同的方式来使用甲基化。不容置疑的是 DNA 甲基化的变化在人类和蜜蜂中都与发育过程有关。同样正确的是，哺乳动物和蜜蜂都在大脑的记忆过程中使用 DNA 甲基化。

　　但奇怪的是，蜜蜂和哺乳动物使用 DNA 甲基化的方式却大相径庭。一个木匠使用他的工具箱来打造一个书柜。一个整形外科医生则用他的工具箱来锯掉一条腿。有时候，相同的工具可以被用于截然不同的用途。哺乳动物和蜜蜂都将 DNA 甲基化作为一种工具来使用，但由于进化的原因它们的使用方式却完全不同。

　　当哺乳动物将 DNA 甲基化的时候，它们一般是将基因启动子的区域进行甲基化，而不是在编码氨基酸的区域上。哺乳动物也甲基化 DNA 重复元件和转座子，正如我们在第 5 章看到的艾玛·怀特洛的工作。哺乳动物中的 DNA 甲基化趋向于关闭基因的表达和关闭转座子之类可能对我们基因组造成危险的因素。

　　蜜蜂通过截然不同的方式使用 DNA 甲基化。它们不甲基化重复区域或者转座子，所以它们应该是通过其他的办法来控制这些可能会捣乱的元件。它们甲基化编码氨基酸的基因区域里的 CpG 岛，而不是基因的启动子区域。蜜蜂不使用 DNA 甲基化来关闭基因的表达。在蜜蜂中，DNA 甲基化在那些所有组织都表达的基因中出现，而且还出现在那些不同昆虫种类中都表达的基因上。DNA 甲基化在蜜蜂组织中作为一种微调的机制存在。它通过量的轻微上调或下降来调控基因的活性，而不是那种全开或者全关的方式。DNA 甲基化的模式也与蜜蜂组织中 mRNA 剪切的控制密切相关。然而，我们并不知道这种表观遗传修饰在信息传递过程中的确切影响方式。

　　我们对蜜蜂中表观遗传调节的微妙之处的了解确实才刚刚起步。例如，蜜蜂的基因组中有 10 000 000 个 CpG 岛，但在任一组织中都只有不超过 1% 的甲基化。不幸的是，如此低水平的甲基化程度导致对该表观遗传修饰作用的分析变得非常具有挑战性。Dnmt3 基因敲出实验的结果表明，DNA 甲基化对蜜蜂的发育有重要影响。但是，由于在这一物种中 DNA 甲基化是一种微调方式，*Dnmt3* 基因敲出实验的结果很可能是源自许多基因轻微变化的综合结果，而不是几个基因的显著变化。对这类细微的改变进行分析和实验探索是最困难的。

蜜蜂并不是唯一的由具有相同基因的个体构成，却通过不同的形态和功能维持复杂社会关系的昆虫。该模型还出现在不同种类的黄蜂、白蚁、蜜蜂和蚂蚁中。我们还不知道同样的表观遗传过程是否在这些系统中都存在。来自宾夕法尼亚大学的雪莱·伯杰，我们在第 13 章提到过他关于衰老课题的研究，进行了一项蚂蚁遗传学和表观遗传学的大型合作课题。这项工作已经表明，至少有两个种类的蚂蚁的基因组中的也存在 DNA 甲基化。不同群体之间表达的表观遗传酶千差万别。这些数据初步表明，群体成员的表观遗传控制可能是一种在社会性昆虫中被使用了不止一次的进化机制。

然而，目前世界上大部分表观遗传学的实验室都在关注蜂王浆，一种长期以来都被作为健康补充剂的食品。应该指出的是，几乎没有确凿的证据来支持蜂王浆对人类有什么明显的作用。马克·贝德福德和他的同事研究的组蛋白去乙酰化酶抑制剂 10HDA 能够影响血管细胞的生长。理论上讲，它可以通过抑制血管增生并减少血液供应而对肿瘤进行治疗。然而，我们在使用蜂王浆对抗癌症或者以任何其他方式帮助人类健康方面还有很长的路要走。但有一件事是我们已经知道的，就是蜜蜂和人类在表观遗传上是不一样的。这倒是好事，除非你是真正的君主制度的拥护者……

第 15 章　绿色革命

在一粒沙中看世界，
从一朵野花看天堂，
把握在你手心里的就是无限，
在一个小时中体会永恒。

　　　　　　——威廉·布莱克（William Blake），
　　　　　　《天真的预言》（*Auguries of Innocence*）

　　也许我们都对"动物、植物或矿物"的猜谜游戏比较熟悉。从这个游戏名称中我们就能看出其隐含的意思是植物跟动物是全然不同的。确实，它们都是活着的有机体，但是这也许就是我们能理解的唯一的相似之处了。我们有时也许可以接受在很久以前人类跟蠕虫共享相同的祖先。但是我们很少认为我们跟植物会有生物学上的遗传关联。我们曾几何时认为过康乃馨是我们的表亲？

　　但动物和植物在很多方面都有惊人的相似，尤其是我们跟最高等的绿色亲戚，显花植物之间。它们包括了青草和我们赖以生存的作为基本食物摄入的谷物，以及阔叶植物，包括从橡树到卷心菜，从杜鹃花到水芹。

　　动物和显花植物都由很多细胞构成：它们都是多细胞有机体。许多细胞都具有特定的功能。在显花植物中，这些细胞有专门为植物全身运输水或者糖分的，有在叶子中专门进行光合作用的，有在根茎中专门存储食物的。跟动物一样，植物有专门进行有性生殖的细胞。精子细胞核由花粉携带并给一个巨大的卵细胞受精，从而形成一个新的受精卵并成为一株新的独立的植物。

　　植物和动物之间的相似点远比看起来的更基础。植物中有很多基因在动物中也存在。从我们的观点来看，更重要的是，植物也有高度发达的表观遗传系统。它们能够像动物细胞那样修饰组蛋白和 DNA，而且在很多情况下使用与动物（包括人类）非常类似的表观遗传酶进行工作。

这些遗传和表观遗传上的相似点都显示动物和植物有着共同的祖先。因为我们有共同的祖先，所以我们遗传了相似的遗传和表观遗传工具。

当然，植物和动物之间也确实存在非常重要的不同。植物能够自己制造食物，动物则不能。植物从环境中吸收基础的化学物质，尤其是水和二氧化碳。通过使用来自阳光的能量，植物能够将这些简单的化合物转化成为复杂的糖类，比如蔗糖。地球上几乎所有的生命都直接或间接地依赖着这惊艳的光合作用。

植物和动物另外还有两个方面的不同。所有的园丁都知道你能够从一株活着的植物上剪下一枝——也许只是很小的一支——并且让它成为一株全新的植物。几乎没有动物能够做到这点，也没有比之更先进的能力。当然，如果特定种类的蜥蜴丢失了它们的尾巴，它可以长出一根新的来。但是，它们反之就不行了。我们不可能通过一根残缺的尾巴得到一只新的蜥蜴。

这是因为绝大部分的成年动物体内唯一还保持着多能干细胞能力的只有被严格控制着的形成卵子或者精子的生殖细胞。但是有活性的多能干细胞在植物中是一个非常普通的部分。在植物中，这些动能干细胞位于茎和根的顶端。在适当的条件下，这些干细胞能够保持分裂并保持植物生长。但在其他条件下，这些干细胞会分化成特定的细胞类型，比如花朵。举例来说，一旦一个细胞决定致力于成为一个花瓣，它将不能再重新变回干细胞。即使是植物细胞，最终也要滚落沃丁顿表观遗传的山坡。

另一个植物和动物之间的显著区别是，植物不能移动。当环境条件发生改变时，植物必须去适应，否则就会死亡。它们不能跑离或者飞离不适的刺激。植物不得不找到一个办法对它们周围所有的环境刺激进行适应。它们需要保证自己能够活得足够久，直到在当年特定时间完成繁殖工作，以保证它们的后代能够有最大的机会形成新的个体。

与此相反的物种，如在南非过冬的欧洲燕子（家燕）。随着夏季的来临，在环境变得难以忍受前，燕子就出发进行史诗般的迁移。它们从非洲和欧洲上空飞过，在英国度过夏天并孕育它们的后代。六个月后，它们就会回到南非去。

许多植物对环境的响应与改变细胞的命运有关。这些响应包括了将准备成为多功能干细胞的细胞转变为成为终末分化的花朵的一部分，以保证有性繁殖。表观遗传过程在这两个过程中都有重要作用，而且与其他植物细胞进行交互以将繁殖成功的概率最大化。

不是所有的植物都使用相同的表观遗传策略。目前了解得最好的模型系统是一种微不足道的小显花植物，被称为拟南芥。这是一种可以在任何一块荒地里发现的看起来像普通杂草的十字花科植物。它大部分的叶片呈莲座状接近地面生长。它在大约20—25厘米高的茎上开出白色的小花。因为其基因组非常紧凑以至于基因测序简单，所以对研究者而言，它是非常有用的模型系统。目前已经有非常发达的对拟南芥进行基因修饰的技术。这使得科学家们对其进行基因突变以探讨其作用变得相对简单。

野生拟南芥种子在初夏发芽。种子发芽并创建莲座状的叶片。这被称为植物生长的营养期。为了繁育后代，拟南芥会开花。花朵中将产生新的卵子和精子，并最终产生新的受精卵，随种子四处播散。

但对植物而言这是个问题。如果它在年内开花晚了，产生的种子就会被浪费。这是因为天气因素将不会适于种子萌发。即使种子历经千辛万苦萌发出幼苗，这些脆弱的植株也会被一场诸如霜冻的坏天气干掉。

成年的拟南芥需要保存火力。如果它能等到明年春天再开花，那么它的后代存活概率将更大。成年的植物可以在能够扼杀幼苗的冬天里生存。这正是拟南芥要做的。这种植物"静候"着春天，并只在那时才开花。

遗传革命 春天的仪式

描述该过程的术语是春化（vernalisation）。春化是指植物经过较长期的寒冷（一般是冬季）才可以开花。这在具有年度生命周期的植物中是很常见的，特别是生长在地球上四季分明的温带地区的植物中。春化不只是影响拟南芥等阔叶植物。许多谷物中也有这种作用，特别是一些作物，如冬大麦和小麦等。在许多情况下，想开花的话，长寒冷期后面要紧跟着有日照时间的延长。两个刺激因素的组合就能确保开花发生在每年的最合适时间里。

春化有一些非常有趣的特点。植物第一次开始感受并对寒冷气候做出反应的时间，应该是在它开花的几周甚至几个月以前。植物也许会在寒冷的季节通过细胞分裂持续进行生长。当亲本植物春化后产生新的种子时，这些种子被"重置"。它们通过种子生产的新植物必须自己在开花前度过寒冷的季节。

春化的这些特征都很容易让人联想起动物中的表观遗传现象。具体的如下：

1. 植物表现出了一些分子记忆的特点，因为刺激和最终事件之间有几周或者几个月的时间间隔。我们可以将此与幼儿时期被忽视的啮齿动物在成年出现异常应激反应的现象进行类比。

2. 这些记忆甚至能够在细胞分裂后予以保持。我们可以将此与动物细胞在正常发育或肿瘤发展中，保持对亲本细胞受到的刺激进行反应的现象进行类比。

3. 该记忆在下一代（种子）中会丢失。这跟动物中几乎所有身体组织的变化都会被"抹杀"一样，所以拉马克遗传才会显得如此与众不同。

所以，在表象水平，春化看起来非常表观遗传化。最近几年，相当一部分的实验室已经证实在此过程中，表观遗传在染色体修饰的水平上发挥着作用。

春化中的关键基因被称为开花核心 C（*FLOWERING LOCUS C*）或简称为 *FLC*。*FLC* 编码一种被称为转录抑制子的蛋白。它与其他基因结合并终止其开启。拟南芥的开花中有三个基因尤为重要，被称为 *FT*、*SOC*1 和 *FD*。图 15.1 显示了 *FLC* 如何与这些基因进行相互作用，以及产生对开花的影响。该图也显示了经过一段寒冷期后，*FLC* 的表观遗传特征有了何种改变。

在冬天以前，*FLC* 基因启动子上有大量的保持基因表达开启的组蛋白修饰。因此，*FLC* 基因呈高表达状态，其编码的蛋白会结合到靶基因上并将其关闭。这会保持植物进行正常的营养期生长。冬天过后，*FLC* 基因上的组蛋白修饰会变成抑制性的。这会关闭 *FLC* 基因。FLC 蛋白水平从而下降，并移去了对靶基因的抑制。春天里延长的日照时间会激活 *FT* 基因的表达。在这个过程中，FLC 蛋白水平的降低是非常必要的，因为如果 FLC

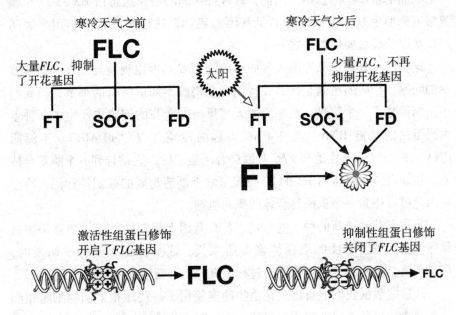

图 15.1 表观遗传修饰调节能够抑制开花基因的 *FLC* 基因的表达。*FLC* 基因上的表观遗传修饰受温度的调控。

的水平一直很高，*FT* 基因就很难对日照的刺激做出反应。

将不同版本表观遗传酶进行突变的实验表明 *FLC* 基因上的组蛋白修饰在控制开花反应中具有非常重要的作用。例如，有一个被称为 *SDG27* 的基因能够在组蛋白 H3 上 4 位赖氨酸上添加甲基基团，所以这是一个表观遗传 "书写者"。该甲基化与激活基因表达相关。*SDG27* 基因能够进行实验性的突变，以使其不再编码有活性的蛋白。具有该突变的植物的 *FLC* 基因启动子上具有很少的该活性组蛋白修饰。于是 FLC 蛋白生成减少，从而不能很好的抑制触发开花的那些基因。*SDG27* 突变体的花期较正常植物显著提前。这显示 *FLC* 启动子上的表观遗传修饰不仅影响了该基因的活性水平，还改变了其表达。该修饰确实导致了表达的变化。

寒冷气候导致植物细胞中一种称为 VIN3 的蛋白的表达。该蛋白能够与 *FLC* 的启动子相结合。VIN3 是一类被称为染色体重构子的蛋白。它可以改变染色质紧密缠绕的方式。当 VIN3 与 *FLC* 的启动子结合后，它改变了染色质的结构，使其更易于接受其他蛋白的访问。通常，开放的染色质会导致基因表达的增加。然而，在这种情况下，VIN3 能吸引另一个向组蛋白上添加甲基基团的蛋白。然而，这种特殊的酶是在组蛋白 H3 的 27 位赖氨酸上添加甲基。该修饰抑制了基因的表达，这也是植物细胞用来关闭 *FLC* 基因的最重要的方法之一。

这仍然没有解决寒冷的天气如何导致 *FLC* 基因出现特异性表观遗传改变的问题。靶向的机制是什么？我们至今仍然不知道所有的细节，但我们还是搞清楚了一个阶段。在寒冷的天气里，拟南芥的细胞中产生了一种不编码蛋白的长链 RNA。这种 RNA 被称为冷空气（COLDAIR）。不编码 RNA 的冷空气特异性地与 *FLC* 基因结合。锚定后，它结合到一个酶复合体上，该复合体在组蛋白 H3 的 27 位赖氨酸上制造重要的抑制性标记。冷空气因此可以作为一个该酶复合体的靶向机制。

当拟南芥制造新的种子的时候，*FLC* 基因上抑制性的组蛋白修饰物被移除。它们被激活性的染色体修饰所取代。这些保证了当种子萌发时，*FLC* 基因会被开启，而将开花的过程一直抑制到新植物度过冬天为止。

从这些数据我们能看出显花植物确实使用了一些跟很多动物细胞相同的表观遗传机制。包括组蛋白修饰，和靶向这些修饰的长链非编码 RNA 的使用。确实，动物和植物细胞使用这些工具的终点产出并不相同——记得上一章提到过的关节外科医生和木匠吗——这些都是对于共同祖先和基本工具配置的有力的证据。

植物和动物的表观遗传上的相似性没有在此终止。如同动物，植物也能产生数千种不同的小 RNA 分子。这些不编码蛋白的分子的作用是沉默基因。是那些研究植物的科学家首先意识到这些非常小的 RNA 分子能够从一个细胞移动到另一个，并进行基因的沉默。这将有机体上一个初始部位产生的表观遗传响应传递到了远处的其他部分。

革遗 命传 神风谷物

对拟南芥中的研究表明，植物能够利用表观遗传修饰调控基因。这种调节可能在动物细胞中也是一样的。它可以帮助细胞保持适当的状态而对环境刺激产生短期反应，它也可以将分化细胞特定基因的表达状态进行锁定。得益于表观遗传机制，我们人类不会在眼球里长出牙齿，而植物也没有在根上长出叶片。

　　显花植物与哺乳动物共享着一个很有特点的表观遗传现象，而动物王国的其他成员则没有。显花植物是我们目前所知的除了胎生哺乳动物以外唯一具有基因印迹的生物。我们在第 8 章中研究过印迹过程，就是一个基因的表达特征依赖于其来源是母亲还是父亲。

　　乍一看，显花植物和哺乳动物之间的这种相似性似乎相当奇怪。但在我们跟我们的开花亲戚之间有一个有趣的平行关系。在所有的高等哺乳动物中，受精卵是胚胎和胎盘的来源。胎盘滋养胚胎发育，但没有最终形成新个体的一部分。类似的情况在显花植物受精后也会发生。这个过程要稍微复杂一些，但最后受精的种子会包含胚胎和被称为胚乳的附属组织，如图 15.2 所示。

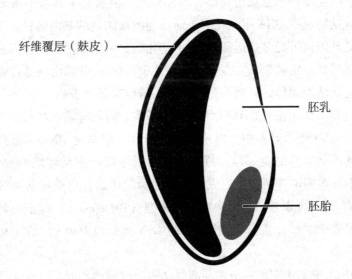

纤维覆层（麸皮）

胚乳

胚胎

　　图 15.2　种子的主要解剖结构的组成。相对较小的胚胎
　　　　　　　将产生新的植物，胚乳滋养胚胎，其方式跟哺
　　　　　　　乳动物的胎盘营养胚胎有点类似。

　　如同胎盘在哺乳动物发育中的作用一样，胚乳滋养着胚胎。它促进了发育和萌发，但没有遗传给下一代任何东西。胎盘或胚乳这种在发育过程的附属组织，似乎对那些被选择的一组基因表达的印迹控制有所贡献。

　　事实上，种子的胚乳中发生着一些非常复杂的事情。像大多数动物的基因组一样，显花植物的基因组中有反转录转座子。它们通常被称为 TEs

的转座因子。这些都是不编码蛋白质的重复元件，但如果它们被激活，将会导致非常严重的后果。这是因为它们可以在基因组中游荡并破坏基因的表达。

一般情况下，这些 TEs 转座因子会被强烈地抑制，但在胚乳中，这些序列是被开启的。胚乳中的细胞从这些 TEs 转座因子产生小 RNA 分子。这些小 RNA 分子从胚乳中游离出并进入胚胎中。它们在胚胎的基因组中寻找与自己相同的序列。这些小 RNA 分子随后会募集能够导致永久失活的蛋白到这些可能会导致危险的基因组元件上。对于胚乳基因组来说再激活 TEs 转座因子的风险非常高。但因为胚乳对下一代在遗传上没有任何贡献，所以为了更好的未来，它们可以从事这项自杀任务。

尽管哺乳动物和显花植物都有印迹作用，但看起来两者的机制稍有不同。哺乳动物利用 DNA 甲基化来失活适当的被印迹的基因拷贝。植物，父本来源的基因拷贝经常是运载 DNA 甲基化的那一个。然而，并不是这条甲基化的拷贝就一定被失活。在植物的印迹中，DNA 甲基化只是告诉细胞一个基因是从何处遗传的，而不是这个基因是否需要被表达。

植物和动物还在一些 DNA 甲基化的基本方面具有类似性。植物基因组编码活性 DNA 甲基转移酶，以及能够"阅读"甲基化 DNA 的蛋白。跟哺乳动物的原始生殖细胞一样，特定的植物细胞能够主动移除 DNA 的甲基化。我们甚至知道在植物中完成该作用的酶是什么。它被命名为得墨忒耳（*DEMETER*），源于希腊神话中珀耳塞福涅（Persephone）母亲的名字。得墨忒耳是收获女神，正因为她同冥界主宰哈迪斯（Hades）的交易，我们才有了四季。

但 DNA 甲基化中也有植物和高等动物通过截然不同的方法使用相同基本系统进行表观遗传修饰的方面。最明显的区别之一就是植物不仅在 CpG 岛上（胞嘧啶后跟着一个鸟嘌呤）进行甲基化。虽然这是最常见的 DNA 甲基转移酶的靶序列，但植物会将后面跟着任何其他碱基的胞嘧啶进行甲基化。

跟哺乳动物一样，植物中大量的 DNA 甲基化是针对着非表达重复元件进行的。但，当我们研究植物中编码基因的 DNA 甲基化模式时，巨大的差异就出来了。植物中 5% 左右的编码基因启动子区域能够检测到 DNA 甲基化，但编码基因躯干部分，就是编码氨基酸序列的区域里面有 30% 被甲基化了。躯干区域被甲基化的基因往往在各种组织中广泛表达，并在这些组织中呈高水平表达。

　　植物中重复元件的高水平 DNA 甲基化与诸如哺乳动物的高等动物中染色体上重复元件的特征非常相似。相反，广泛表达基因的躯干区域的甲基化则更像我们在蜜蜂中见到的（它们不甲基化重复元件）。这并不意味着植物是昆虫和哺乳动物表观遗传的奇怪混合体。相反，这显示了进化可使用的原料有限，但并不过于沉迷于如何使用它们。

第 16 章　前方的路

> "预测是很困难的，预测未来尤甚。"
>
> ——尼尔斯·波尔（Niels Bohr）

表观遗传学中最令人兴奋的事情之一就是在某种程度上非专业人员也很容易接受它。我们不能拥有所有最新的实验技术，所以不是所有人都能解开导致表观遗传事件的染色质变化之谜。但我们可以审视周围的世界并作出预测。我们要做的就是看看某一个现象是否满足表观遗传学的两个最重要标准。经由此，我们可以从一个全新的视野来观察自然世界，包括人类。这两个标准是我们已在本书中重复提及了多遍。判断一个现象是否由DNA及其伴随蛋白质表观遗传改变导致的标准，就是要满足以下条件中的一个或者两个：

1. 两个事物在基因型上完全一致，但表现各异；
2. 一个有机体在初始刺激发生很久以后，仍持续被影响。

当然，我们不得不经常进行一些基本的过滤。如果有人在摩托车事故中失去了一条腿，二十年后他还是只有一条腿的这件事情显然不能算是一种表观遗传事件。另一方面，有些人也许会存有他们仍然具有两条腿的幻象。这种幻肢综合征也许是受中枢神经系统某些编码基因表达的特征所影响，而这部分与表观遗传修饰相关。

现代生物学中，我们有时过于依赖技术而忽视了我们能够仅通过观察进行学习的能力。举例来说，我们并不是只能依赖巨大的实验室设备来鉴定两种表型不同的事物是否具有基因一致性。这里有一些我们都很熟知的例子。蛆能变成苍蝇而毛毛虫则可以变成蝴蝶。一条蛆和发育而成的成年苍蝇肯定具有相同的遗传密码。蛆不可能在它的变形过程中得到一个新的基因组。所以，蛆和苍蝇通过完全不同的方式使用了相同的基因组。苎胥蝴蝶的幼虫全身遍布尖刺并且颜色枯燥。跟蛆一样，它没有翅膀。苎胥蝴蝶成虫则是一个美丽的生物，具有一对巨大的黑色和鲜艳的橙色翅膀，身体上完全没有一根尖刺。同样，幼虫和蝴蝶的发育肯定是源于完全相同的DNA脚本。但这些脚本的最终产品却有很大不同。可以推测，这可能会涉及到表观遗传事件。

白鼬生活在欧洲和北美。它们是黄鼠狼家族中较小的食肉动物，它们背上的皮毛在夏天是一种温暖的棕色，前额是乳白色的。在冬季寒冷的气候条件下，其被毛几乎完全变成白色，除了尾尖仍然保持着黑色。随着春天的到来，白鼬再次回复到夏天的颜色。我们知道在这个随季节变化毛色的过程中，激素有一定的影响。而我们也能够合理地进行假设，决定被毛颜色基因的表达应该也与染色质的表观遗传修饰有关系。

在哺乳动物中，雌雄性别的决定显然是受基因遗传而决定的。一条有功能的 Y 染色体会导致雄性表型的出现。但在多种爬行动物中，包括鳄鱼和短吻鳄等，两种性别的基因是相同的。你不能从鳄鱼的染色体序列来预测其性别。鳄鱼或者短吻鳄的性别取决于其卵在发育关键阶段所处的温度——相同的蓝图可以用于产生一条雄性或雌性鳄鱼。我们知道，激素信号参与了这一过程。目前没有很多研究来探讨表观遗传修饰是否在建立或稳定性别特征的基因表达上发挥作用，但似乎是有可能的。

理解鳄鱼和它们亲属的性别决定机制，可能在不久的将来会成为一个相当重要的环境保护问题。由于全球变暖导致的气候变化可能会对这些爬行动物会造成不良后果，因为这会导致其性别数量比例的扭曲。一些作者甚至推测，这种影响可能是导致恐龙灭绝的原因。

上述想法相当直接简单，易于对假设进行检验。我们还可以进行更多的像这样的简单观察。想要预测在表观遗传学研究领域会出现什么突破，对我们来说是非常困难的。这个领域仍然非常年轻，并且在向各种意想不到的方向移动。让我们在已有的财富基础上，来进行一些预测吧。

我们先来看看一个相当具体的问题。在 2016 年以前，至少会有一个诺贝尔生理学或医学奖将授予这个领域的领军人物。问题是会给谁，因为有太多有资格获奖的候选人了。

　　对该领域的许多人来说，目前玛丽·里昂还没有因为她在 X 染色体失活中相当有先见之明的成就而获奖是非常奇怪的。虽然她那篇奠定了 X 染色体失活概念框架的关键文章并没有包含许多的原始实验数据，但是詹姆斯·沃森和弗兰西斯·克里克的关于 DNA 真实结构的原始论文也是这样的。有人喜欢推测诺贝尔奖似乎有一定的性别倾向性，但事实上，这种想法部分是源于关于罗瑟琳·富兰克林（Rosalind Franklin）的传说而产生的误解。她的 X 射线晶体学的数据是沃森－克里克发展 DNA 模型必不可少的部分。但是，当 1962 年诺贝尔奖被授予沃森和克里克的时候，还授予了罗瑟琳·富兰克林实验室的主任，来自伦敦国王学院的毛里斯·威尔金斯（Maurice Wilkins）教授。事实上，罗瑟琳·富兰克林并不是因为她是个女人而错过了获奖。她之所以没有得到该奖的原因是她不幸于 37 岁因卵巢癌而去世，而诺贝尔奖从不授予已故的人。

　　布鲁斯·卡泰纳克是我们前面介绍过的一位科学家。除了关于亲源效应的研究，他还进行了一些 X 染色体失活的关键分子机制的早期实验研究。他被广泛认为具有与玛丽·里昂共同获奖的资格。玛丽·里昂和布鲁斯·卡泰纳克在上世纪 60 年代进行了他们的开创性研究，而现在早已退休。然而，体外受精的先驱罗伯特·爱德华兹在 80 多岁时获得了 2010 年度诺贝尔奖，所以对里昂和卡泰纳克教授来说还有时间和一些希望。

　　约翰·格登和山中伸弥对细胞关于重新编程的工作已经彻底改变了我们对控制细胞命运的理解，他们很快就会成为斯德哥尔摩之行的夺冠大热门。稍微不那么主流但很吸引人的组合是阿齐姆·苏拉尼和艾玛·怀特洛，他们的工作不仅精确展示了表观遗传基因组如何在有性生殖中进行重置，还展示了这个过程是如何通过偶尔允许获得性状遗传来颠覆传统的。大卫是组蛋白表观遗传修饰研究领域的领袖，他也是一个有吸引力的选择，可能会跟一些 DNA 甲基化领域的明星，尤其是阿德里安·伯德和彼得·琼斯，共同获奖。

　　彼得·琼斯已经是表观遗传治疗发展的先锋人物，而且这是另一个表观遗传学的成长领域。组蛋白去乙酰化酶抑制剂和 DNA 甲基转移酶抑制剂已为这类探索进行了尝试。这些化合物的临床试验绝大部分是针对癌症的，但目前已经开始有所改变。一类被称为沉默信息调节蛋白类似酶的组蛋白去乙酰酶的抑制剂已经用于治疗一种毁灭性的遗传性神经退行性疾病，亨廷顿氏病的早期临床实验。最令人兴奋的是，目前对于癌症和非癌症疾病的药物研发也更加集中在表观遗传酶的抑制剂上。这些酶包括仅仅在组蛋白某一特定的氨基酸位置上进行单一修饰的酶。无论是新的生物技术公司，或是制药巨头，目前全球数以亿计的美元正在向这一领域进行投资。我们可能会在未来 5 年看到有新的抗癌药物进入临床实验阶段，而且可能会在 10 年内看到治疗其他不立即危及生命的疾病的药物进入临床实验。

我们不断增加的对表观遗传学的理解，特别是对跨代遗传的了解，也可以在研发药物中发现问题，或者机会。如果我们创造的新药能够干预表观遗传过程，那这些药物影响了正常的生殖过程中发生的生殖细胞重编程该怎么办？这在理论上可能会出现对受治疗者的生理不出现改变，而影响其子孙的结果。我们也许不应该过于将关注点局限于特异靶向表观遗传酶的化学品。正如我们在第 8 章中看到的，环境污染物烯菌酮可以对啮齿动物的许多代产生影响。如果新药授权部门开始要求进行跨代影响的研究，这将极大增加新药研发的成本和复杂性。

毕竟，我们希望药物能够尽可能的越安全越好。但对于所有那些急需药物来将他们从威胁生命的疾病中拯救的病人，以及那些需要更好的药物来使他们从疼痛和瘫痪中解救出来以活得更健康和有尊严的人们来说，这也许并不是最首要的。新药上市的时间越往后推迟，这些病人就要忍受病魔越久。所以，在接下来的 10—15 年中，来看看制药公司、审批机构和患者需求这三方如何权衡这个问题应该是比较有意思的。

表观遗传改变导致的跨代遗传效应也许是在接下来的几十年中与人类健康最紧密相关的研究领域之一，原因并不是药物或者污染物，而是食物和营养。让我们从荷兰饥饿冬天开始我们的表观遗传之旅。该事件所造成的后果不只是体现在经历过它的人身上，而且还持续影响着他们的后代。我们目前正处于全球肥胖流行的状态中。即使我们通过社会努力能够控制其发展（虽然几乎没有西方国家有迹象表明正在这样做），我们可能已经产生一些不利于我们孩子和孙子们的表观遗传改变。

在接下来的 10 年中，营养状况是一个我们可以预测的，表观遗传学将在其中脱颖而出的领域。这里只有一些我们已经知道的例子。

叶酸是一种建议孕妇补充的营养剂。怀孕早期增加叶酸的供给已成为公共卫生的胜利，因为它导致了新生儿脊柱裂发病率的大幅下降。叶酸是生成一种被称为 SAM（S–腺苷甲硫氨酸）的化学物质的底物。SAM 是一种能够提供甲基基团给 DNA 甲基转移酶修饰 DNA 的化学物质。如果大鼠幼崽饲喂饮食中叶酸含量偏低，它们会出现基因组印迹区域的异常调节。我们开始了解叶酸的好处中有多少是通过表观遗传机制介导的。

　　我们食物中的组蛋白去乙酰化酶抑制剂也可能在预防癌症和其他疾病中发挥作用。目前的数据相对薄弱。奶酪中的丁酸钠，西蓝花中的萝卜硫素和大蒜中的二烯丙基二硫都是作用较弱的组蛋白去乙酰化酶抑制剂。研究人员假设，这些化合物在消化过程中从食物里的释放可能有助于调节肠道基因表达和细胞增殖。在理论上，这可能会降低患结肠癌的风险。我们的肠道中的细菌也会利用食物分解而产生丁酸，特别是那些植物来源的材料，所以这是一个很好的让我们多吃蔬菜的理由。

　　还有一个来自冰岛的罕见却迷人的个案研究，表现了饮食如何可能通过表观遗传学机制来影响疾病。该研究关注的是一种罕见的遗传性疾病，被称为遗传性半胱氨酸蛋白酶抑制剂 C 淀粉样血管病，它能引起中风。在冰岛罹患此病的患者中发现，致病原因是携带了关键基因的特定突变。由于冰岛社会相对孤立的性质，以及该国优秀的医疗记录，研究人员能够跟踪受此病影响的家庭情况。他们的发现是相当惊人的。在 1820 年之前，带有这种突变的人一般会活到 60 岁才会因此病去世。在 1820 年和 1900 年之间，那些罹患同样疾病的人的平均寿命下降到 30 岁。科学家们在其文章中推测，从 1820 年开始出现的环境变化改变了细胞响应和控制突变的方式。

　　在 2010 年一个于剑桥举行的会议上，这些作者提到，从 1820 年到现在，出现在冰岛的一个主要环境的变化是从传统的饮食变得更加欧洲化。冰岛的传统饮食中含有大量的干鱼和发酵奶油。后者的丁酸含量很高，这是一种作用较弱的组蛋白去乙酰化酶抑制剂。组蛋白去乙酰化酶抑制剂可以改变血管肌纤维的功能，这是带有该突变的患者出现中风的原因之一。目前还没有正式的证据表明饮食中组蛋白去乙酰化酶抑制剂的下降导致了这组患者过早死亡，但这是一个迷人的假说。

　　表观遗传学的基础科学研究是最难以做出预测的领域。一个非常安全的说法是，表观遗传机制将继续出现在科学意想不到的地方。最近有一个很好的例子就是昼夜节律领域，这是在大多数物种中发现的一个自然的 24 小时的生理和生化周期。已经证明一种组蛋白乙酰转移酶是制定该节律的关键蛋白，而且该节律至少能被一个其他的表观遗传酶进行调节。

　　我们可能也会发现一些表观遗传酶影响细胞的不同方式。这是因为不少这类酶并不仅仅对染色质进行修饰。它们也可以修饰细胞里面的其他蛋白质，因此可能在很多不同通路上发挥作用。事实上，已经有研究指出一些组蛋白修饰基因实际上在细胞内出现组蛋白之前就有了某些作用。这将表明这些酶在最初的时候应该具有其他功能，只是后来被进化强迫成为控制基因表达的工具。所以当我们得知我们细胞里的这类酶具有双重功能时也并不会吃惊。

关于表观遗传学的分子机制的一些最根本问题仍然很神秘。我们关于在基因组中特定位置如何进行特殊修饰的知识还相当粗略。我们开始了解到非编码 RNA 在这个过程中的作用，但仍还有很多待解的谜团。同样，我们几乎完全不知道组蛋白修饰是如何从母细胞传递给子细胞的。我们非常肯定这一切是真实存在的，因为它是保持细胞归属的分子记忆的一部分，但我们并不知道这是如何实现的。当 DNA 被复制时，组蛋白会被推到一边。新的 DNA 拷贝可能会具有较少的修饰过的组蛋白。相反，它可能会被几乎没有任何修饰的组蛋白所覆盖。但这种情况很快就会被纠正，问题是我们完全不了解这是怎样进行的，即使它是整个表观遗传学领域中最根本的问题之一。

可能当我们具有足够的科技和想象力以停止在两维层面进行思考，并开始转移到三维世界的时候，我们会解决这个谜题。我们已经很习惯用线性方式来思考基因组的问题，仅仅把它当做是以一个简单的方式来读取碱基的字符串而已。然而，现实的情况是，基因组不同区域的弯曲和折叠能够互相创造出新的组合和调控亚群。我们认为我们的遗传物质是一个正常的脚本，但它更像是《疯狂》杂志背面的折纸，它能够通过将某一图像以特定的方式进行折叠，获得一个新图片。了解这一过程有可能是真正解决表观遗传修饰和基因如何同心协力创造出蠕虫、鳄鱼的奇迹的关键。

当然还包括我们。

所以，下面是对未来 10 年表观遗传学研究发生什么的总结。这里将会有希望和假说，有前途无量，也有死胡同和歧途，甚至会有一些声名狼藉的研究。科学是一种人类的努力工作，有时也会出错。但在接下来的 10 年后，我们将能够得到一些生物学的最重要问题的答案。现在我们真的不能预知这些答案可能是什么，在某些情况下我们甚至连问题是什么都不知道，但有一点是肯定的。

表观遗传学革命方兴未艾，正引领着遗传界的革命。

词汇表

常染色体（Autosomes）

不是性染色体的染色体。人类有 22 对常染色体，1 对性染色体，总共 23 对染色体。

胚泡（Blastocyst）

哺乳动物胚胎的极早期，大概由约 100 个细胞组成。胚泡包括由将形成胚胎的细胞构成的中空球和由中空球环绕的，将形成胚体的体积更小、更密集的细胞球。

染色质（Chromatin）

DNA 与相关蛋白质，尤其是组蛋白结合后形成。

一致性（Concordance）

两个基因完全相同的个体在表型上相同的程度。

CpG

在 DNA 中，胞嘧啶（C）后紧跟着鸟嘌呤（G）序列结构。CpG 基序里的胞嘧啶可以被甲基化修饰。称作胞嘧啶 - 磷酸盐 - 鸟嘌呤。

不一致性（Discordance）

两个基因完全相同的个体在表型上不相同的程度。

DNA 复制（DNA replication）

复制原 DNA，并产生与原 DNA 完全一样的新 DNA。

227

The Epigenetics Revolution

DNMT

　　DNA 甲基转移酶。可以在 DNA 的胞嘧啶上添加甲基基团的酶。

表观遗传基因组（Epigenome）

　　在 DNA 基因组及其相关组蛋白上所有的表观修饰。

ES 细胞（ES Cells）

　　胚胎干细胞。从内细胞群中通过实验诱导出来的多能细胞。

外显子（Exon）

　　编码最终出现在成熟 mRNA 中序列的基因部分。大部分，但不是所有的外显子都能编码氨基酸序列并形成蛋白质。

配子（Gamete）

　　卵子或精子。

基因组（Genome）

　　一个细胞内所有的 DNA。

生殖细胞（Germline）

　　能够将基因信息从父母传递给子女的细胞。就是指卵子和精子（以及它们的前体细胞）。

HDAC

　　组蛋白脱乙酰基酶。能够移除组蛋白上乙酰基基团的酶。

组蛋白（Histones）

　　与 DNA 紧密相关的球型蛋白，可被表观遗传修饰。

印迹（Imprinting）

　　某些特定基因的表达特征依赖于其来源是父亲还是母亲的现象。

内细胞群（Inner Cell Mass，ICM）

早期胚泡内将会分化为身体所有细胞的多能细胞。

内含子（Intron）

基因转录为成熟 mRNA 时会被移除的基因部分。

iPS 细胞（iPS Cells）

诱导性多能干细胞。通过对特定基因的重新编程而诱导成熟的终末细胞重新转变成为的多能细胞。

Kb

1 000 个碱基对。

miRNA

小 RNA。从 DNA 拷贝出来但不编码蛋白质的小 RNA 分子。miRNA 是 ncRNA 的一个亚类。

mRNA

信使 RNA。从 DNA 中拷贝出来且编码蛋白质的 RNA。

ncRNA

非编码 RNA。从 DNA 中拷贝出来但不编码蛋白质的 RNA。

MZ 双胞胎（MZ Twins）

同卵双胞胎，由同一个早期胚胎一分为二形成的双胞胎。

神经递质（Neurotransmitter）

由一个脑细胞产生，并作用于另一个脑细胞，以改变其行为的化学物质。

核小体（Nucleosome）

8 个特定组蛋白分子与 DNA 缠绕结合而成的结构。

表型（Phenotype）

可被观察到的生物学特征或特质。

多能性（Pluripotency）

一个细胞分化形成多种其他细胞类型的能力。一般说来，哺乳动物的多能细胞能分化成所有的体细胞，但不包括胎盘细胞。

原始生殖细胞（Priomordial germ cells）

在早期发育中形成的非常特异性的细胞，最终分化形成配子。

启动子（Promoter）

位于基因前面并控制基因如何启动的区域。

前核（Pronucleus）

在精子进入卵子后精子或者卵子的细胞核成为前核。但两个细胞核融合后就不是了。

反转录转座子（Retrotransposons）

DNA 上不编码蛋白质且可以在基因组不同位置移动的非常规片段。其源于病毒。

性染色体（Sex chromosomes）

在哺乳动物中支配性别的 X 和 Y 染色体。通常，女性有两条 X 染色体而男性有一条 X 染色体和一条 Y 染色体。

体细胞（Somatic cells）

身体的细胞。

体细胞核移植（Somatic Cell Nuclear，SCNT）

将一个成熟细胞的细胞核移植到另一个细胞中，一般是移植到非受精卵细胞中。

体细胞突变（Somatic mutations）

发生在体细胞的突变，而不是由精子或者卵子遗传获得的。

随机变异（Stochastic vaiation）

随机发生的变化或波动。

全能性（Totipotency）

一个细胞能够分化成为所有体细胞和胎盘细胞的能力。

转录（Transcription）

从 DNA 拷贝出 RNA 分子的过程。

跨代遗传（Transgenerational inheritance）

在基因编码没有任何改变的前提下，表型的改变由亲代传递给下一代的现象。

单亲二倍体（Uniparental disomy）

一对染色体都继承自一个亲代，而不是分别来自双方的情况。例如，11 号染色体的母体单亲二倍体就是指两条 11 号染色体都来自母亲。

春化（Vernalisation）

植物在开花之前需要一段寒冷时期的过程。

合子（受精卵）（Zygote）

一个卵子和一个精子融合后形成的全能细胞。

《遗传的革命》（即《表观遗传学的革命》），将遗传领域的争论与多种现象进行分析，比如蚁后和蜂后如何控制它们的种群；为什么玳瑁猫总是雌性；为什么有些植物在开花之前需要寒冷的天气；以及我们的身体为何会衰老并发生疾病。不仅在生物学方面，表观遗传学还涉及到了药物成瘾、饥饿的长期影响以及童年创伤的生理和心理后果等领域。

　　内莎·凯里，杰出的表观遗传学研究者，对该领域未来发展方向及其改善人类健康和福祉的可能性作了无与伦比的讨论。

　　内莎·凯里，爱丁堡大学病毒学博士，曾任英国伦敦帝国学院分子生物学高级讲师。她在生物技术和制药领域工作了13年，现为英国伦敦帝国学院客座教授。她的学习背景非常丰富：免疫学学士、病毒学博士、人类遗传学博士后和分子生物学教授。复合的学术背景也给予了她比普通专攻一门的研究者更广泛的眼界和行业经验，同时从女性视角观察和描述问题也使其著作更加细腻易于理解。

果壳书斋　科学可以这样看丛书（42本）

门外汉都能读懂的世界科学名著。在学者的陪同下，作一次奇妙的科学之旅。他们的见解可将我们的想象力推向极限！

1	平行宇宙（新版）	〔美〕加来道雄	43.80元
2	超空间	〔美〕加来道雄	59.80元
3	物理学的未来	〔美〕加来道雄	53.80元
4	心灵的未来	〔美〕加来道雄	48.80元
5	超弦论	〔美〕加来道雄	39.80元
6	宇宙方程	〔美〕加来道雄	49.80元
7	量子计算	〔英〕布莱恩·克莱格	49.80元
8	量子时代	〔英〕布莱恩·克莱格	45.80元
9	十大物理学家	〔英〕布莱恩·克莱格	39.80元
10	构造时间机器	〔英〕布莱恩·克莱格	39.80元
11	科学大浩劫	〔英〕布莱恩·克莱格	45.00元
12	超感官	〔英〕布莱恩·克莱格	45.00元
13	麦克斯韦妖	〔英〕布莱恩·克莱格	49.80元
14	宇宙相对论	〔英〕布莱恩·克莱格	56.00元
15	量子宇宙	〔英〕布莱恩·考克斯等	32.80元
16	生物中心主义	〔美〕罗伯特·兰札等	32.80元
17	终极理论（第二版）	〔加〕马克·麦卡琴	57.80元
18	遗传的革命	〔英〕内莎·凯里	39.80元
19	垃圾DNA	〔英〕内莎·凯里	39.80元
20	修改基因	〔英〕内莎·凯里	45.80元
21	量子理论	〔英〕曼吉特·库马尔	55.80元
22	达尔文的黑匣子	〔美〕迈克尔·J.贝希	42.80元
23	行走零度（修订版）	〔美〕切特·雷莫	32.80元
24	领悟我们的宇宙（彩版）	〔美〕斯泰茜·帕伦等	168.00元
25	达尔文的疑问	〔美〕斯蒂芬·迈耶	59.80元
26	物种之神	〔南非〕迈克尔·特林格	59.80元
27	失落的非洲寺庙（彩版）	〔南非〕迈克尔·特林格	88.00元
28	抑癌基因	〔英〕休·阿姆斯特朗	39.80元
29	暴力解剖	〔英〕阿德里安·雷恩	68.80元
30	奇异宇宙与时间现实	〔美〕李·斯莫林等	59.80元
31	机器消灭秘密	〔美〕安迪·格林伯格	49.80元
32	量子创造力	〔美〕阿米特·哥斯瓦米	39.80元
33	宇宙探索	〔美〕尼尔·德格拉斯·泰森	45.00元
34	不确定的边缘	〔英〕迈克尔·布鲁克斯	42.80元
35	自由基	〔英〕迈克尔·布鲁克斯	42.80元
36	未来科技的13个密码	〔英〕迈克尔·布鲁克斯	45.80元
37	阿尔茨海默症有救了	〔美〕玛丽·T.纽波特	65.80元
38	血液礼赞	〔英〕罗丝·乔治	预估49.80元
39	语言、认知和人体本性	〔美〕史蒂芬·平克	预估88.80元
40	骰子世界	〔英〕布莱恩·克莱格	预估49.80元
41	人类极简史	〔英〕布莱恩·克莱格	预估49.80元
42	生命新构件	贾乙	预估42.80元

欢迎加入平行宇宙读者群·果壳书斋QQ：484863244

网购：重庆出版集团京东自营官方旗舰店

重庆出版社抖音官方旗舰店

各地书店、网上书店有售。

重庆出版集团京东
自营官方旗舰店

重庆出版社抖
音官方旗舰店